数字调色的艺术

图解DaVinci Resolve

张 宁 何潞申 著

電子工業出版社
Publishing House of Electronics Industry
北京 • BEIJING

内 容 简 介

“无调色、不视频”，调色已成为影视制作的必备技术环节。本书为调色师提供系统而前沿的知识、丰富的实用技术，并解决疑难问题；为摄影师、导演等影视前期工作人员拓展视野，激发创作灵感，丰富表现技法，提升作品表现力。

本书以 DaVinci Resolve 为平台，图文并茂、由浅入深、系统完整地讲解当代数字影视调色技术的工作流程、调色思路、技术操作和技巧。本书案例详实，包含院线规范、微电影规范及常规实用影片规范等。

本书适合影视制作的后期制作人员、电视台的制作人员、高校传媒专业学生、数字影像爱好者学习。

图书在版编目(CIP)数据

数字调色的艺术：图解 DaVinci Resolve / 张宁，何潞申著. —北京：电子工业出版社，2015.2

ISBN 978-7-121-25132-0

I. ①数… II. ①张… ②何… III. ①调色－图像处理软件－图解 IV. ①TP391.41-64

中国版本图书馆 CIP 数据核字(2014)第 294367 号

责任编辑：许存权　　特约编辑：王燕　刘双
印　　刷：北京虎彩文化传播有限公司
装　　订：北京虎彩文化传播有限公司
出版发行：电子工业出版社
　　　　　北京市海淀区万寿路 173 信箱　　邮编　100036
开　　本：787×980　1/16　印张：15　　字数：380 千字
版　　次：2015 年 2 月第 1 版
印　　次：2022 年 12 月第 11 次印刷
定　　价：120.00 元

凡所购买电子工业出版社图书有缺损问题，请向购买书店调换。若书店售缺，请与本社发行部联系，联系及邮购电话：（010）88254888。

质量投诉请发邮件至 zlts@phei.com.cn，盗版侵权举报请发邮件至 dbqq@phei.com.cn。

服务热线：（010）88258888。

目录

引言——4K实时配光调色方案概览

自 1977 年乔治·卢卡斯开启数字后期制作的大门之后，30 多年来数字技术已经“占领了”前后期创作的整个工业生产线，之前神秘的胶片配光调色工艺也已经成为后期制作不可或缺的标准流程。尤其是近几年，数字调色已经悄然渗透至影视行业的各个角落，大到电影大片，小到广告、宣传片、微电影，甚至个人 DV，都有调色流程的介入。

为了给用户预留足够的后期处理的空间，借助 Log 对数模式，众多前期设备的生产厂商都对自己数字摄影机的动态范围进行了极大的扩展。BMCC、ARRI Alexa、RED、Sony 的 F65 等都支持 Log 模式影像的拍摄。如果直接编辑输出这些“原生”的数字影像，必然会导致最终的作品失之于平淡，失去了多样化的风格诉求，调色已然从后期制作的一门“选修课”变成了“必修课”。2007 年苹果公司发布 Color，一石激起千层浪，数字配光调色工业打破了 Quantel、Baselight 等大厂商一统天下的局面，小的制作公司和个人开始有机会参与到专业的后期调色工艺流程中，产业格局从此发生了巨大变革。随后，大批的后期剪辑软件生产厂商迅速跟进，或丰富自己的非编软件，加入必要的调色插件；或推出单独的调色单元，调色一时成为各个厂商群雄逐鹿推介新产品的最大卖点。

作为业界的“王者”，DaVinci[①]当然也耐不住“高处不胜寒”的寂寞，除了继续占领电影大片的高端市场外，迅速向低端用户扩张。在 DaVinci Resolve 7.1 版本用户手册的开篇，Blackmagicdesign 即兴奋地宣布“世界上最强大的调色系统，现在可以应用到 Linux 和 MAC 平台”。2012 年，在 8.0 版本中 Resolve 加入对 Windows 操作系统的支持，并于当年年底推出了 Resolve 9.02，提供免费的 Lite 版（简化版）下载，在 10.0 以后更是整合了非线性编辑的剪辑功能，11.0 首次在调色软件领域推出包括中文版在内的多语言版，其扩张之势可见一斑。

光影和色彩一直被称为影视语言的灵魂，是影视创作者赖以表情达意、制造意境、渲染气氛的重要手段。对光影色彩的创造性运用还成就了许多导演作品的独特风格。虽然在业内一直存在影调色调的控制应该重点放在前期还是后期的争论，但无论如何，后期的校色调色工艺已经极大地拓展了传统电影配光的应用，使数字调色成为了影视制作流程中不可或缺的重要一环。“数字调色技术带给艺术家操控影像色彩前所未有的能力，诸如对影像元素的再次创作，对情绪或视觉的引导和强化，使调色不再只是一个修正色彩和保持连贯性的工作，而是一项激发原创力，拓展无限可能，并且令人着迷的工作。”[②]

数字调色是一个综合的艺术，它需要调色师掌握影视制作的基础技能，有较高的色彩知识方面的修养；善于观察生活，能准确地把握光影、色调对观众情绪的影响；非常熟悉调色

① 影视专业领域最强大的调色软件生产厂商之一，2009 年 9 月被 Blackmagicdesign 公司收购。

② [美]迈克尔·沃尔，大卫·格罗斯著，刘言韬译，《Color:Final Cut Studio2 的校色与调色》，电子工业出版社。

系统的工作原理，能创造性地巧妙利用调色流程达到预想的艺术效果。所以在本书的章节架构中，编者结合多年的研究心得，从影视色彩的基础知识入手，用 DaVinci Resolve 软件的数字思维对初级调色和二级调色进行了大胆的“图解”，试图解决初入行的调色师在色彩处理工作中知其所然、不知其所以然的尴尬，以及能快速上手却难以向更高境界突破的困境。

同时，考虑到国内数字调色理论的缺失，在本书中还加入了开阔读者眼界的内容，诸如对业界知名的配光调色系统、软件的介绍，对“数字肤色”的研究，以及胶片时代承袭下来的影像风格等。在附录里我们还从应用的角度对配置调色环境和校准监视器等基础内容进行了“科普”，希望能给有志于成为专业调色师的人构建一个规范的起点，也希望能给在各种论坛里迷失方向的发烧友一支科学的“风向标”。

当然，我们自身理论水平有限，并且实战经验也不是极其丰富，书中难免出现纰漏，还请广大读者多提宝贵意见，有则改之无则加勉。

4K 实时配光调色方案概览

调色作为数字影像后期制作的重要环节，越来越受到业界的重视。在软件设计、硬件支持、工作流程的规划、色彩管理的策略等方面，各家公司都有各自的优势。了解和选择合适的调色系统，在以数字影视成为发展主流的技术背景下，显得尤为重要。

1. Autodesk Lustre——同门协作

Autodesk Lustre 提供了一个高性能数字调色解决方案，既可以是即购即用型包括软硬件的整套系统，也可以是面向 Flame 或 Smoke 平台的纯软件（图 0.1）。Lustre 面向效果创作开发，提供了立体分级功能，它的优势在于可以与 Autodesk Flame 和 Autodesk Smoke 软件在创意三维后期制作工作流中交换立体时间线。

由于支持压缩媒体文件格式，可以使用 RED ONE R3D 文件、Apple QuickTime 文件、Avid DNxHD、Panasonic P2 和素材交换格式（MXF）[①]进行工作，同时提供了经过制作检验的高性能 GPU 加速的调色配光解决方案，所以 Lustre 经常用来完成大型的电影和电视项目。

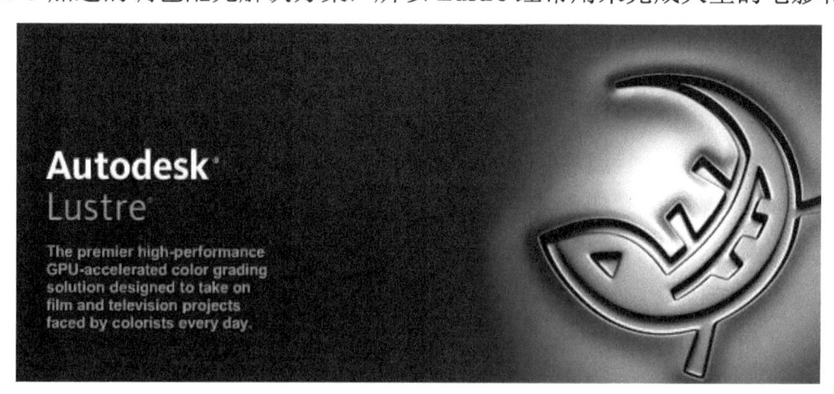

图 0.1 Autodesk Lustre

① MXF 是英文 Material eXchange Format（素材交换格式）的缩语。MXF 是 SMPTE（美国电影与电视工程师学会）组织定义的一种专业音视频媒体文件格式。MXF 主要应用于影视行业媒体制作、编辑、发行和存储等环节。

2. Quantel——硬件实时

Quantel（宽泰）是一家英国的公司，有三十多年的历史。作为业界著名的电影、电视设备研发生产企业，Quantel 一直是高端品牌的代名词，价格昂贵品质优异。Quantel 的核心业务涉及 4K 电影数字中间片实时处理、专业调色及 4K 实时网络系统等领域。

2013 年 3 月 Quantel 推出了基于全 IT 构架的新一代产品 Pablo Rio，相对于以前传统的高端旗舰产品 iQ，Rio 技术更为开放[①]：基于标准 IT 工作站及 Windows 7 开放性环境；基于 nVIDIA 顶级多 GPU 加速技术；基于 IT 双 SAS 高速接口的本地存储单元；基于 SAN/NAS 的开放性网络在线共享存储，多机协同工作；支持几乎所有业界前期拍摄格式的文件化工作流程。

Pablo Rio 继承了 Quantel 产品的传统技术精髓（图 0.2），包括基于 4K 的“所见即所得”的实时交互式在线制作能力；业界领先的 3D 立体影像制作工具；2D 和 3D 完全兼容的全流程制作工具，包括编辑、特效、调色、音频、绘画、字幕的全流程兼容混合制作。调色是整个系统的一个重要模块，支持 ACES 动态色彩范围，结合 Quantel 原厂设计制造的高品质专业调色台和无限层交互式的多级调色工具，在 4K 电影数字中间片/超高清电视制作方面有非常优秀的表现，在国内影视后期制作领域也赢得了良好的口碑。

图 0.2　Quantel Pablo Rio

3. DaVinci Resolve——业界标准

自 1984 年以来，DaVinci 调色系统就一直是后期制作的行业标准。2009 年 9 月 10 日 Blaokmagic Design 宣布收购 DaVinci Systems LLC. 的所有资产。其中包括 DaVinci Resolve DI 色彩校正系统和 DaVinci Revival 胶片修复产品（图 0.3）。之后 DaVinci Resolve 的所有版本均提供 Lite 版免费下载，引发了一场调色革命。随着计算机硬件的升级换代，具有开放技术架构的 DaVinci Resolve 几乎可以运行在所有性能稍好一点的 PC、MAC 上。只要 GPU 性能

---

① 上一代产品 Pablo 需搭配 Quantel 特有的图像硬件处理引擎，这样，强大的硬件功能可以确保在没有错误、没有代理画面的情况下，始终使用真正的媒体进行工作。而 Pablo Rio 可以应用第三方的 GPU 加速技术，不再必须依赖专用的图像处理硬件，所以说技术更为开放。

够强，分辨率不是问题。换个说法，DaVinci Resolve 有着可扩展的特性，并具备分辨率无关性，因此无论是现场、狭小工作室，还是大型好莱坞制作流程都能适用。

图 0.3　DaVinci Resolve

所有图像处理都以最深 32 位浮点进行处理，即使把一个节点调至将近全黑，仍然可以把接下来的节点调整回来，而且不会有任何的质量损失。DaVinci Resolve 使用的是其独特的 YRGB 色彩空间调色。调色师可以调整视频的亮度增益，无须重新对色彩的亮部、中间调和暗部进行平衡。它可以添加无数一、二级调色节点、窗口（Power Window）、多点跟踪、模糊或更多操作，最多支持 8 个 GPU 单元，因此在调色时不需要把时间耗费在渲染上。

Power Window、Power Curve、强大的跟踪器和格式的兼容性已经成为 DaVinci Resolve 的代名词。不能绝对地说 DaVinci Resolve 是最好的调色系统，因为 DaVinci Resolve 11 虽然进一步整合了剪辑、调色和后期交付，但是像《阿凡达》等涉及一半以上特效制作的超大型项目，它还做不到 Autodesk Lustre 的立体项目导入，也做不到 Quantel 的软硬件一体 4K/3D “所见即所得”。但就性价比来说，DaVinci Resolve 的确是当之无愧的王者。

4. SpeedGrade——最专业的民用产品（RAW 全面支持）

IRIDAS 是德国的一家面向电影与广播电视行业的软件开发商，该公司主要开发针对播放、色彩校正及工作流程自动化的解决方案。

2011 年 Adobe 宣布收购 IRIDAS，包括这家公司的 SpeedGrade（SG）调色系统（图 0.4）。SpeedGrade 并不像 Blackmagic Design 的 DaVinci Resolve 和 Autodesk 的 Lustre 在影视界享有非凡的声誉，但是它强大的调色功能并不输给这些大厂商。就像苹果收购 Color 完善自己的产品线一样，Adobe 也没有单独销售 SG，而是把它整合到了音视频后期制作的产品线中，通过扩大其附加值增加竞争力。

SG 的出现极大地降低了影视分级调色的门槛，让普通的制作项目和新入行的后期制作人员也有机会尝试、从事后期色彩处理的工业流程，如 Log 高动态范围和 RAW 格式影像的处理。如果说收购前 IRIDAS 的调色系统创造了非常“独特”（实际上是不好操作）的用户体验，那么收购以后 Adobe 把 SG 真正改造成了拥有友好用户界面、专业电影级的色彩校正工具。

图 0.4　Adobe SpeedGrade

SG的工作流程和调色模块几乎支持所有以RAW格式记录的媒体文件，这是其独特之处，它是目前世界上对数字摄影机记录的 RAW 格式内容进行直接处理支持最广泛的软件。由于RAW数据仅有RGB数据的1/3左右，因此有效地降低了对系统中存储子系统的读/写性能和内容对存储容量的要求。借助IRIDAS RealTime RAW 3.0（第三代RAW数据实时处理）技术，利用GPU对RAW数据进行实时反拜耳处理（Debayer），播放和调色的性能都得以优化。可以进行2K实时播放，甚至可以进行多层的叠加，以及对关键帧的设定、添加预设效果等。

构建于IRIDAS RealTime RAW 3.0 之上的SpeedGrade产品线提供了高性价比的4K后期实时制作方案，功能更加完整，素材格式的支持更广泛（包含常用的序列帧图片格式DPX/Cineon和RAW格式），更支持立体影像创作。

5．Color——电视剧调色专家

2007年10月苹果公司收购了一个叫做Silicon Color的小公司，并把它的Silicon Color's Final Touch改造成了Apple Color。虽然一度对单一License的Color估价高达25000美元，但是苹果并没有把Color作为单独的产品进行售卖，而是把它打包到Final Cut Studio，完善了苹果在音视频后期制作领域的产品线。

国内大量的电视剧都采用Final Cut Pro非线性编辑软件剪辑，同门优势无可匹敌，双向流程简化到了只需要发送过去，渲染后再发送回来这么简单[①]。所以Color几乎成了最近几年电视剧的调色专家，遗憾的是Color 1.5以后就没有升级，大量新的功能有待跟进。

值得一提的是它的8个工作间的工作流程独树一帜，除了跟踪功能不够方便外，工作流程的科学性和规范性无可匹敌。Color 1.5 允许以最高品质进行分级和渲染，其工作流程支持来自摄像机的原生4K文件（如RED ONE)。在Final Cut Pro 中使用ProRes 剪辑数字电影，然后将项目发送到Color 中，利用原始的2K或4K DPX 媒体或RED RAW文件进行颜色分级。制

① 流程中可以将FCP序列直接发送至FCP的Color中，也可以将经过分级的序列发送回FCP。

作完成后，使用 Color 渲染 DPX 文件以制作胶片或数字电影母片，同时保持全面 4:4:4 2K 或 4K 品质。若要实现广播或视频发行，可以输出 ProRes 422（HQ）、ProRes 4444 或未压缩的 HD。

Color 1.5 可以读取创建于 Cinema Tools 4.5 的数据库，以便追踪原始影片或数据文件。这意味着可以使用 ProRes 代理在 Final Cut Pro 中进行快速剪辑，然后使用 Cinema Tools 中符合行业标准的影片追踪过程，重新链接至原始的 DPX 或 RED 文件，进行颜色分级。

6．Assimilate 公司的 Scratch

可以作实时 2K 和 4K 初级校色，完全 10bitLog 配光是 Scratch 的主要功能之一。它的实时电影质量增强工作能力的精确度非常高，能提供非常好的最终表现结果，一旦完成，与渲染结果相当，用户能够越过时间线直接得到电影的项目预览，这是 Scratch 工作流程的简便之处。

Assimilate Scratch 是用于 2K 电影、高清、标清实时调色的数字中间片解决方案（图 0.5），该方案被著名的后期制作公司 Digital Domain、Postwork、Cinesite，以及胶片洗印厂 Cinework 等客户使用，这些著名的好莱坞制作公司曾制作过《泰坦尼克号》、《完美世界》、《战争迷雾》等奥斯卡获奖影片，Scratch 一经面世，立即吸引了这些著名的制作公司采用。

图 0.5　Assimilate Scratch

Scratch 是优秀的数字中间片系统，其核心功能包括实时、多分辨率、回放/预览、套对/剪辑、套底、颜色校正、音频拖放、视觉特效、数据管理等。导演、制片可以直接在数字投影上观看更改结果，整个后期制作过程能够保持直观的控制，支持从 EDL 套对、修剪、VFX、色彩管理到输出不同发行版本等完整的图像处理能力，适合包括从主流的电影制作、后期公司到独立电影和专业的后期机构等广泛的应用范围。

Scratch 支持 ARRI、KODAK、IMAGICA、Pandora 等色彩管理系统，支持 1D 和 3D LUTs，获得胶片到数字的精确色彩控制能力。Scratch 内置了业界强大的 Speedsix Monster 插件，包含其所有特效，并且支持 Primatte 抠像，可以完成复杂特技。

Scratch 同样支持下列色彩管理产品。

KODAK：KODAK Display Manager System。

IMAGICA：GALETTE Color Managment System。

Pandora：Pogle Color Correction Systems (LUT formats a3d、m3d)。

7. FilmLight Baselight

英国 FilmLight 公司在数字电影制作领域拥有超过 20 年的领先经验，其用于数字中间片的相关产品均被行业内顶尖的电影制作公司、后期公司和特效公司所采用，如 ILM（工业光魔）、Pacif ic Title、Framestore-CFC、Cinesite、FotoKem 等。

调色是一项融合创造性和技术性的工作，强调的是系统的灵活性和响应能力。可靠的技术曾经让 FilmLight 获得了最优秀产品的开发者的声誉。今天，他们的技术仍然被认为是业内最好的，FilmLight 将这些技术应用到其他产品，例如，将校色应用到拍摄现场的 FLIP，Baselight Editions 的 Avid 版、FCP 版，以及 NUKE 版。就是说，FilmLight 的产品不是各自独立的，它们能够与其他产品协同工作形成完整的基于文件的后期流程。

值得一提的是，FilmLight 的 Northlight 胶片扫描仪是业内广泛采用的胶片扫描质量的基准，应用到全球所有一流的电影制片厂；正是得益于这一优势，灵活而强大的 Baselight 一经推出也迅速成为行业标准，它可以实时进行 HD、2K、4K 的调色（图 0.6），支持 RED、F65、ARRI 等多种格式的实时调色。新的 Baselight Eight 自带色彩管理系统 Truelight，含 BlackBoard 调色台，可选配监视器、色彩测量仪和投影矫正测试仪，提供 Avid（图 0.7）、FCP（图 0.8）、Flame Nuke 色彩插件[①]。

图 0.6 FilmLight Baselight

① 并不是所有的人都需要强大并且功能完整的 Baselight 系统，Baselight Editions 提供与完整的 Baselight 一样的核心功能，但只是作为非线性编辑软件或者特效软件的一个插件来使用。

图 0.7　Baselight For Avid

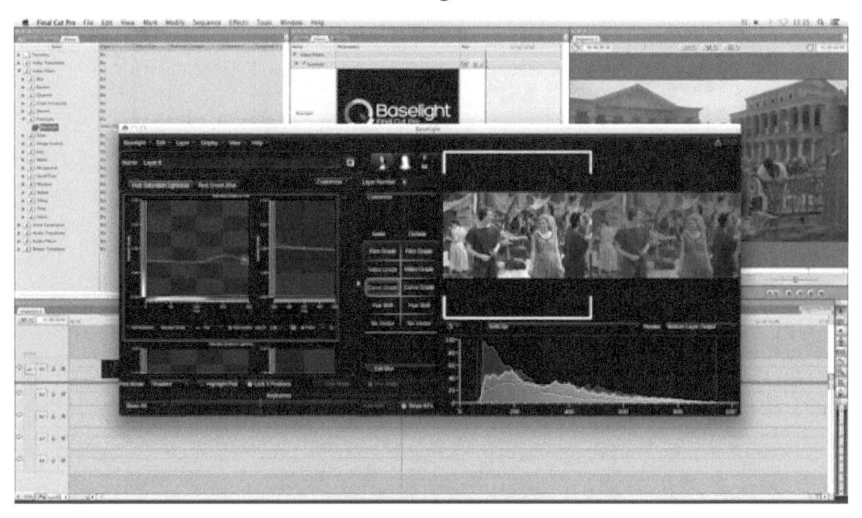

图 0.8　Baselight For FCP

在 2012 年，美国电视艺术与科学学院黄金时段艾美奖授予 FilmLight 工程艾美奖，以表彰其为电视技术在色彩预览（Truelight On-Set）与样片制作（Baselight Transfer）方面所做出的创新。

8. Nucoda Film Master

Nucoda Film Master 是 Digital Vision 公司的产品（图 0.9）。Digital Vision 在 1988 年成立于瑞典，成立之初就致力于数字视频产品的研发，可谓数字视频的先锋。当时电视和录像机会产生大量视频噪声，给许多制作机构带来巨大困扰。针对这种情况，Digital Vision 的研发团队开发了基于压缩编码、修复为基础的实时运动解决方案，创造了世界上第一个 DVNR①（数字视频降噪）。著名的 DVNR 算法是一个起点，伴随数字视频工业的发展，成长为今天的 DVO 工具，DOV 是 Phoenix Restoration（复制修复）和 Nucoda 颜色分级的基石。

① DVNR1000 于 1989 年发布，是世界上第一个实时运动补偿的数字视频降噪器。到了 20 世纪 90 年代， DVNR 作为工业标准成为胶片颗粒和视频降噪的总称。

除了以上几个知名的系统，另外还有 RED 公司的 REDCINE-X PRO，开源的 Jahshaka，Avid DS，剪辑特效调色合成一体化软件 Chrome-imaging 等，这里就不再一一介绍了。

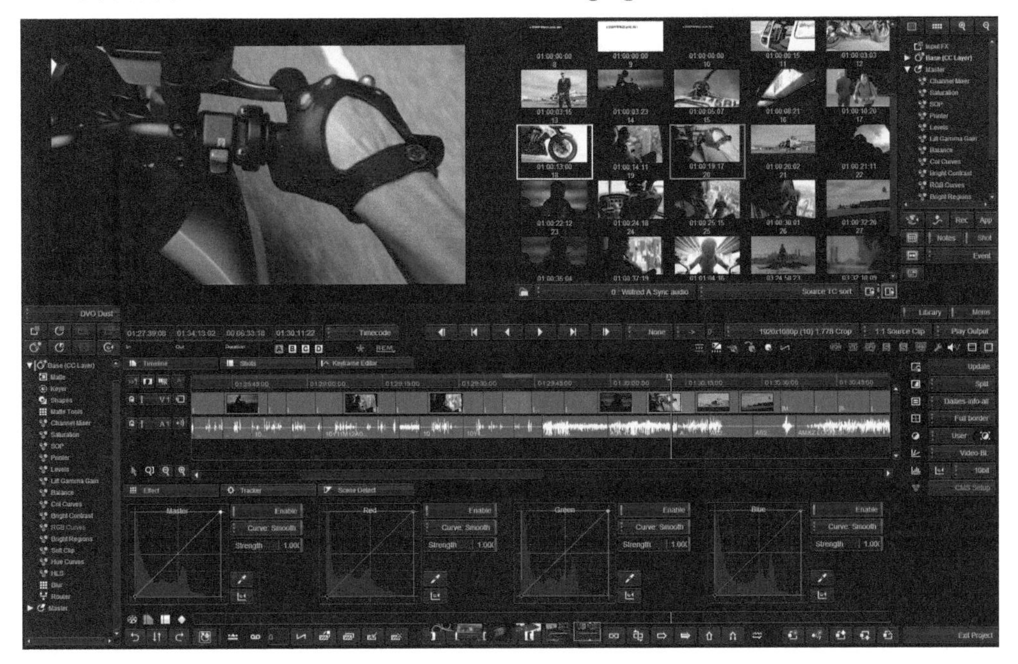

图 0.9　Nucode Flim Master

第1章 调色的艺术

为什么调色？简单的问题最难解答！就好像问1加1为什么等于2。

谈到调色[①]的目的，DaVinci Resolve把现实的视觉信息流比喻成消防水龙，而数字摄影机和广播电视就像花园里的水管。从消防水龙的原生图像中选取花园水管能容纳的一部分，色彩校正就是要审慎处理这种选择，创造出令观众愉悦的图像。

我们为什么调色，或者说调色创作的具体目标是什么？如果一定要给出具体答案，可以参照DaVinci Resolve的官方解释，高度概括为**根据叙事的需要**把数字视频图像的**观感最大化**。

1.1 视觉效果最大化

DaVinci Resolve最基础的功能是让每一个片段达到最好的观感，也就是最佳的可视效果。摄影师的工作是按照拍摄意图照明和曝光，调色师的工作是了解这种意图，调整图像的色彩和反差，尽最大努力让最终的影片尽可能地接近导演和摄影师的创作初衷。在这个过程中，调色师要消除图像之间的自相矛盾，如白平衡、曝光等方面和剧情的不匹配，更具创造性的巧妙地加入某些场景中原本不具备的元素（如暖调或反差），丰富图像的信息，增强其表现力。

随着数字影像技术的进步，色彩校正越来越成为一种不可或缺的后期制作手段。例如，新一代的数字摄影机都具备了拍摄RAW格式的图像，或者是用Log曲线曝光的RGB图像。这种图像能最大限度地保留现实生活场景的信息以方便后期处理。然而，就像胶片负片需要洗印正片后才能正常观看一样，RAW和Log模式拍摄的素材也必须通过色彩校正程序转换成能正确观看的图像。ARRI Alexa数字摄影机在Log-C模式下具有14挡动态范围，所记录的影像在普通的显示设备上观看反而会得到低反差的观感，而且色彩饱和度也非常低，所以要借助调色软件将Log-C模式的素材映射到REC.709模式。

从图1.1和图1.2可以看出，用Log模式拍摄的素材具有极佳的宽动态范围，示波器波形显示图像的暗部细节得到了很好的表现，还有“下潜”的空间。而亮部的天空、白色的建筑物等波形也远远没有达到上限（1023），所有范围全部都被保留了下来。但同时也正是因为这样的宽动态范围，导致整个图像在普通的监视器上显示效果发灰，色彩饱和度下降，所以必须进行LUT（Look UP Tables，像素灰度值映射表）映射。

① 在本书中，经常会出现调色、数字配光、色彩校正等不同的名称。就规范来说配光的提法是从胶片时代传承下来的，数字影片如果直接投放数字影院而不是转印成复制就涉及不到配光；而色彩校正是整个调色流程的一部分，校正的本质是“保真”，和自然真实保持一致，但这仅仅是数字调色工作的一部分，后面的章节中如果不做单独的说明和强调，色彩校正等同于调色。

图 1.1　ARRI Alexa 摄影机用 Log 模式拍摄的素材

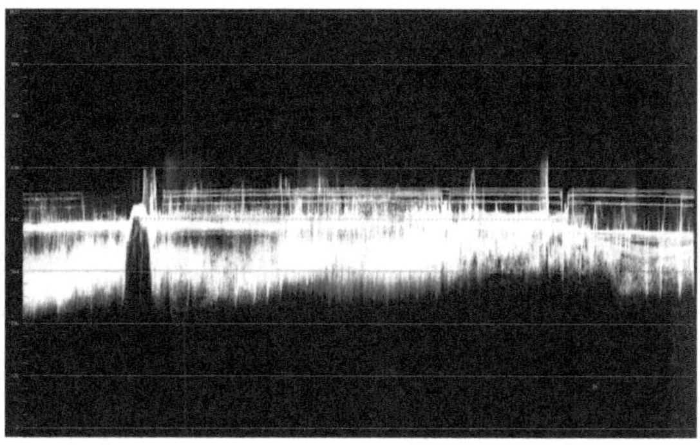

图 1.2　图 1.1 的波形图

图 1.3 和图 1.4 是线性修正后的画面和波形图。通过 LUT 映射，影像得到线性修正，在 REC.709 模式的监视器上色彩得到了准确还原，暗部的波形向示波器底部下潜，绿色植被颜色鲜艳，由此可见，波形图上的反差非常理想。

图 1.3　线性修正后的画面

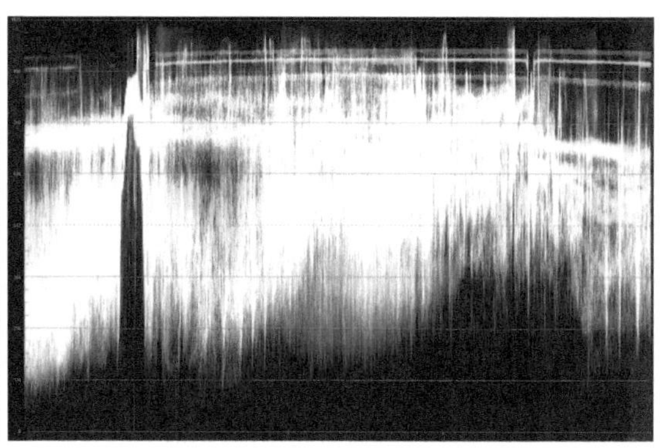

图 1.4　线性修正后的波形图

当然，也有前期拍摄不严谨造成的曝光问题和偏色。在微电影《迷途》中，部分在室内拍摄的原始素材曝光不足，示波器波形集中在下 1/3 处。色温也存在严重的偏色，红绿波形明显高于蓝色波形，画面整体色调偏橙红（图 1.5 和图 1.6）。针对这样的片段，DaVinci Resolve 拥有巨大的潜能，通过提升 Gamma 和 Gain，压低 Lift 改善反差，并通过色轮调整色彩平衡，图像的曝光问题得到纠正（图 1.7），示波器中白色手套的部分红、绿、蓝三通道的波形相互重叠，色温得以正确还原（图 1.8）。

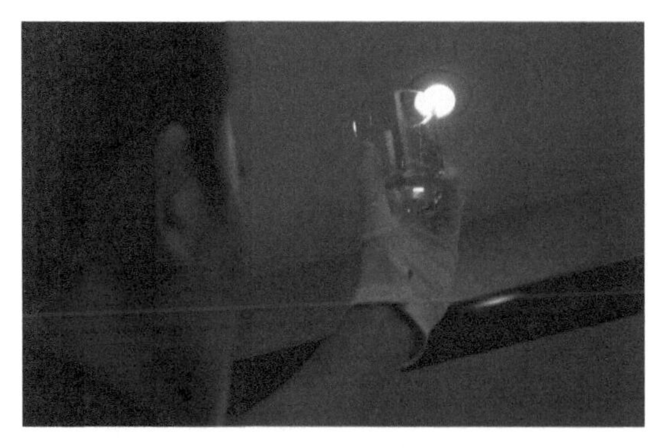

图 1.5　《迷途》中的原始素材

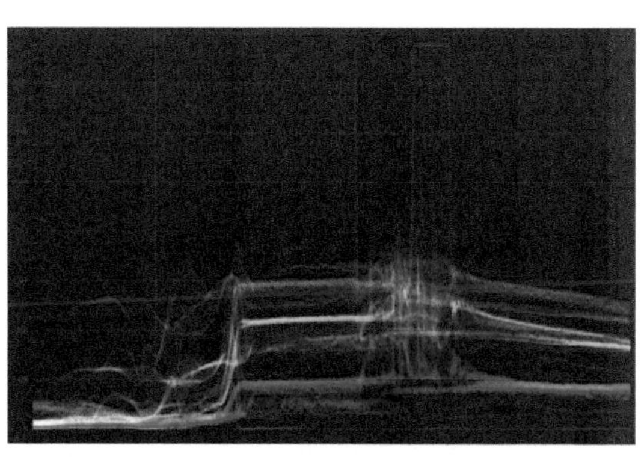

图 1.6　原始素材的波形图

原始素材的质量和宽容度在很大程度上制约着调色的效果。Log 模式拍摄的素材记录了大量的图像数据，可以进行更大范围和更大幅度上的调整，并且 RAW 格式的素材调整的余地更大。无论哪种情况，Resolve 提供的大量方法和工具都可以使图像最优化。

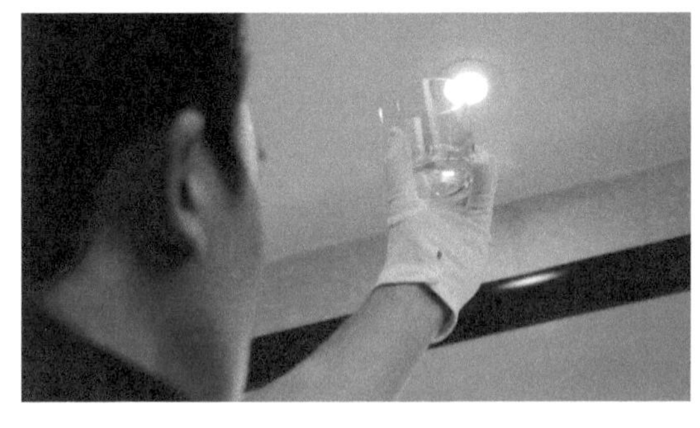

图 1.7　调整后的图像

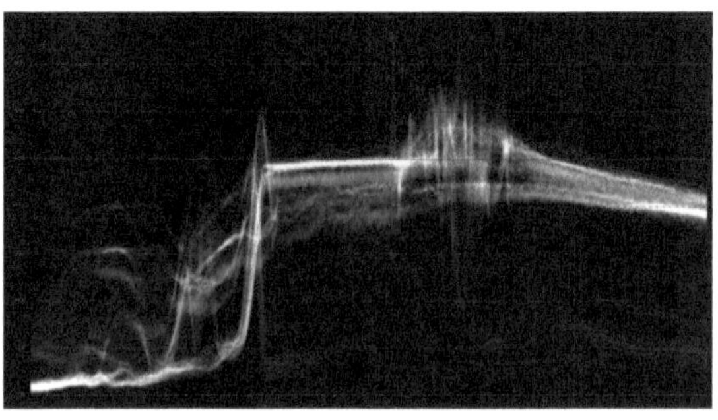

图 1.8　调整后的波形图

DaVinci Resolve 初级调色工具包括色相、饱和度、对比度。在 3 路调色板中的色彩平衡调整器可以同时调整 RGB 三个色彩通道，调节 Lift、Gamma、Gain 改变阴影、中间调、高光不同影调的色彩（图 1.9）。

滑块界面也可以进行同样的调整，不同的是它可以单独控制 Red、Green、Blue 通道的 Lift、Gamma、Gain，所以阴影部分、高光部分能得到独立的精确调整（图 1.10）。

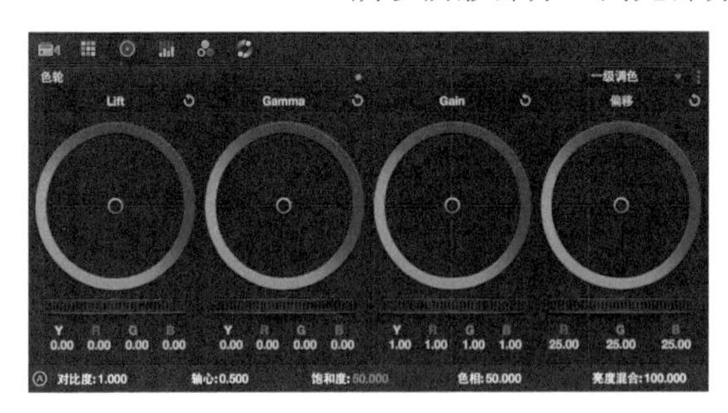

图 1.9　调色板中的色彩平衡调整器（色轮）

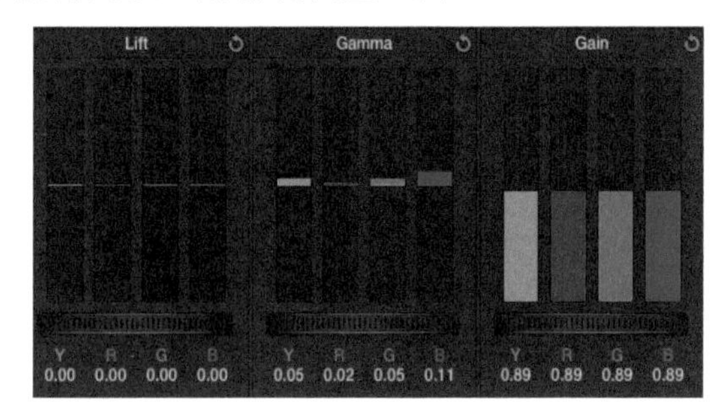

图 1.10　滑块界面

偏移（Offset）可以改变图像的整体色调而不只是作用于高光、中间调或阴影。图 1.11 所示为在偏移面板中调节 Wheel（中间的圆环），偏离中心倾向于橙红，得到了暖色调的长城的画面，如图 1.12 所示。

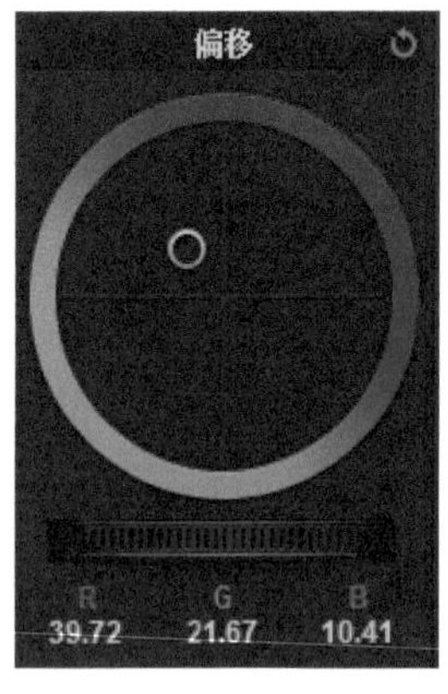

图 1.11　偏移面板（1）

图 1.12　暖色调的长城

图 1.13 所示为在偏移面板中调节 Wheel，偏离中心倾向于蓝青，得到了冷色调的长城的画面，如图 1.14 所示。

图 1.13　偏移面板（2）　　　图 1.14　冷色调的长城

同时，主控 Lift Wheels 可以协同工作来改变图像的对比度，如加重阴影、提亮高光、提亮或者是压暗中间调制造不同的反差，如图 1.15 所示。

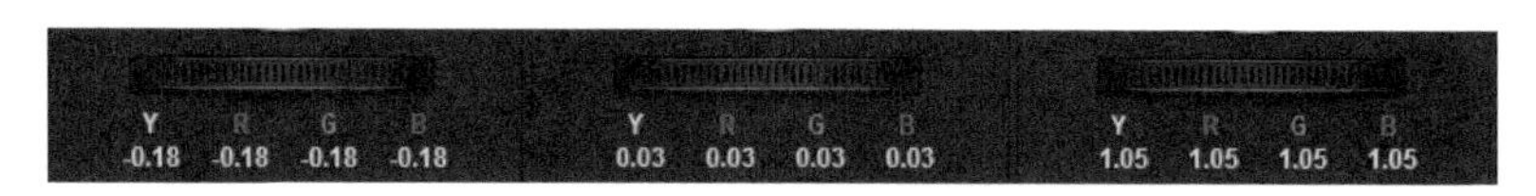

图 1.15　Lift Wheels

图 1.16 是高反差的画面，亮部和暗部的间距增加。图 1.17 正好相反。

图 1.16　高反差　　　图 1.17　低反差

图 1.18 面板上单独的饱和度控制可以让调色师提高或降低图像色彩的强度，图 1.19 是蒲公英的原始素材，背景深灰绿。图 1.20 把 Saturation（饱和度）的数值从原始的 50 调整为 80.8，背景绿色浓郁。

饱和度:80.000　色相:50.000　亮度混合:100.000

图 1.18　饱和度控制面板

图 1.19　蒲公英的原始素材

图 1.20　提高饱和度后的结果

1.2 突出重点

调色工作的另外一个重要方面是强调或者忽略画面中的某一元素，选择有价值或次要的色彩予以突出或者压制。

在如图 1.21 所示的画面中，调色师可以引导观众的视线，用窗口工具制作选区，用限定器（Qualifier）分离色彩，效果如图 1.22 所示。

图 1.21　原始图像

图 1.22　加入 Power Window 仿拟镜头的暗角效果

1.3 满足观众的期待

还有另外的工具组 HSL、RGB 和亮度限定器，提供更为丰富的特效控制。用这些工具可以更好地匹配观众的期待，匹配影像的类型和叙事风格诉求。

在观众心中深深的根植着“记忆色”，决定了观众在面对不同的影像时对色彩的期待，如人物的肤色、绿色的叶子，还有蔚蓝的天空……偏离这些观众根据日常的生活经验融合了丰富个人情感的色调，要么损害影像真实的情感表达，要么因为制造了有别于日常经验的观感，而升华了观众的体验，需要谨慎对待。

HSL 限选工具是一个强大的色度键，它可以对图像进行取样，实施特定的调整。例如，可以把人物和背景进行分离单独调整等。在微电影《迷途》中（图 1.23），需要改变原始拍摄素材灰暗的色调以营造气氛，在图 1.24 分离肤色的基础上，图 1.25 仅限于把背景环境调整为阴天的蓝青色调，在制造环境气氛的同时肤色得以保护。如果在调色前不用 HSL 限选工具把人物的皮肤分离出来，则调整后的画面不符合观众记忆中的真实（图 1.26）。

图 1.23 《迷途》的原始素材，背景呈现出灰色调

图 1.24 HSL 分离肤色

图 1.25 调整后背景呈现出蓝青色调，人物肤色保持不变

图 1.26 没有使用 HSL 保护肤色，人物呈现蓝青肤色

另外一个经典的应用是对天空的调整。如果前期拍摄的素材是想表现阳光灿烂的夏日，但完成的原始素材呈现出“水洗色”（图 1.27）。用 HSL 限选工具可以轻松分离天空和陆地（图 1.28），然后给天空加入适量的能把观众带入酷热夏日的色彩和反差，调整后图像呈现出晴朗的夏天典型的白云蓝天（图 1.29）。

图 1.27 素材中天空染上了黄绿色

图 1.28 用 HSL 工具限选天空

图 1.29 调整后的图像天空湛蓝，白云洁白

1.4 匹配镜头

多数情况下前期拍摄的镜头能够完美地匹配，但即使最精心的曝光也会在镜头之间留下细微的差异。另一方面有些影片场景用现场光线拍摄，由于时间和地点的不同导致光线和色调在镜头之间存在巨大差异。DaVinci Resolve 的 COLOR 页面中时间上的缩略图帮助调色师预览片段之间的色调匹配（图 1.30）。

图 1.30 时间上的缩略图

图 1.31 画廊

匹配镜头的曝光、反差和色彩平衡是调色师的另一项基本工作。完美的匹配意味着色彩能在镜头之间自然地流动而不会被观众注意到。DaVinci Resolve 有许多工具可以帮助调色师比较镜头，其中最重要的是画廊（Gallery）（图 1.31），调色师可以在里面存储静帧画面，然后与其他正在调整的镜头进行分屏比较，如图 1.32 所示，微调后的效果如图 1.33 所示。

DaVinci Resolve 提供另外的一个调色管理工具，在片段和片段之间复制调色属性，还可以通过自动或者手动的方式以组形式链接相似的片段（图 1.34）。

调色工作绝不仅限于以上的四个方面。随着软硬件技术的更新升级，以及人们认识的逐步深化，数字配光调色一定会朝着更广阔的空间蔓延发展。近几年来 DIT① 的概念越来越深入人心，调色师的工作范围也突破了后期制作的范畴，越来越多地介入到前期拍摄的工作中，如拍摄时的现场预调色等。调色和摄影、照明的关系正在发生根本的改变，到了数字摄影时

① DIT 是 Digital Imaging Technician 的缩写，指的是数字影像工程师或数字影像工业流程的管理。

代，对画面有绝对控制权的摄影师也感受到了这种挑战，两者紧密地配合才能发挥现代数字记录设备的优势，与胶片媲美最终超越胶片，为观众制造全新的视听盛宴。

图 1.32 分屏比较两个镜头，两个人物肤色不一致

图 1.33 微调后效果的对比

图 1.34 铰链图标表示镜头 07 和 09 已经分组

第2章　达芬奇的工作流程

1984 年 DaVinci Resolve 诞生，之后很快成为了后期制作色彩校正的标准。之后的 30 年她伴随着艾美奖活跃在电视长片（Television Long Form）、电视商业广告（TV Commercial）和故事片（Feature Film）的数字中间片调色工作和套底回批等工作中，以极富效率的工作流程在调色领域一枝独秀。

DaVinci Resolve 的出现改变了人们对调色软件的认识，颠覆了之前从业人员对色彩处理的观念。传统的色彩处理实际上的工作重点在于 Color Correction，即色彩校正，用以弥补前期拍摄的不足。而 Resolve 升级的色彩处理的观念，则把自己定位于新一代的增强型数字调色工具，在校正的基础上进行色彩的再创作。

2.1 快速入门

在把 DaVinci Resolve“分解后各个击破”之前，先进行一个快速入门的训练，让初学者对 Resolve 有个整体的印象，就像故事片开始的时候先交代故事背景一样。

（1）先将光盘中附带的练习素材复制到本地。打开 DaVinci Resolve，首次弹出登录界面，如图 2.1 所示进行简单配置后即可进入软件进行练习。

图 2.1　登录界面

（2）配置数据库，如果 DaVinci Resolve 仅运行在本地工作站，主机地址保持默认设置即可，如图 2.2 所示。

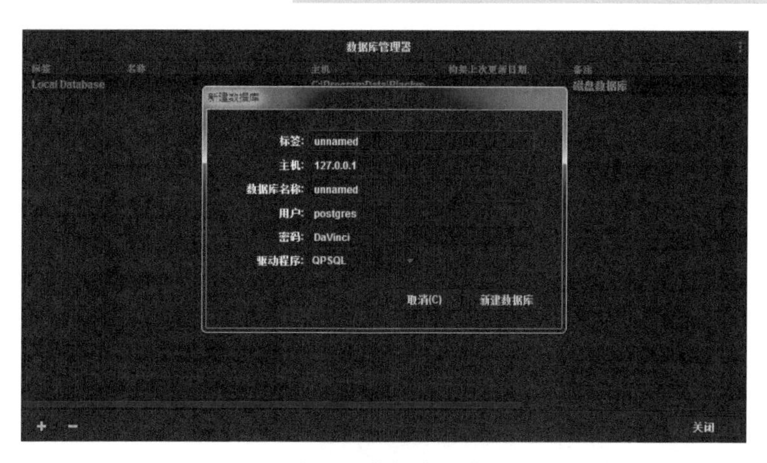

图 2.2　数据库设置

（3）单击增加新用户图标，在弹出的对话框中输入用户名、设定自己的密码（可选）、添加头像（可选），单击【设置新用户】按钮完成，如图 2.3 所示。

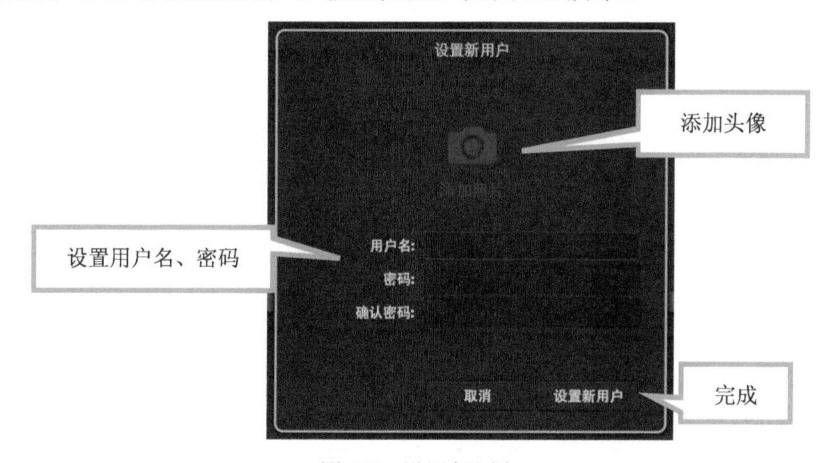

图 2.3　设置新用户

（4）选中刚刚创建的用户，单击【登录】按钮，也可以双击用户图标登录，如图 2.4 所示。

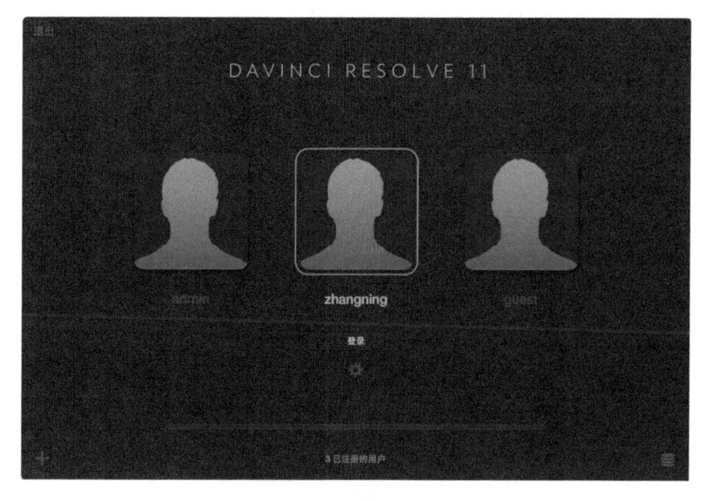

图 2.4　登录

（5）登录后出现的窗口中只有一个项目 Untitled Project，双击这个图标创建一个新项目，如图 2.5 所示。

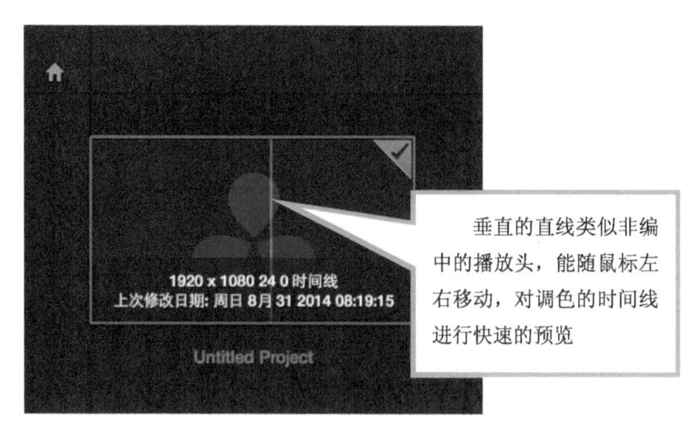

图 2.5 创建项目

（6）第一次打开一个新项目，软件默认的页面是**媒体**，它是 DaVinci Resolve 11 中 4 个核心页面中的第一个，这 4 个页面也暗示了达芬奇的工作流程，每个页面可以通过单击软件界面下方的 4 个标签切换，如图 2.6 所示。在上一个版本中，有 5 个核心页面标签，为了进一步地简化界面，新的版本中去掉了 GALLERY 标签，整合到了**调色**页面中，并且给了一个中文名字**画廊**。**画廊**底部的按钮可以展开整个窗口，功能与之前一致。

正如许多熟悉了英文版本的调色师的抱怨，中文翻译的确不够准确，单看字面意思感觉丢失了许多信息。所以在以下几章的讲解中，我们尽量多地保留了英文的表示法用以对照，保证能更有效的传递这些关键信息。

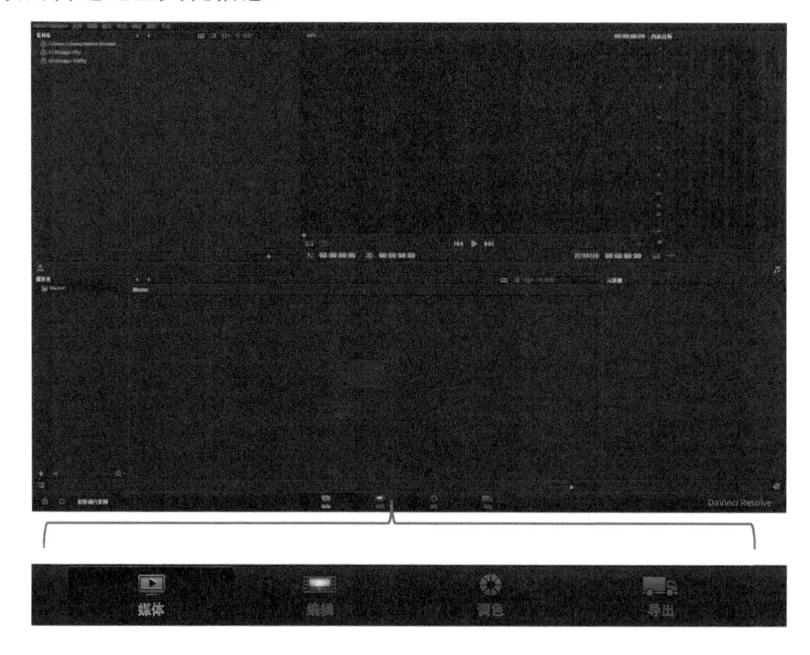

图 2.6 软件的主界面

媒体页面容纳和管理项目用到的素材；**编辑**页面用来导入其他的非线性编辑软件的项目文件，在编辑页面的时间线上，调色师还可以对节目进行基本的剪辑；**调色**页面中包含了所有的调色功能，是整个软件的“心脏”，调色师的绝大多数的时间和工作要在这里度过和完成；**画廊**允许调色师管理“静帧”（Stills）和存储调色模板，这对多部集的电视剧匹配场景至关重要，它可以极大地提高工作效率和调色的一致性；**导出**页面用于渲染和输出。

（7）回到**媒体**页面，在**媒体**页面的媒体池中一开始并没有任何素材，需要在页面左上方的素材库中选择之前存放练习素材的文件夹，全部选中这些素材，拖放到下方的媒体池中，如图 2.7 所示。

图 2.7 已经导入素材的媒体池

（8）单击“**编辑**”标签切换到**编辑**页面，在这个页面包含时间线列表和时间线编辑窗口，用于导入非编软件提供的 EDL、XML 剪辑列表。选择菜单【文件】|【导入 AAF/EDL/XML...】，如图 2.8 所示，在弹出的对话窗中查找“初级调色案例. XML”，这个文件位于之前复制的练习素材文件夹中，如图 2.9 所示。

（9）XML 导入对话框紧接着会出现，一些选项让调色师来决定是否选中。之后会详细讲解这些选项的意义，现在先重新命名这个时间线为“初级调色练习”，按照系统默认的方式单击 OK 按钮，如图 2.10 所示。

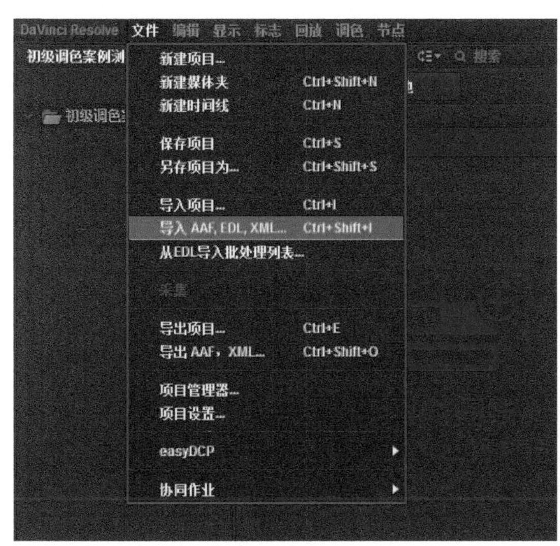

图 2.8 导入菜单

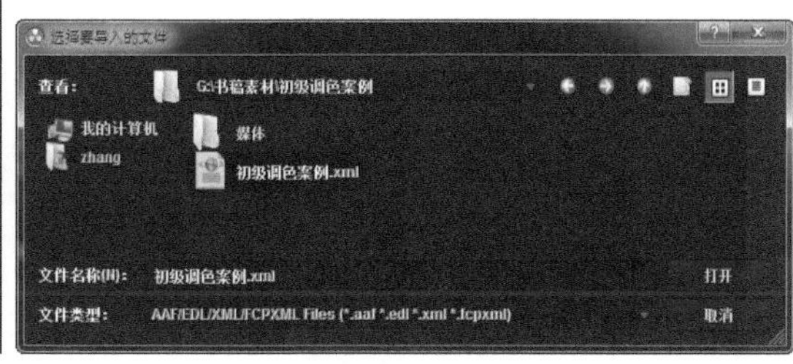

图 2.9 选择文件

（10）因为之前移动过素材文件夹，XML 项目中引用的素材相对地址发生改变，所以系统再次弹出另一个对话框，要求重新定位素材位置，如图 2.11 所示。重新选择练习素材文件夹并确认，这时在时间线窗口出现了第一个时间线项目“初级调色练习”。

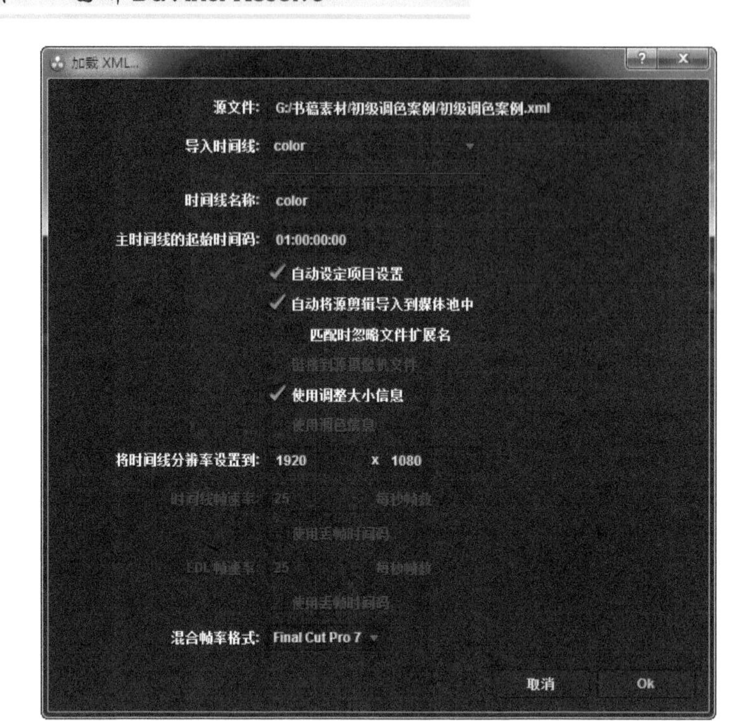

图 2.10 “加载 XML…”对话框

（11）接下来同时按下快捷键 Ctrl+S，或者选择【文件】|【存储项目】>Save project，给达芬奇的项目命名，单击【保存】按钮存储项目，如图 2.12 所示。

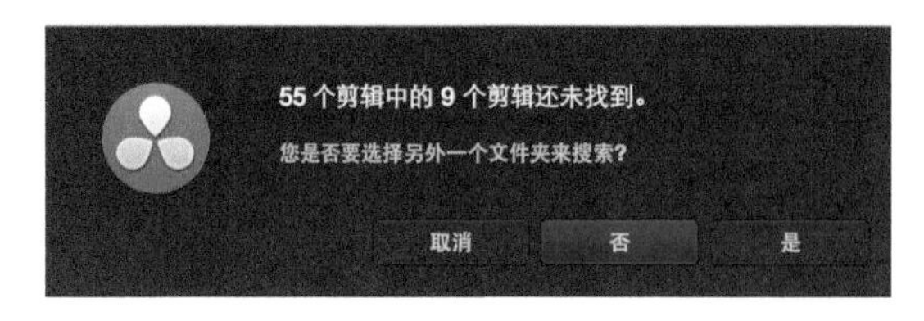

图 2.11 定位素材

图 2.12 给项目命名并保存

上面的快速入门介绍了如何建立一个项目，方便初学者迅速上手，消除对软件的陌生感。如果说这一步能马上改写自己的“门外汉”身份，那么下面的模块深度剖析将让你有那么一点点“专业选手”的感觉。

2.2 DaVinci Resolve 的 7 个模块

对于任何一款调色软件来说，优化的流程都是高效工作的保证。在 DaVinci Resolve 11 中，它的工作流程直接通过 7 个模块来体现，它们分别是两个管理工具：**项目管理器**、**项目设置**，以及 5 个页面：**媒体**、**编辑**、**调色**、**画廊**、**输出**。在新版本中**画廊**没有单独在软件底部标签处列出，而是整合到了**调色**页面中，如图 2.13 所示。

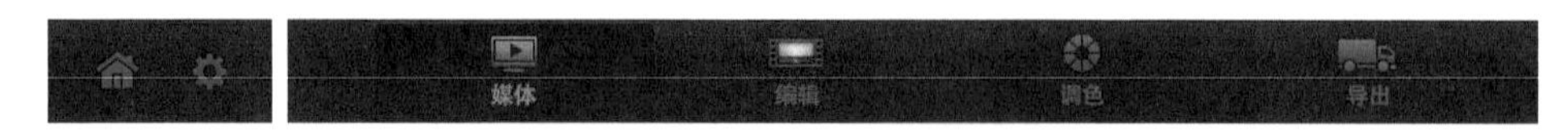

图 2.13 DaVinci Resolve 的核心模块

依靠这 7 个模块，增强型的数字调色工作在实时的状态下以片段（Clip）为基础展开，深入到每一个片段，节点工具进一步创建控制点以提供一级校色，二级调整，并且在调整时同步绑定窗口遮罩（Matte Controls）。

窗口在蒙版中之所以被定义为强大工具，并不仅仅在于用户可以根据需要定义曲线形状、范围，更在于它的实时跟踪功能。此外，Davinci Resolve 还扩大了对原生视频的数字摄影机类型、不同视频格式的支持，强大的 EDL 导入和确认工具，实时的标清和高清磁带导入和导出等。下面详细拆解这 7 个模块。

2.2.1 第一个模块——使用“项目管理器”（Project Manager）管理项目

单击项目管理器图标，弹出项目管理器界面（图 2.14）。界面右上角的按钮可以改变显示方式，以缩略图或者是列表方式查看项目。还可以在众多项目中用搜索功能定位想要查找的项目。左下角的按钮可以改变数据库、添加新项目或新建文件夹，还可以改变登录用户。

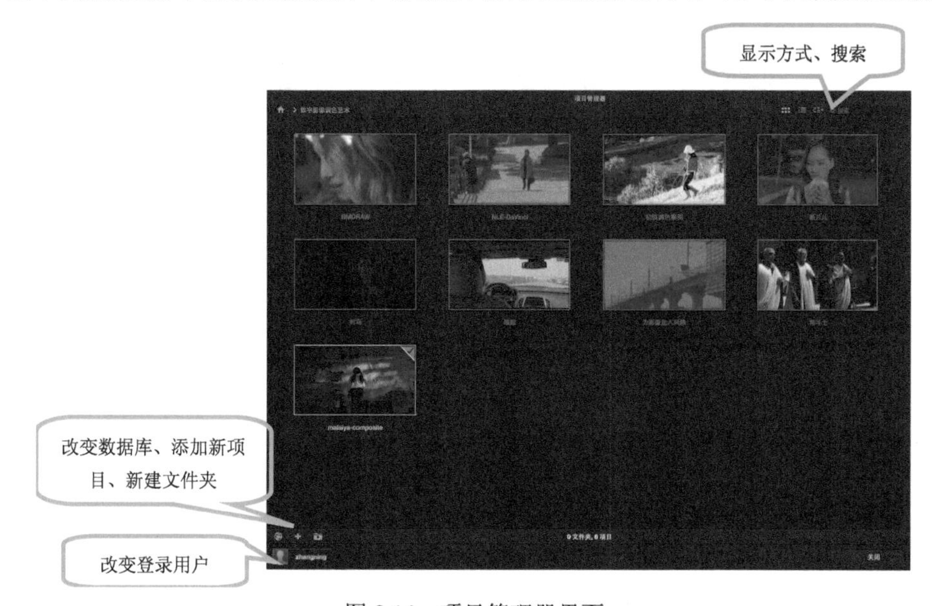

图 2.14 项目管理器界面

2.2.2 第二个模块——“项目设置”（Project Setting）为不同的制作要求定制参数

项目设置包含了 15 个子标签，分别是预设、主项目设置、图像缩放调整、编辑、调色、摄影机 RAW 格式设定、LUT 映射、版本、音频、常规选项、录机采集和回放、调色控制台、自动保存、键盘映射和元数据（图 2.15）。

调色师根据不同项目的实际需要设定分辨率、帧速率、色域①映射关系和监看设置等。

① 色域是对一种颜色进行编码的方法，也指一个技术系统能够产生的颜色的总和。在本书中为了表述方便，有时会把色域称为色彩空间，两者是一样的。

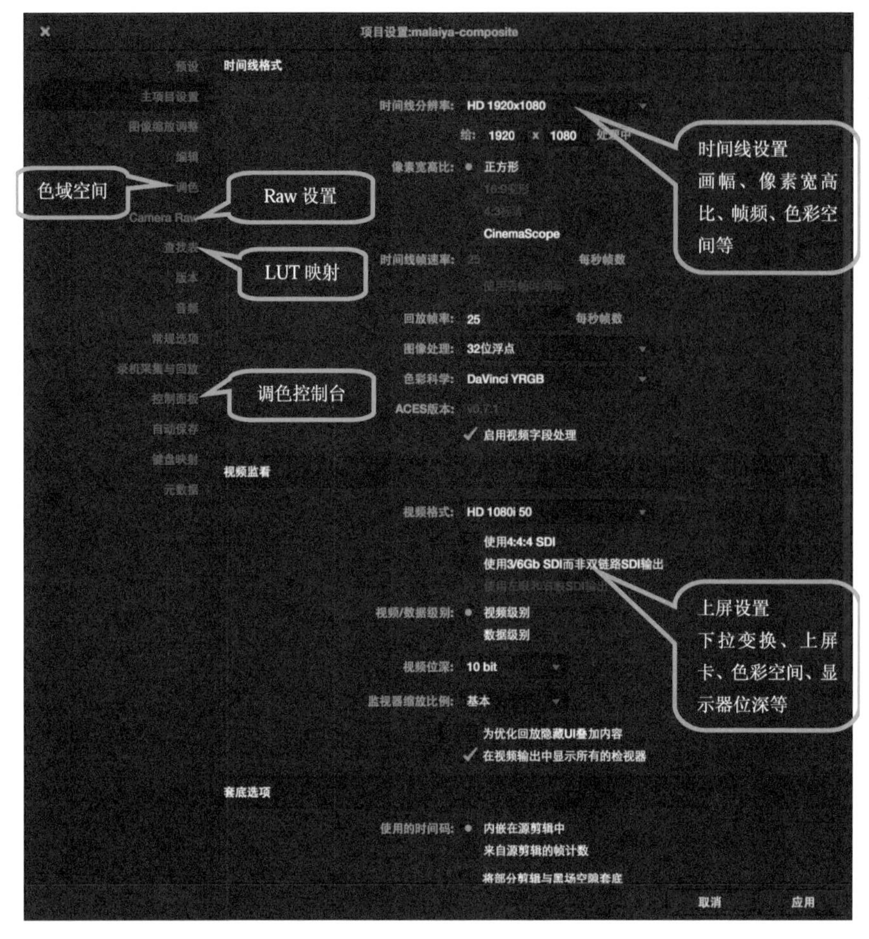

图 2.15　项目设置界面

1．主项目设置和图像缩放调整

（1）时间线分辨率的设置。

分辨率是指摄影机分辨物理量细节的能力。按分辨率来分，可以将数字电影从低到高分成 0.8K，1.3K，2K 和 4K。其中 0.8K 是农村放映的标准，1.3K 是国家标准，2K、4K 则是国际标准。图 2.16 直观显示了不同分辨率之间的比例关系，其中 1080p、720p 是电视节目的分辨率标准。

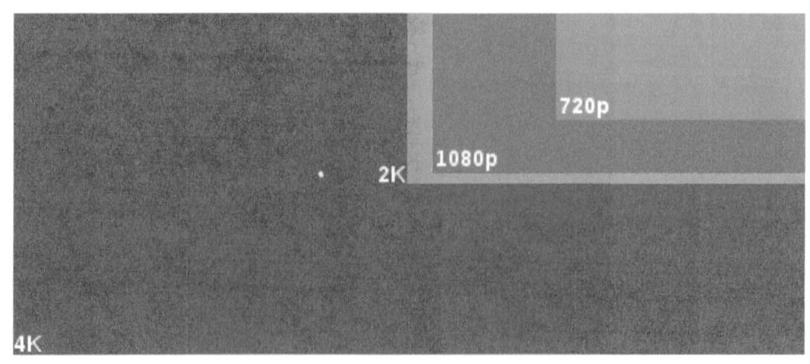

图 2.16　不同分辨率画幅比例示意图

2002 年，好莱坞七大制片厂[①]成立的 DCI（Digital Cinema Initiative）组织制定了《数字影院技术规范》，该规范在草案的制定过程中定义了 2K、4K 两种模式的图像结构，但在是否需要保留 2K 模式这一问题上出现了分歧，争论焦点集中在“数字放映的画面质量是否需要超过 35mm 胶片”上。正方认为虽然 2K 数字放映与 35mm 胶片的质量相同，但是数字放映设备的投资成本可以从制片厂节省下来的拷贝费中收回，影院方无须额外投资，而且当时 4K 数字放映技术并不成熟，主张先从 2K 模式做起；反方认为 2K 数字放映的画面质量相当于 35mm 胶片的档次，胶片数字化对影院方并没有带来实际利益，如果采用 2K 模式，那么影院不会愿意仅仅为了更换成数字设备而花钱，建议只设立 4K 一种模式，提高数字电影放映的门槛，提升电影放映的质量。

由于有此争论，到 2003 年年初 DCI 制定的草案 V2.0 版，都只有 4K 一种模式。一直到 2003 年 12 月的草案 V3.0 版，才增加了 2K 模式，其概论部分也从“数字放映应超过胶片放映质量”改成了“等同或超过”。但就 DCI 组织的初衷而言，2K 只是一个过渡时期使用的图像格式，4K 才是数字电影最终应该达到的程度。

2005 年 7 月，在花费了 820 万美元的巨额研究试验经费后，DCI 公布了大家期盼已久的数字影院技术规范最终版《数字影院技术规范的正式版 1.0》，成为目前全球发展数字电影、统一数字电影技术格式最重要的参考文件和依据。这份长达 153 页的技术规范对数字电影的图像显示、传输和服务器的技术要求都做出了明确的规定。分辨率方面，它规定数字电影播放机的分辨率要达到 2～4K 的标准，而我国此前在这方面所做的界定则要宽泛些，1.3K 以上的播放机都被认为符合数字电影的技术要求[②]。

4K 数字电影指拥有 4096×2160（宽×高）像素分辨率的数字电影，即水平方向有 4096 个像素，垂直方向有 2160 个像素，其总像素超过了 800 万，是 2K 数字电影和高清电视分辨率的 4 倍。2K 数字电影的分辨率与高清电视的分辨率大致相当，全高清电视是 1920×1080 像素。

从电影工业化的角度理解，真正的 4K 数字电影，是指用 4K 数字摄影机拍摄，4K 数字中间片流程制作，4K 数字版发行并用 4K 数字放映机放映的数字电影。当使用 4K 数字投影机将图像投射在大屏幕上时，即使是在距离屏幕高度 1 倍的近距离观看也不会看到像素结构，高精度的细腻影像对各种色彩和光亮的表现更丰满。

表 2.1 显示了几款主流的数字摄影机的分辨率，为了保证影视作品的质量，调色项目的分辨率设置要匹配前期拍摄时的分辨率设定。

表 2.1　目前几款主流的数字摄影机的分辨率

厂　牌	型　号	成 像 器 件	成像器件像素点	输 出 画 质	镜 头 卡 口
ARRI	D-21	CMOS	2880×2160	1080p RGB	PL
DALSA	Origin	CCD	4046×2048	1080p RGB	PL
PANAVISION	Genesis	CCD	5760×2160	1080p RGB	PV
RED	One	CMOS	4520×2540	4KCodedRGB	PL
Sony	F35	CCD	5760×2160	1080p RGB	PL

① 指的是迪斯尼、二十世纪福克斯公司、派拉蒙、索尼电影、华纳兄弟等。

② 陈鼎新，中国电影科研所，“DCI 发布数字影院技术规范最终版本”，《现代电影技术》2005 年 08 期。

图 2.17 所示为时间线分辨率的几项特殊设定。

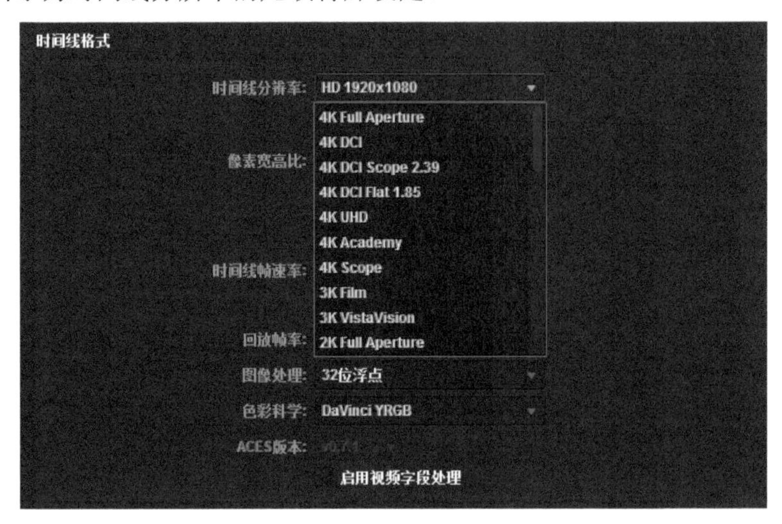

图 2.17　时间线分辨率设定

① 4K Full Aperture。

全幅 4K 格式，分辨率为 4096×3112，画幅比例大约 4∶3，类似于老电影或者是标清电视的画幅比例。超 35mm 拍摄的原始负片或中间片都采用这种比例，在后期制作时对画面进行裁切，以适应不同放映环境的需要（图 2.18）。

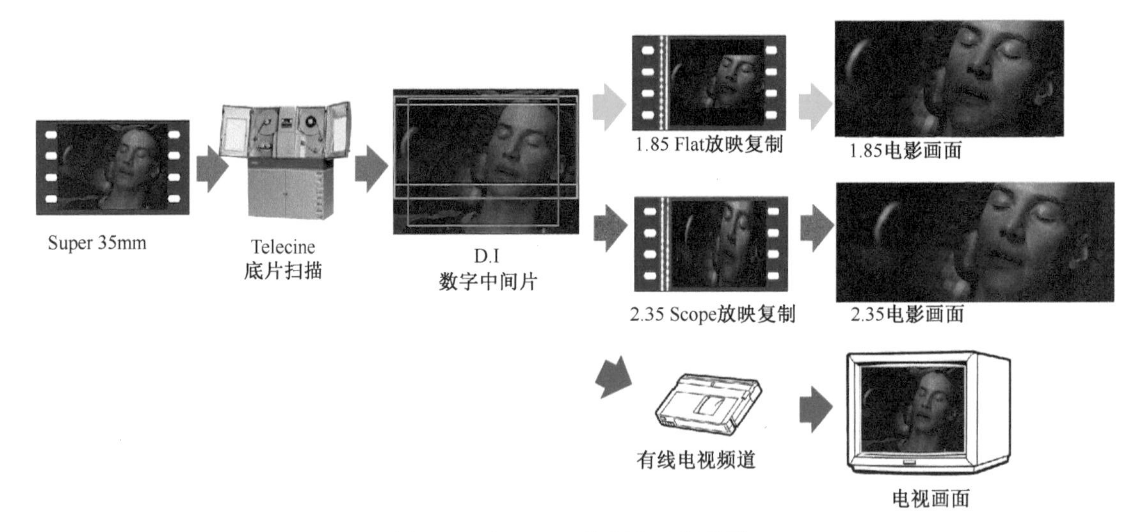

图 2.18　超 35mm 的制作流程简图

② 4K DCI。

即前面提到的，由 Digital Cinema Initiative 组织建议的，拥有 4096×2160 像素分辨率的数字电影格式。

③ 4KUHD。

4KUHD 是一种针对超高清电视的 4K 技术，是一种分辨率更高的超高清显示规格。分辨率为 3840×2160，是全高清的 4 倍、高清的 8 倍，因为这个分辨率标准的显示比例为 16∶9，与目前观众观看的液晶电视的比例一致，所以 4K 超高清电视采用这个分辨率。

④ Scope（CinemaScope）。

1927 年，法国物理学家亨利·雅克·克雷蒂安研制出一种变形镜头，这种镜头可使影像产生横向变形，使影像画面展宽，这就是 CinemaScope 宽银幕技术。这种能产生特殊效果的镜头，为宽银幕电影的诞生奠定了技术基础。1952 年，美国 20 世纪福克斯电影公司首先意识到了这种镜头的重要性，于是购买了该项专利，并将这一技术应用于电影拍摄中，在拍摄中，应用特殊的变形镜头将 2.35∶1 的全景式画面压缩到 1.33∶1 的 35mm 胶片上，拍摄好的影片放映时，同样加上一个变形镜头，对画面进行反变形处理，使画面还原，这就是宽银幕电影制作与放映的基本方法。1953 年，福克斯采用这一技术拍摄了第一部宽银幕电影《The Robe(圣袍)》，获得了巨大的成功，一年之内，所有主要的制片厂都采用了 CinemaScope 技术及其四声道立体声。到 1957 年，美国 85%的影院都安装了 CinemaScope 技术的设备。宽银幕电影使人的视野扩大，因此特别适宜表现场面恢弘的电影画面，如今，世界各国都已普遍采用宽银幕电影。

⑤ Flat 1.85（遮幅宽银幕）。

1884 年，乔治·伊斯曼（George Eastman，柯达公司创始人）发明了照相胶片。在胶片发明之前，照相一直使用玻璃为成像材质。胶片轻便、不碎、可弯曲。1892 年，托马斯·爱迪生（Thomas Edison，大发明家，通用电气公司创始人）和他的下属威廉·迪克森（William Dickson）发明了 Kintoscope 电影机（俗称西洋镜），他们利用柯达的照相胶片实现了连续画面的播放，并同时推出了 35mm 胶片，它的画幅是 24.9mm×18.6mm，宽高比为 1.33∶1，基本上是个方形。1926 年，有声电影诞生，20 世纪福克斯电影公司（FOX）利用部分胶片位置印上了光学声轨，从而使帧画面尺寸变成 22mm×16mm，宽高比为 1.37∶1。福克斯的这个画面尺寸获得了各大制片公司的认可，于是大家纷纷使用这个标准。1932 年，美国电影艺术与科学学院把这个尺寸命名为“学院标准”(Academy)。

20 世纪 50 年代初，强劲对手电视出现并迅速普及。上面提到 1953 年，福克斯首先推出一种称为“CinemaScope”的宽银幕系统。这种宽银幕电影在拍摄的时候，用一种变形镜头(Anamorphic Lens)，把拍摄画面的宽度“挤压”一半在胶片上成像。期间，哥伦比亚、环球、米高梅、迪斯尼都曾掏钱买过许可。也有人不买福克斯的账，派拉蒙就是一位。派拉蒙的“遮幅宽银幕”(Flat Widescreen)，把 1.37∶1 的画面上下各挡掉一块，画面就“宽”了。这就是 Flat 的由来，它的画幅宽高比是 1.85∶1，分辨率是 3996×2160。

⑥ 3K VistaVision。

超视综艺体，又称为双格画幅银幕电影、深景电影。分辨率是 3072×2048。完全用这种分辨率拍摄的影片集中在上个世纪 50 年代，70～80 年代以后电影制作就很少用到这种格式了。即使用到也多是为了一些片段的特效制作，如《星球大战》、《回到未来》等。

其他的一些分辨率就不再一一介绍了，值得一提的是：相对于其他调色软件，DaVinci Resolve 10 以后最大的改变是解放了分辨率，不论何时调色师都可以更改分辨率，所有窗口联动实时调整。关键帧操作也会自动重新计算以适应分辨率变化，如正在工作的项目是 4K，我们可以用 HD 的分辨率制作、监看，最后 DELIVERY 输出时恢复 4K。

（2）时间线帧速率（Timeline Frame Rate）的设置。

DaVinci Resolve 提供记录帧速率设置包括约 59.94i、50i、29.97p、25p、23.976p，其中 i 代表隔行扫描，p 代表逐行扫描。除此之外还具备符合电影制作的编辑和加工流程，与电影胶片 24 格/秒相同的帧速率 24p。

图 2.19 显示了电影胶片和模拟电视、数字电视图像显示原理上的差别。第一幅是电影一格一格的还原影像；第二幅是模拟电视一行一行地还原影像，PAL 制标清电视由 576 行组成一帧画面；第三幅是数字电视逐个像素还原影像，HDTV 每帧图像由 1920×1080 个像素组成。

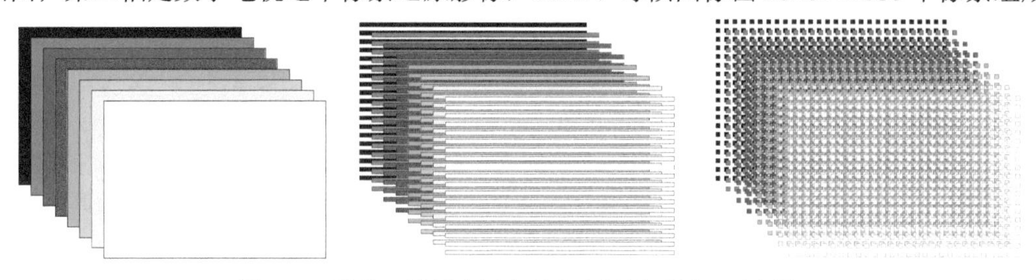

图 2.19　胶片、模拟电视和数字电视显示原理示意图

图 2.20 中两个图例（左边黄色底色的是一例，右边蓝色底色的是一例）依次表示电视在重现每一帧画面时不同的扫描方式：逐行扫描和隔行扫描。

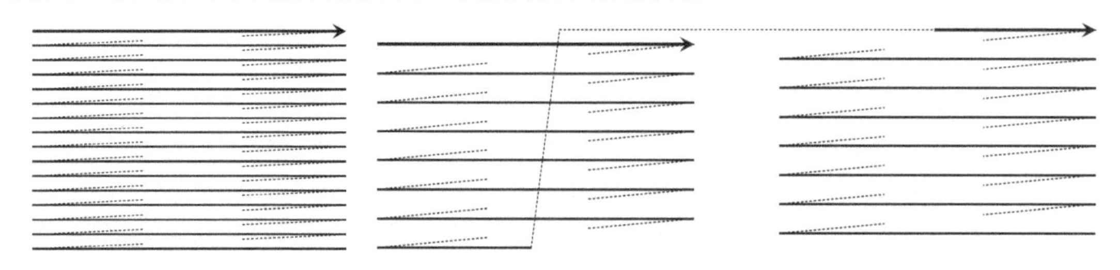

图 2.20　逐行扫描和隔行扫描

逐行扫描顾名思义就是一帧图像在显示屏显示时，从屏幕左上角的第一行开始逐行进行扫描，一次完成；隔行扫描是把一帧图像分成奇数场和偶数场两个场[①]，以先后的次序两次完成一帧图像。逐行扫描电视比隔行扫描电视诞生时间早很多，世界上最早进行电视广播的时候都是采用逐行扫描电视制式，因为当时电视的清晰度非常低，并且只能广播黑白图像，节目内容也不丰富，大部分是文字广告和音乐之类的内容。后来人们想把电影节目也搬到电视节目之中，此时才强烈感到电视机的清晰度不够，为此，电视台想出了一个新办法，只需把一帧图像分成两个场，而电视机什么也不用动，图像清晰度就提高了一倍。

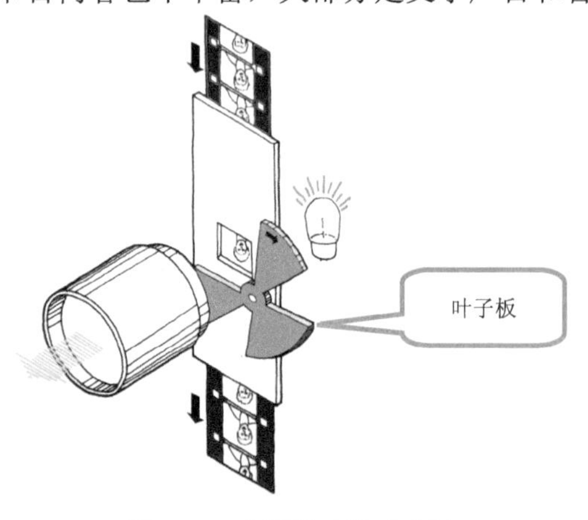

图 2.21　电影放映机示意图

电影放映机每秒钟放映 24 格图像，虽然在原理上能够匹配人眼视觉暂留[②]的时间，但观众仍然能感受到闪烁。为了弥补这个缺陷，电影放映机增加了一块叶子板，一般有 2～3 个开口，这样电影实际上每秒钟放映的图像增加到了 48 或 72 格，虽然每格图像都重复了，但却消除了闪烁（图 2.21）。

---

① 有时候称为上场和下场。

② 人眼具有的一种性质。人眼观看物体时，成像于视网膜上，并由视神经输入人脑，感觉到物体的像。但当物体移去时，视神经对物体的印象不会立即消失，而要延续 0.1～4s 的时间，人眼的这种性质称为“视觉暂留”。

但为什么电影的每秒钟画格为 24，而 PAL 制电视帧频是 25，NTSC 制是 29.97？电影不愿换成 25 格画面的理由是，人们对每秒 24 格已很满意，换成 25 格会增加成本；电视不愿换成 24 帧的原因是电网交流电的频率为 50Hz（中国）或 60Hz（美国），如果换成其他场频，当受到如荧光灯之类的灯光调制的时候会出现差拍[①]。由于大家都不愿意妥协，所以无法达成协议，只能下拉变换交换节目。在进行 DaVinci Resolve 项目设置的时候，调色师要根据素材拍摄的实际情况来设定匹配的帧频。

（3）启用视频字段处理（Enable video field processing）。

DaVinci Resolve 11 中关于这个选项的汉化翻译不准确，应该是“启用视频场处理”，field 指的是隔行扫描中的场。选中打开或者是关闭这个选项要根据我们处理素材时应用的效果是否包括 Blur、Sharpen、Pan、Tilt、Zoom、Rotate 等滤镜和放大缩小等尺寸操作。如果仅仅针对素材做对比度和色彩方面的操作，就没有必要选中此选项，这样可以减少软件的运算量，提高渲染效率。

（4）监视器缩放比例（Monitor Scaling）。

图 2.22 视频监看设置中监视器缩放比例（Monitor Scaling）选项默认设置是基本（Basic），使用大尺寸显示设备时这个选项用来平滑图像边缘。但是如果一个 2K 或者是 HD 的项目用 SD 显示设备监看，需要把此选项改为双线性（Bilinear）。这是一种影像插补的处理方式，会先找出最接近像素的若干图素，然后在它们之间作差补，能有效地改善运动影像的锯齿现象。

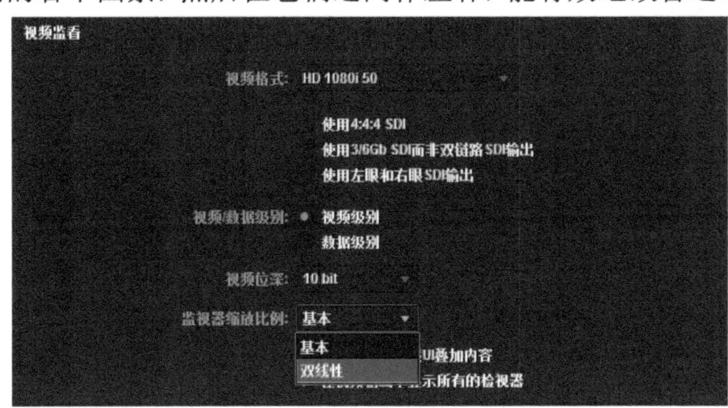

图 2.22　监视器缩放比例选项

（5）视频格式。

在 DaVinci Resolve 中如何选择合适的视频格式是一个让人头疼的问题，在胶片和数字混杂的时代，视频格式极其丰富，了解相关的基础知识是正确设置的前提。图 2.23 是视频格式设置的选项，由三部分组成：分辨率、扫描方式和帧速率。例如，现在橙色高亮显示中 HD 1080 是分辨率，PsF 是扫描方式，23.976 是帧速率。

当前期拍摄的格式和监看设备匹配时，只要保持设置的一致性即可达到最佳的观看效果。但如果不一致，就需要相应的转换，其中 3∶2 下拉变换（3∶2 pulldown）比较难理解，下面详细解释。

当输出一段 23.976fps[②]或者是 24fps 的视频到外接的显示器上时，如果该显示器只支持 29.97fps、59.94fps 或者是 60fps，就需要用 3∶2 下拉变换模式。这种模式的表示法是 PsF。

① 螺旋桨高速运转时，人眼会觉得它是在倒转，这时候人眼的视觉就是出现了差拍现象。

② fps 是 Frames per second 的缩写，意为每秒的帧速率。

例如，因为 24p 每秒 24 次的刷新频率太低，24p 只适用于节目制作和交换而不能直接用于播出。在 60Hz 电源的国家和地区 24p 的节目可以通过 3∶2 下拉变换得到 60 场的 1080i 60 隔行扫描信号播出，这种下拉变换与把每秒 24 格胶片画面转换成 60 场电视信号时的处理完全相同（图 2.24）。

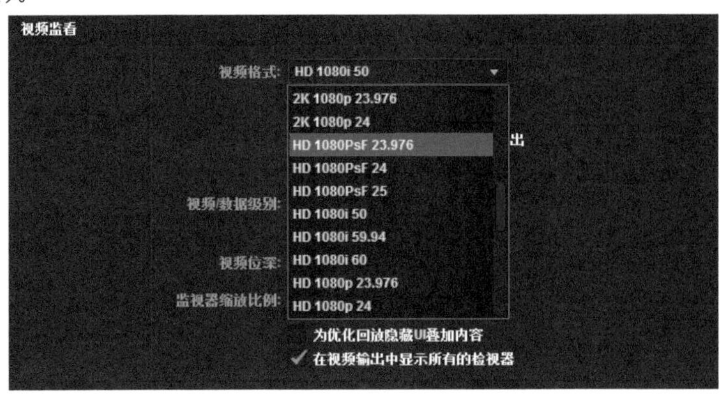

图 2.23　视频格式选项

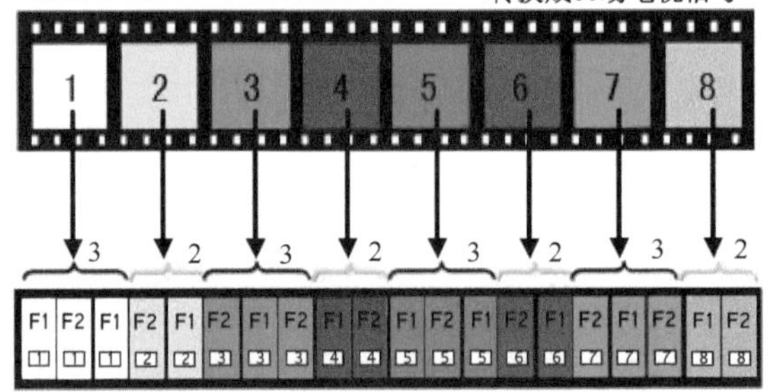

图 2.24　3-2 下拉变换

25p 的应用范围与 24p 几乎完全相同，其区别是 24p 主要应用于 60Hz 电源的国家和地区，而 25p 主要应用于 50Hz 的国家和地区，这是因为 1080p 25 的逐行扫描信号可以很容易地通过 PsF 传输方式转换成 1080i 50（25PsF）的高清隔行信号（图 2.25）。

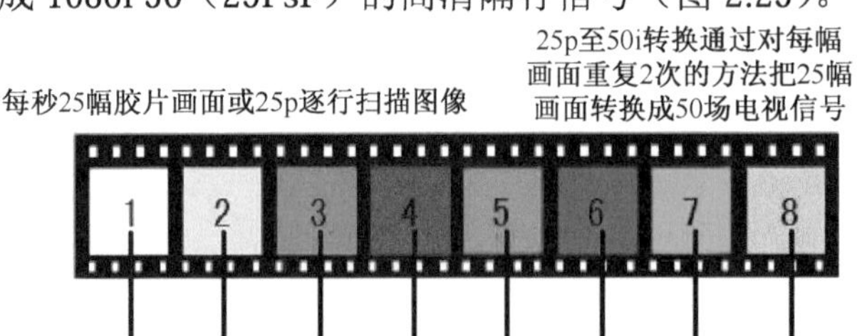
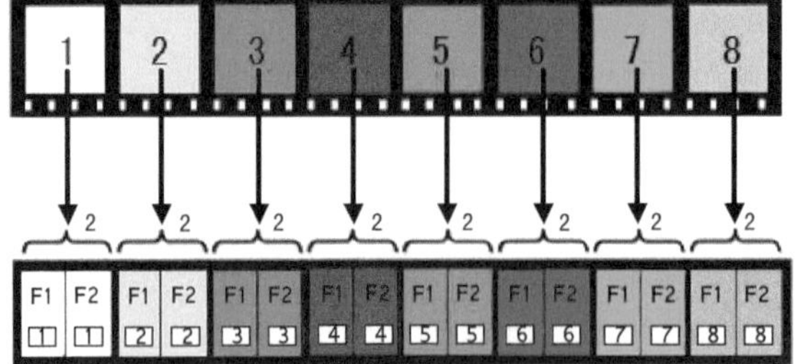

图 2.25　25p 至 50i（25Psf）转换

由于历史的原因大多数国家和地区的电视场频都与当地电网的交流电源频率相同。美国、日本、南美及亚洲的韩国和中国台湾等地区电源频率是 60Hz，欧洲及亚洲的大部分国家和地区电源频率是 50Hz。24p 经过 3∶2 下拉变换后刷新频率是原来的 2.5 倍，正好是 60Hz，25p 经过 PsF 传输后刷新频率是原来的 2 倍，正好是 50Hz，这样变换后都适合在各自国家和地区的电视播出。

2. LUTs

中文版的 DaVinci Resolve 把 LUTs 汉化成了“查找表”，有效信息损失殆尽，所以本书仍沿用 LUTs 的叫法，查找表（LUTs）设置如图 2.26 所示。

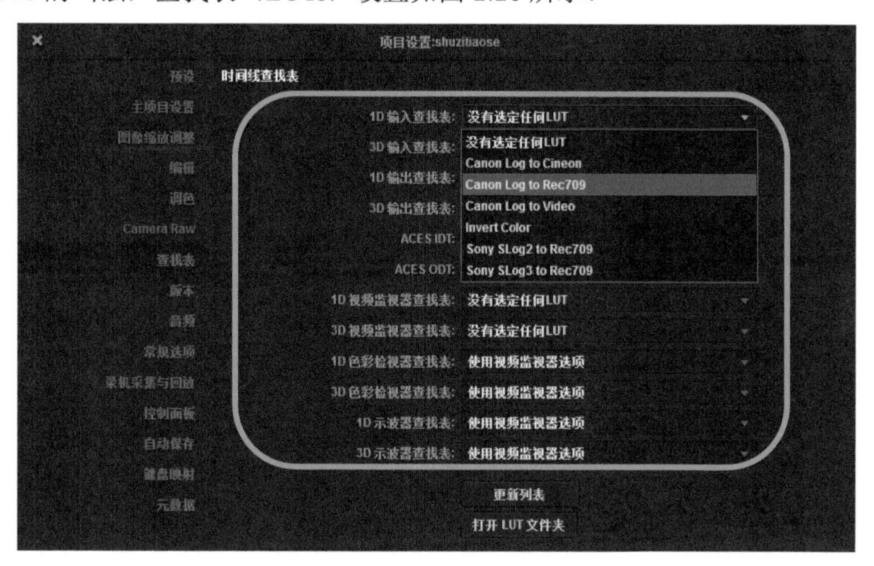

图 2.26　查找表（LUTs）设置

（1）LUT 的含义。

究竟什么是 LUT？LUT 是 Look Up Table 的缩写，也就是“像素灰度值映射表”。LUT 的出现是为了转换现在的各种标准，精确地再现色域。在进行达芬奇调色时，有两个方面和 LUT 有关。第一个方面是原始视频片段对色域空间是如何定义的，也就是说数字摄影机拍摄时对色域的设定；第二个方面是监看设备对色域的支持。先来看一下不同标准下的色域。

色域（Color Gamut）又称为色彩空间，就是指某种设备所能表达的颜色数量所构成的范围区域，即各种胶片、数字摄影机和不同的放映设备、显示设备所能表现的颜色范围。简单地理解，色域越宽色彩越丰富，效果也就越突出，最终可以获得更加接近人眼、更加真实的色彩还原。为了能够直观地表示色域这一概念，国际照明委员会（CIE）在 1931 年制定了一个用于描述色域的方法：CIE-XYZ 色度图。在这个坐标系中，马蹄状的区域是人眼睛所能见到的所有色彩（图 2.27）。

各种记录、显示设备能表现的色域范围用 RGB 三点连线组成的三角形区域来表示，三角形的面积越大，就表示这种设备的色域范围越大。到目前为止还没有哪种设备的色域能够覆盖人眼所能看到的所有色彩，超出三角形范围的色彩，会由三角形里面的色彩替代。

不同的记录媒介有不同的色域，如图 2.28 所示。没有任何两种色域是完全相同的，所以从绝对意义上讲，不同的记录媒介和显示设备在处理同一种色彩时肯定会有差异。运用 LUT

进行色彩管理的目标就是要尽量缩小影像在不同媒介和显示设备上的差异，使画面在传递过程中看起来更接近。

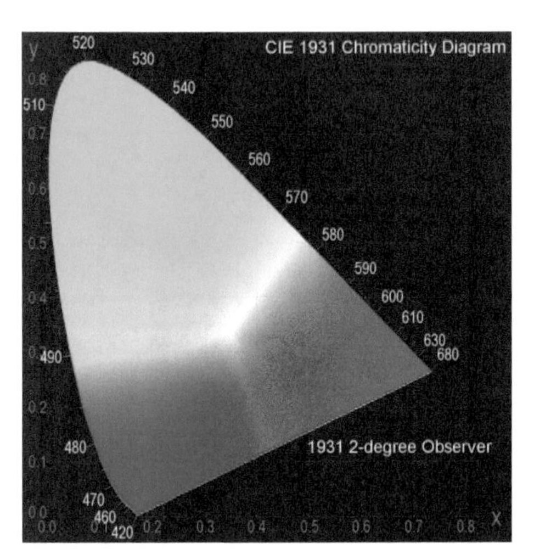

图 2.27　CIE-XYZ 色度图

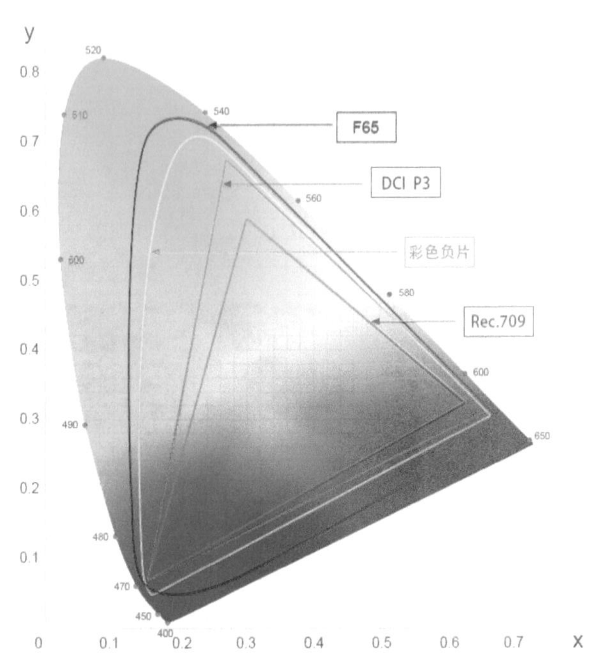

图 2.28　不同标准的色域记录或显示的范围

色域不同，表述颜色的方式更是存在巨大差异。现在记录颜色的算法有 HDTV 采用的 Rec.709、阿莱数字摄影机 Log-C、Canon 数字摄影机 C-Log、Sony 数字摄影机 S-Log。显示颜色的算法有 HDTV Rec.709、影院数字投影 DCI P3[①]等。如果前期拍摄和后期调色都采用相同的算法，使用匹配的监视器，而且节目的投放也是相同色域的设备，就没有必要介入色彩管理流程。但大部分情况下，记录设备和显示设备的色域并不相同。在达芬奇调色实践中，DaVinci Resolve 11 提供了比较完备的色彩管理流程，利用 LUT 以统一不同的色域空间。

目前视频领域常见的几种 LUT：一是数字摄影机厂商提供的 LUT；二是调色软件内嵌的 LUT；三是第三方 LUT 预置。

（2）用 LUT 匹配监视器。

针对不同数字摄影机拍摄的素材，可应用不同的 LUT 精确地还原前期拍摄的场景。如果数字摄影机的色域和监看设备的色域不匹配，就会造成色域还原误差。图 2.29 是阿莱数字摄影机拍摄到的画面效果，色域设定为 Log-C，但是在普通的监视器上观看，会得到如图 2.30 所示的效果。

如果用广播级的高清电视监视器，符合 Rec.709 规范的图像是不必使用 LUT 的。Rec.709 是符合传统电视制作流程标准的一种输出格式（色域空间的模式）。Rec.709 是 the

① DCI P3 是一种符合 DCI P3 显示方式的图像标准，它又称为 SMPTE 431-2（SMPTE 是 The Society of Motion Picture and Television Engineers 的缩写，指美国电影与电视工程师协会）。最初这种标准是针对数字电影放映机的，现在也可以通过增加 LCD 显示器的数量来支持 DCI P3 图像的显示。DCI P3 和 Rec.709 相比有非常相似的色调，但比 Rec.709 有更宽广的色域，这种设计是为了尽量接近印片用胶片的色域。如果有兼容 DCI P3 的监视器或投影，用这种格式拍摄的图像不必使用 LUT。

International Telecommunication Union's ITU-R Recommendation BT.709 的简称。因为 Rec.709 是用来显示图像的视频监视器的国际标准，所以监看 Rec.709 模式的图像用不到 LUT。另外 Rec.709 的图像可以被大部分的高清视频后期软件轻易地处理，故计算机显示器的显示也是大致准确的。

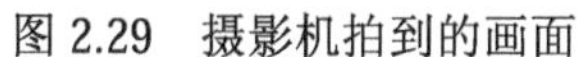

图 2.29　摄影机拍到的画面

图 2.30　Rec.709 监视器显示的画面

用其他色域模式记录的图像则需要加载 LUT，例如，如图 2.31 所示的 Arri Alexa Log-C 模式拍摄的图像需要加载特定的 LUT 映射到 Rec.709，才能在高清电视监视器上正常观看(图 2.32)。

图 2.31　ArriAlexa Log-C 拍摄的图像

图 2.32　Log-C 映射到 Rec.709 后的图像

前期拍摄中数字摄影机往往要应用特殊的曝光对数曲线（Log），像前面提到的 Canon C-Log、Arri Alexa 的 Log-C、Sony 的 S-Log，还有 RED R3D 媒体的 REDFilmLog 设置等，都是曝光对数曲线的应用。早期的数字摄影机由于宽容度远远低于胶片，记录动态范围细节的能力非常有限，而采用这些曲线能弥补数字产品的先天不足，能够最大限度地保护图像中高光和阴影部分的细节，像 Blackmagic Design Camara 的动态范围在 Log 的帮助下能够记录 13 级（光圈）的明暗变化，接近胶片最大 14 级的宽容度，已经开始超越一般的胶片。但是不通过 LUT 映射和后期处理，图像的动态范围会被压缩在很窄的空间，图像给人的直接感受是发灰。在达芬奇的用户手册中，这种情况称为平的（Flat）和不适合使用的（Unsuitable）。用 Log 模式拍摄的素材的曝光和色彩必须调整为“线性化”（Linear），以显示其“本来的面貌”或者是“应该有的面貌”。开始调色之前，调色师需要手动地调整其中的映射关系，用一种匹配的 LUT 来处理素材。

Arri 网站上的 LUT Generator 是为第三方的软件、设备提供 Look Up Tables 的。图 2.33 是 Arri 为它的数字摄影机 Alexa 设计的 LUT 生成程序界面，把生成的 LUT 导入 DaVinci Resolve 或者直接加载其内嵌的 LUT 即可匹配 Rec.709 色域。

图 2.33　Arri 官网提供的 LUT 生成程序界面

（3）如何在 DaVinci Resolve 中应用 LUT。

前期拍摄的素材如果色域设置统一，在项目设置中给整条时间线（Timeline）应用合适的 LUT 是最高效的一种方法。图 2.34 是为 Arri Alexa Log-C 模式拍摄的素材应用监看 LUT。

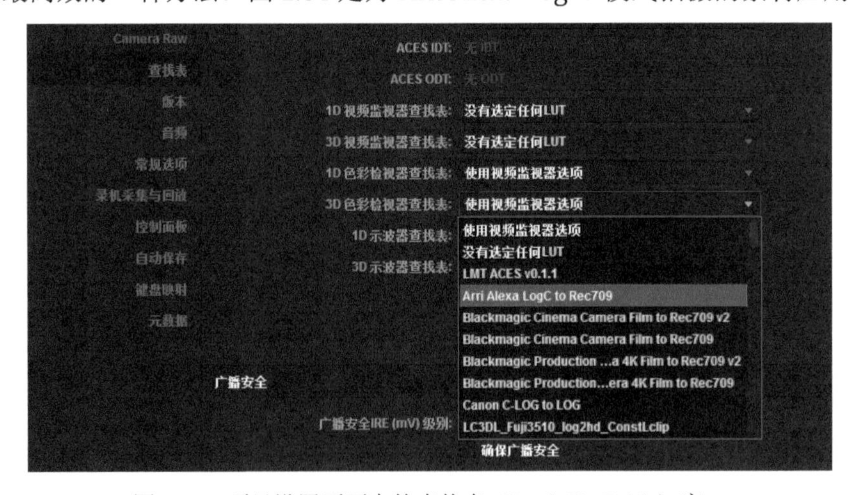

图 2.34　项目设置页面中的查找表（Look Up Table）窗口

3. Camera Raw

RAW 的意思是“未加工的”、“原始的”，RAW 可以理解为 CMOS 或者 CCD 感光单元将捕捉到的光源信号转化为数字信号的原始数据。如果要转换为显示器能显示的可视图像，必须经过反拜耳（Debayer）或者是反镶嵌（Demosaicked）处理。Camera Raw 设置如图 2.35 所示。

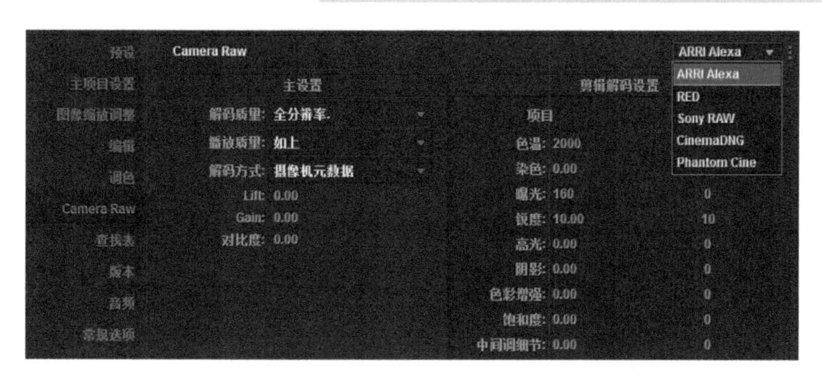

图 2.35 Camera Raw 设置

DaVinci Resolve 支持 Arri Alexa（阿莱 爱丽莎）、RED、Sony、BMDC、Phantom Cine（Vision Research 产品）的 RAW 格式，项目设置里的 Camera Raw 的功用主要确定在调色开始前是直接使用拍摄时摄影机提供的参数，还是用 DaVinci Resolve 改写这些数据以给调色工作创造更理想的起点。

此项设置按照 DaVinci Resolve 处理的流程来说位于最前端，甚至在节点的输入条（Source Bar）之前，如果这些参数调整得恰当能使图像保留最多的信息，那么可为后面的一二级调色提供更大的空间。更多关于 Camera Raw 的内容请参见附录 B。

2.2.3 第三个模块——媒体（Media）浏览、导入和媒体池的概念

图 2.36 是**媒体**页面，它承续了非线性编辑软件的基本思路和框架，左上角的素材库（Library）与计算机操作系统中的 Explorer 类似，目录层级按照素材在物理磁盘中的存储位置、层级排列。不同的是，在素材库中的磁盘和目录需要通过偏好设置（快捷键 Ctrl+,）添加（如图 2.37 和图 2.38），否则不会在素材库中显示。

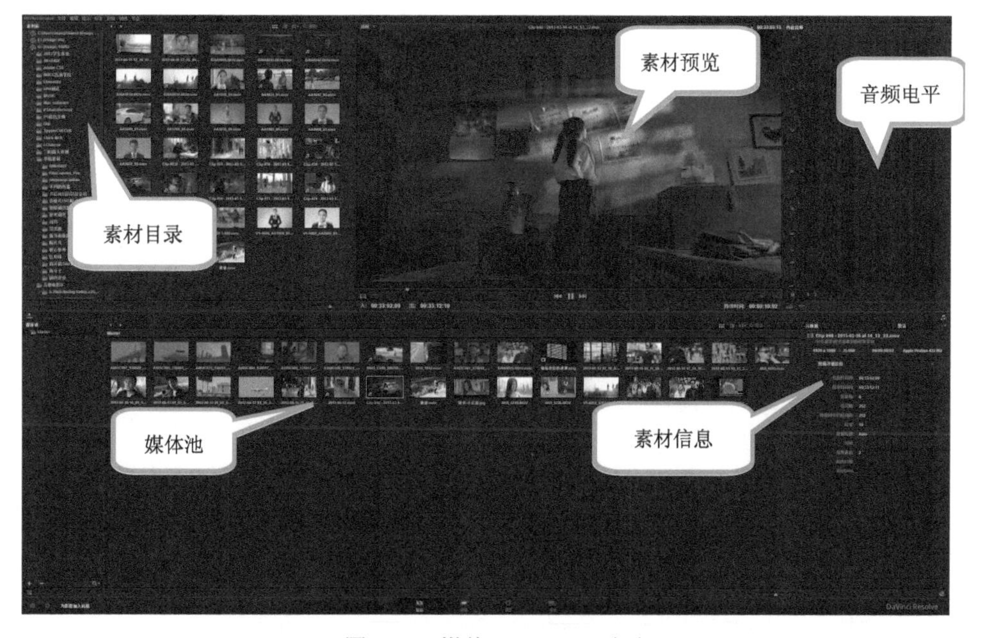

图 2.36 媒体（Media）页面

图 2.37　偏好设置菜单打开媒体存储

图 2.38　在媒体存储中装载素材路径

在项目设置完成后，浏览和导入素材的工作在这个页面中完成，所要用到的素材都要导入到媒体池中才能为后面的调色所使用。导入的方法根据工作流程的不同而有差异，有直接导入、EDL 导入和 XML 导入三种主要的方式。

如果是短片，抑或素材的编码格式与其他的非线性剪辑软件不兼容，就可以用直接导入的方式，直接把剪辑和调色的工作全部交给 DaVinci Resolve 来处理。方法很简单，找到素材存放的目录，单独或者是全部选中拖入媒体池即可。如果是严格按照双向流程（Round Trip）处理的影片，则需要采用后两种导入方式，即在用非线性编辑软件剪辑完成后导出 EDL（编辑决策列表）或者是 XML 文件，可直接在 DaVinci Resolve 的**编辑**（Edit）页面中进行套底，套底[①]时 DaVinci Resolve 默认把素材添加到媒体池，就没有必要再进行素材的手动导入了。

媒体池（Media Pool）的概念比较特殊，在非编软件中只有素材库的概念而没有媒体池，调色软件中加入媒体池，主要的作用在于对素材进行预处理和编码确认。DaVinci Resolve 11 中在保留音频电平模块的基础上，进一步加强了剪辑功能，也体现了新版本对意图整合剪辑、调色、特效等后期全流程功能的强调。

2.2.4　第四个模块——编辑（Edit）快速创建时间线和套底回批

在非线性编辑软件和 DaVinci Resolve 之间进行数据交换，是调色工作最为重要的流程之一。之前提到 DaVinci Resolve 11 对剪辑、特效功能的整合，**编辑**页面的界面与非线性编辑软件非常相似，如果剪辑师或者调色师时间允许，完全可以在这里开始并完成影片的剪辑工作（图 2.39）。

套底和回批这两个词一直困扰着刚刚接触调色软件的制作人员，即使是经验丰富的调色师，也常常觉得套底和回批这两个词“只可意会，不可言传”。其实这两个词是针对提高剪辑及调色效率而发明出来的一种“行话”。套底指通过降低原素材质量（一般包括画幅尺寸和码流）保证剪辑工作的流畅性，然后在调色软件中重新链接原始高质量素材完成调色工作。回批是指通过调色以后，由调色软件输出 XML 或者 EDL 等中间链接文件重新导入剪辑软件中进行输出或进一步精剪的操作。

“套底”一词最早出现在电影后期的制作过程中，在导演完成了电影剪辑的工作版后，对其实施同镜号、同场景、同尺码、同特效的“套印”，以便进一步修改、合成后拷贝发行。20 世纪 80 年代初，电视技术得到了快速的发展，英美等一些国家的电视机构和独立电视人，将

① 套底的概念下一节会有详细的解释。

电影“套底”概念运用于电视节目的后期“线性”编辑中。当时基于保护素材带的愿望，避免在反复编辑过程中划伤、拉伤或损坏母带所造成的不必要损失，人们根据电影剪辑的“套底”模式，设计出初编和脱机编辑的方法，即将原始素材复制成一个相对较低档次的版本，复制版不仅有相同的图像，而且还具有相同的时间码和用户码。将复制版在低端编辑设备上进行初编（样片）。初编时把所有用到的精选镜头和连接顺序等的数据信息一一记录在案，产生定义编辑点的编辑决定表（EDL 表）。将导出的 EDL 表输入至高端编辑控制器内，控制广播级录像机根据记录数据对原素材进行精编，最终完成广播级成品带的输出。概括而言，当时所谓“套底”技术，就是先在低端的编辑系统上进行“样片”的编辑，完成后再用高端编辑系统根据“样片”的信息，对原素材进行“回批”的技术。

图 2.39　编辑（EDIT）界面

随着影视事业的发展和数字技术的推广，非线性编辑系统得到了广泛的应用，当初因反复编辑可能损坏母带的问题已不复存在，致使电视节目编辑的“套底”技术逐渐淡化。然而，随着 2K、4K 时代的到来及调色工作流程的普及，编辑设备“现状”与电影级画面“质量”之间的矛盾将日显突出，数字“套底”技术重新回到后期制作流程[①]。

DaVinci Resolve 10 之前的版本并没有 Edit 页面，而是直接称为 CONFIRM，直译为“确认”，意译实为“套底”。所以在进行调色工作时，会经常听到套底和回批这两个词。图 2.40 和图 2.41 是 DaVinci Resolve 11 中进行“套底回批”的界面。

下面以 Final Cut Pro 为例，说明从非线性编辑软件到 DaVinci Resolve 的工作流程。

第一步，把非编时间线上的剪辑完的片段移动到最下面的轨道，如图 2.42 所示。

第二步，从 Final Cut Pro 中导出 XML，如图 2.43 所示。

第三步，生成参考影片菜单，如图 2.44 所示。

第四步，为参考影片选择低质量的 Offline RT 格式，如图 2.45 所示。

① 应国虎、高宏明、周峥，上海师范大学数理学院，“基于非线性编辑系统‘套底’技术的新模式”，《上海师范大学学报（自然科学版）》2008 年 06 期。

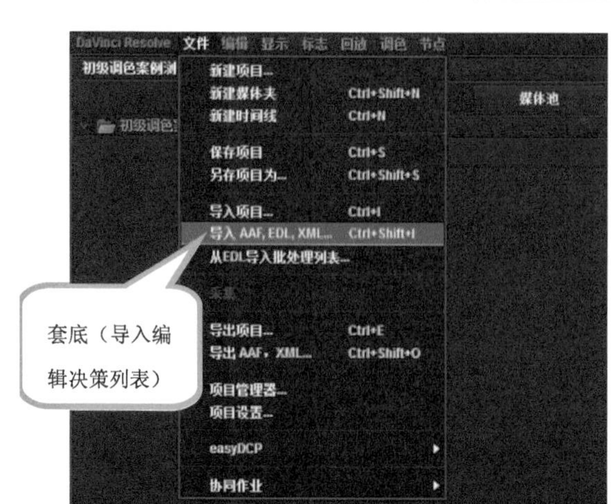

图 2.40　导入菜单

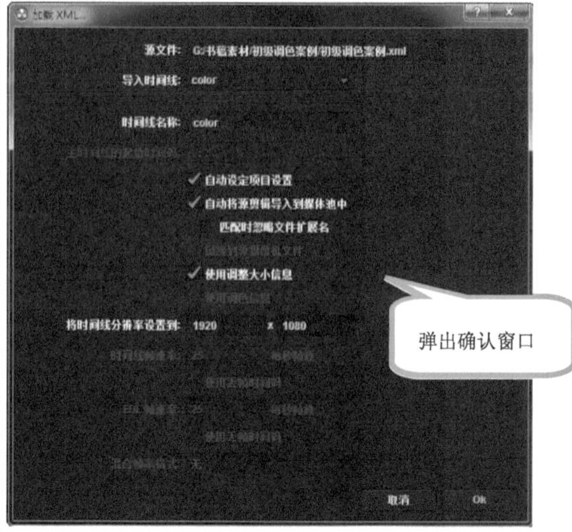

图 2.41　导入确认窗口

图 2.42　Final Cut Pro 的时间线

图 2.43　从 Final Cut Pro 中导出 XML

图 2.44　生成参考影片菜单

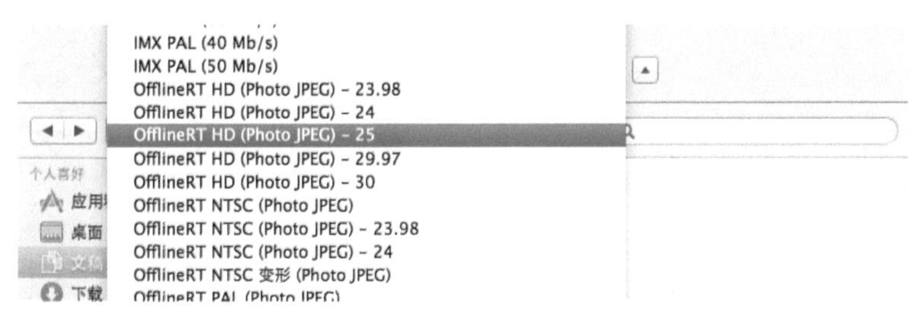

图 2.45 为参考影片选择低质量的 OfflineRT 格式

第五步，在达芬奇中导入 XML，如图 2.46～图 2.49 所示；本书中 DaVinci Resolve 是 Windows 系统下的，而 Final Cut Pro 只能运行在 MAC 系统下，所以在做完 XML 和 Offline 参考影片导出后要切换到 Windows 系统。如果 DaVinci Resolve 是运行在 MAC 系统上的，则可以省略掉切换系统的麻烦。

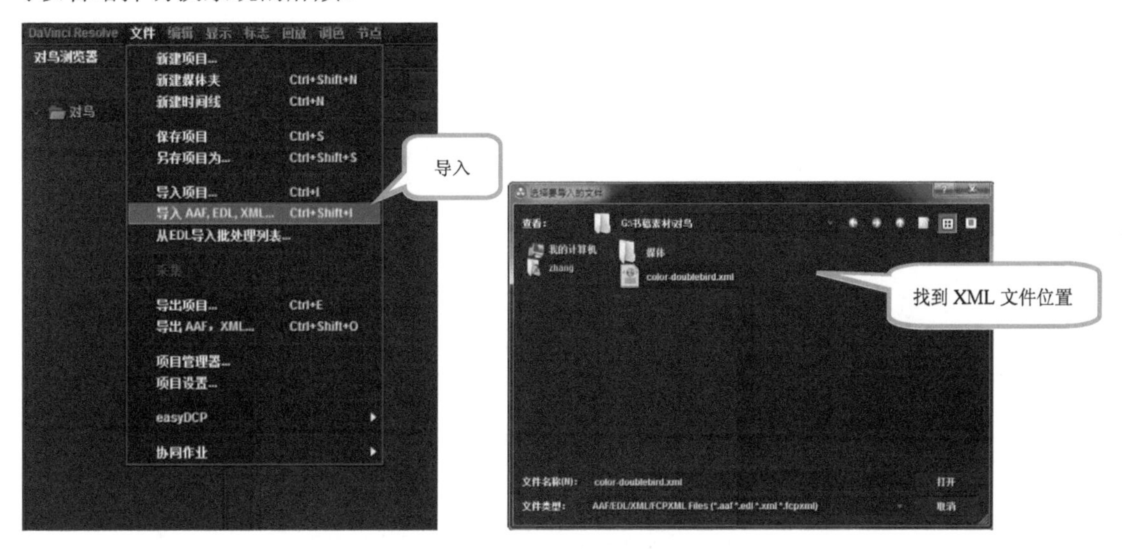

图 2.46 DaVinci Resolve 中的导入菜单

图 2.47 弹出窗口中选择要导入的 XML 文件

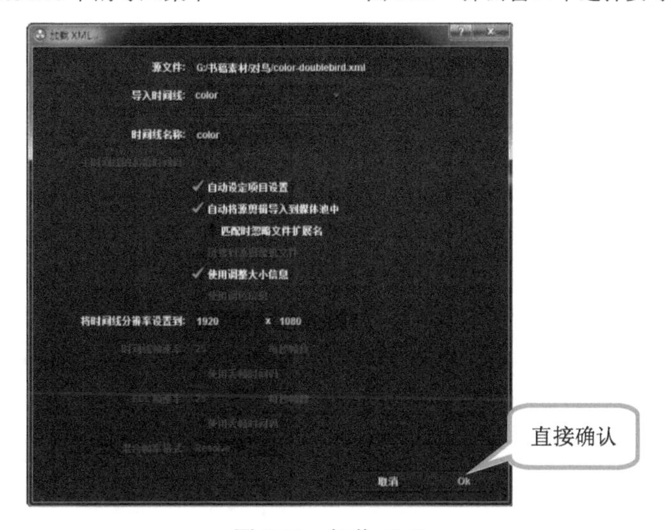

图 2.48 加载 XML

第六步，回到**媒体**页面，以离线（Offline）的模式把参考影片导入媒体池，如图 2.50 所示。

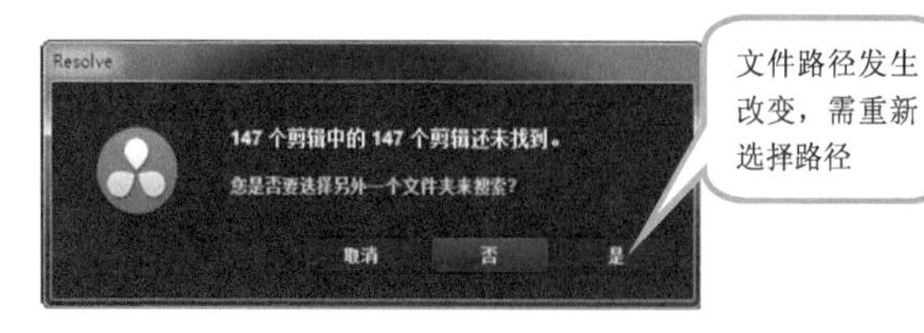

图 2.49　重新定位素材

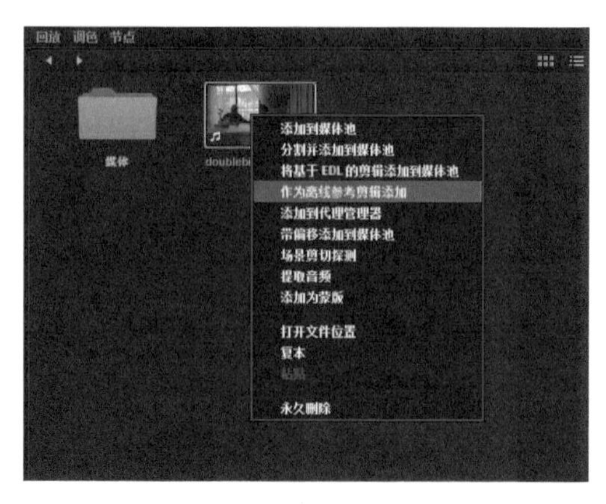

图 2.50　把离线影片导入媒体池

第七步，在**编辑**页面比较时间线和参考影片。在**编辑**页面左上角时间线窗口的离线视频位置右击，在弹出的菜单中选中刚刚导入的参考影片，如图 2.51 所示。

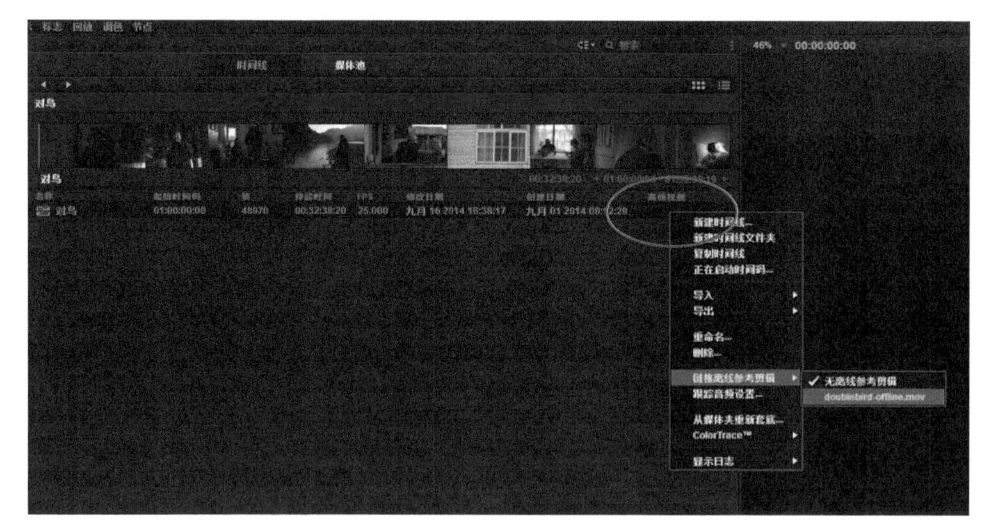

图 2.51　导入参考影片

把素材播放窗口调整为 Offline 预览模式（图 2.52 左下角橙色按钮），这样参考影片和已被导入的时间线播放头被关联到一起，单击【播放】按钮即可同步播放，可以逐帧地比较两者是否一致。

图 2.52　套底后对剪辑序列进行确认

在导入 EDL、XML、AAF 时，DaVinci Resolve 支持的非编特效见表 2.2。

表 2.2　导入 AAF，XML 和 EDL 时，Resolve 支持的效果

	EDL	FCP 7 XML	FCP X XML	AAF
Color Corrections	No	No	Yes	No
Composite Modes	No	Yes	Yes	No
Multiple Tracks	No	Yes	Yes	Yes
Transitions	Yes	Yes	Yes	Yes
Opacity Settings	No	Yes	Yes	Yes
Position, Scale, Rotation	No	Yes	Yes	Yes
Linear Speed Effects	Yes	Yes	Yes	Yes
Variable Speed Effects	No	Yes	Yes	Yes
Long Duration Still Images	No	No	No	No
Freeze Frames	No	No	No	Yes
Nested Sequences	No	No	No	No
Linked Clip Audio	Yes	Yes	Yes	Yes
Mixed Frame Rates	No	Yes	Yes	Yes

在 DaVinci Resolve 8.0 以及之前的版本中，Edit 称为 Confirm，它创建的第一条序列永远是 Master session，创建完成后媒体池中的所有素材都会自动添加到这个序列。这个时间线不可“省略”，如果想继续导入 XML，先单击界面左侧第二个窗口中的 Load 按钮，再选择自己想导入的 XML 文件。导入的时间线可以重新命名也可以保留原来的名称，Master 序列不受影响。Master 序列给习惯数字影像和非编操作的用户带来了极大的困惑，所以有的厂商干脆在之后发行新版本时直接去掉了 Master 序列。

2.2.5　第五个模块——调色（Color）页面概览

调色页面是 DaVinci Resolve 的“心脏”，它采用的是节点工作模式，异于“层”模式，近似于“树”模式。在这个工作界面中，并没有区分一级调色和二级调色，即任何节点既可以做一级调色也可以做二级调色，关键取决于是否在该节点上启用了限定器/窗口/遮罩这些二级调色工具，如图 2.53 所示。

图 2.53　调色页面

正确的调色步骤和次序能够保证调色时最大程度地保留画面细节和提高工作效率，规范的流程一般遵循如图 2.54 所示的流程图。

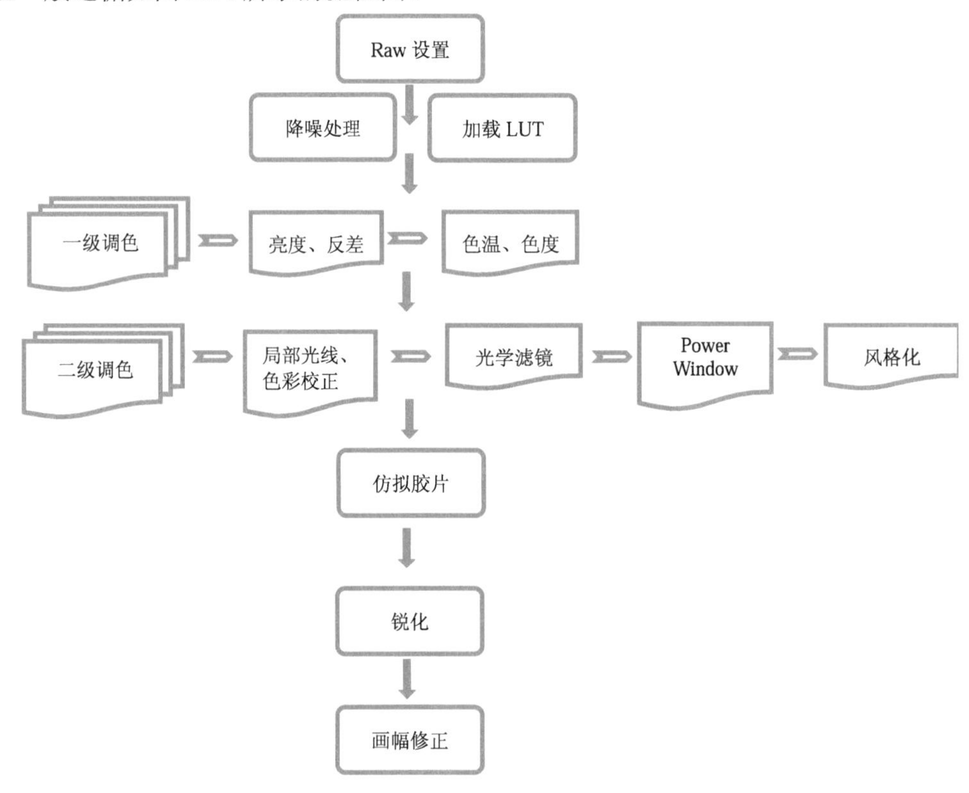

图 2.54　规范的调色流程

下面来详细的解释每一个环节所对应的调色模块。

1. RAW 设置

在介绍 DaVinci Resolve 第二个模块时我们提到，RAW 在整个工作流中处在最前端，甚至比节点窗口中的输入条还靠前。RAW 的字面意思是“未经加工”，即经数字摄影机感光单元 CMOS 或者 CCD 捕捉到的光源信号直接转化为数字信号的原始数据。RAW 同时记录了数字摄影机产生的一些元数据（Metadata），如 ISO 的设置、曝光、白平衡、色彩空间等，由于其未经处理，也未经压缩，所以称为“原始图像编码数据”或“数字底片”。

如果调色线上用到了 RAW 格式的原素材，**调色**页面的 Camera Raw 模块就会处于活跃状态。参照目前视频技术的发展，RAW 可以说是最具调节潜力的一种视频格式，根据摄影机的不同，RAW 可控制的参数略有差异，但大都包括色温、色相、曝光和色彩空间等。因为是元数据，所以对 RAW 的调节如果控制在合理范围内可以说是无损的，能够最大限度地保留素材的细节。RAW 的设置如图 2.55 所示。

2. 降噪处理、加载 LUT

（1）降噪处理 Remove Noise/Grain。

锐化图像需要在色彩修正之后进行，与此正好相反，如果有必要降噪，最佳的选择就是在调色前，尤其是在 Log 素材有严重噪讯的情况下，把降噪放在第一步效果要远远好于调色完成后。完整版的 DaVinci Resolve 降噪功能是激活的，而 Lite 版本降噪功能是关闭的（图 2.56），所以想要使用降噪功能需要购买附带加密狗的正版软件。当然使用 Lite 版也可以通过设计巧妙的节点结构实现空域降噪的效果，在第 6 章会有详细的案例。

Camera Raw

主设置

解码质量：使用项目设置
解码方式：剪辑
白平衡：荧光灯
色彩空间：BMD Film
Gamma：BMD Film
Lift：0.00
Gain：0.00
对比度：0.00
恢复高光
带版本保存

剪辑解码器设置

剪辑	项目	摄像机	默认
色温：3800	3800	5566	6500
染色：21.00	21	13.97	0
曝光：0.00	0	0	0
锐度：10.00	10	10	10
高光：0.00	0	0	0
阴影：0.00	0	0	0
色彩增强：0.00	0	0	0
饱和度：0.00	0	0	0
中间调细节：0.00	0	0	0

图 2.55　RAW 设置

降噪的尺度要把握好细节和噪讯的平衡，“大半径，小数量”效果最佳。在 DaVinci Resolve 10 以后，软件提供了单独的亮度分量降噪的选项，为降噪开辟了新的途径和思路。选择合适的通道进行降噪而不是针对整个图像，可以在去掉噪讯的同时不至于损失过多的颜色细节，不会让所有颜色变得平滑，图像变得模糊。

（2）加载 LUT。

加载 LUT 的方式在 DaVinci Resolve 中非常灵活，考虑到大部分的影片多种摄影机素材混编，在项目设置中设定统一的 LUT 并不适用，Resolve 提供了节点 LUT 应用，包括剪辑（Clip）LUT 和时间线（Track）LUT。

时间线 LUT 接近项目 LUT 设定，只是范围只作用于单条时间线（图 2.57）。

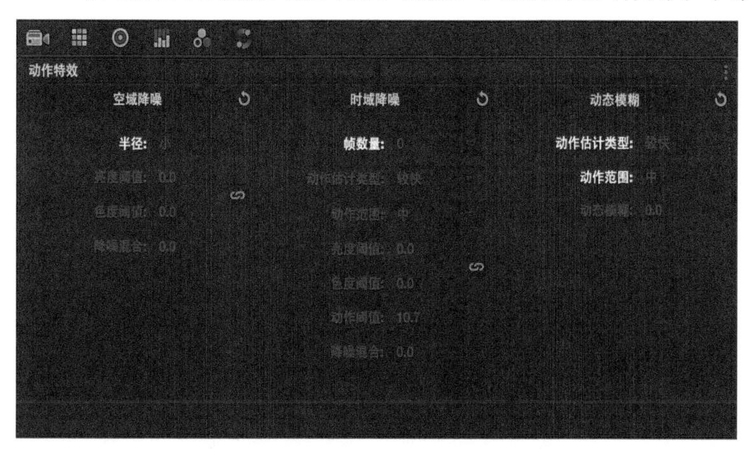

图 2.56　Lite 版的降噪功能被锁定

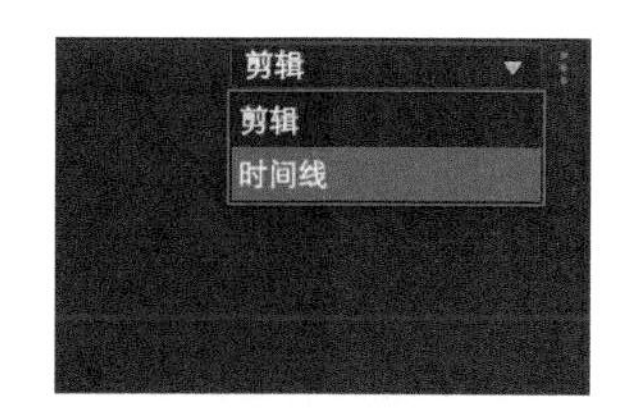

图 2.57　节点窗口右上角的下拉菜单

而剪辑 LUT 只针对于单一镜头，更为灵活。具体的操作方法是在节点上单击，在弹出菜单中选择适合的 LUT（图 2.58）。

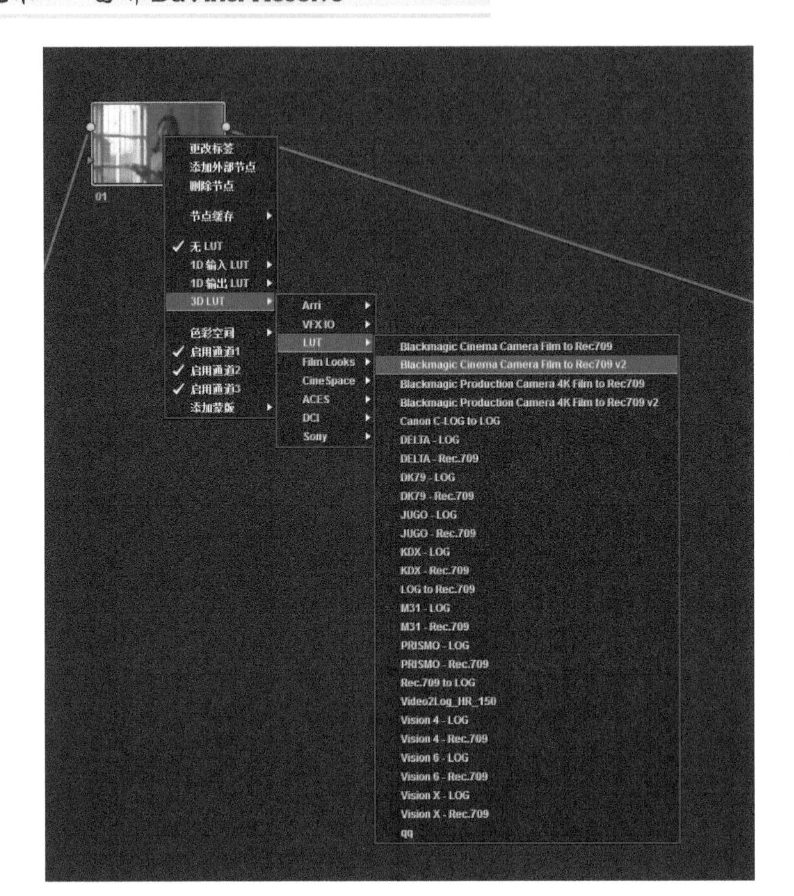

图 2.58　给单独的片段加载 LUT

3．一级调色

一级调色是初级的色彩校正，它的主要任务是确定整部片子的色彩基调，通过校正整体画面的反差、色度、色温等，尽可能地使画面看起来自然、协调，尽可能地保留画面中的有效细节。判断一级调色是否到位的标准在于，有没有保留最多的色彩信息为二级颜色调整打好底子。多年以来，一级调色遵循的规范是先进行反差的调整，然后校正色彩。

一级调色可以通过以下四种方式来实现：图 2.59 中的 Lift/Gamma/Gain 模式、图 2.60 中的 Log 模式、图 2.61 中的分量模式和图 2.62 中的曲线模式。四种模式各有所长，不能相互代替：Lift/Gamma/Gain 模式高效，Log 模式范围可控，分量模式精准，曲线模式最具风格化。详见第 3 章。

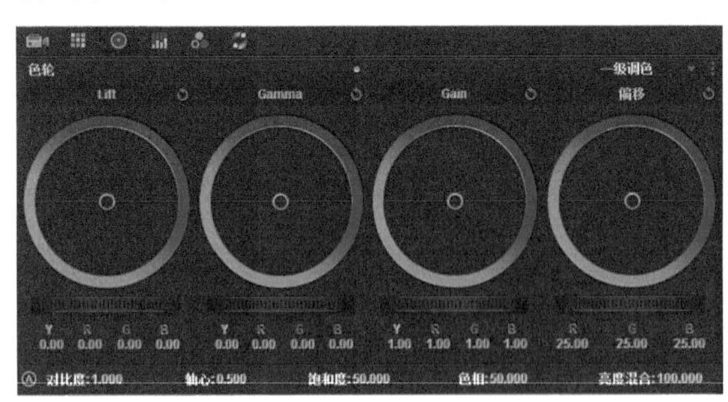

图 2.59　Lift/Gamma/Gain 模式

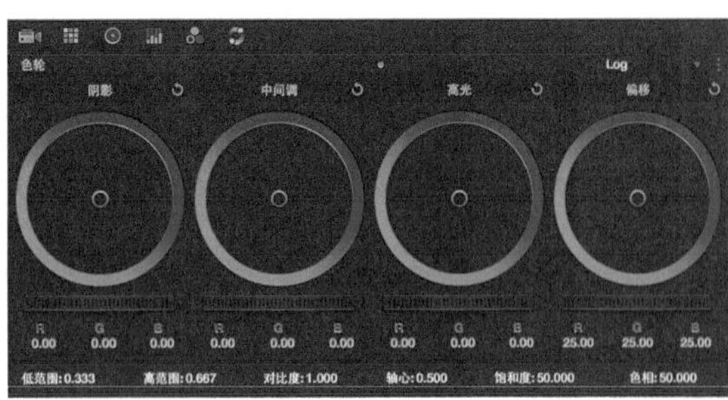

图 2.60　Log 模式

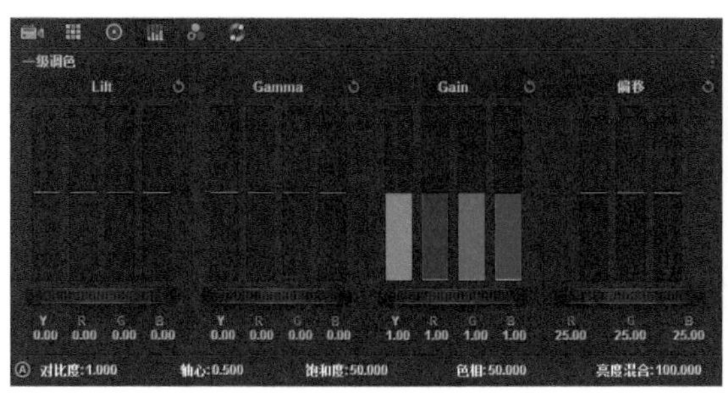

图 2.61　分量模式

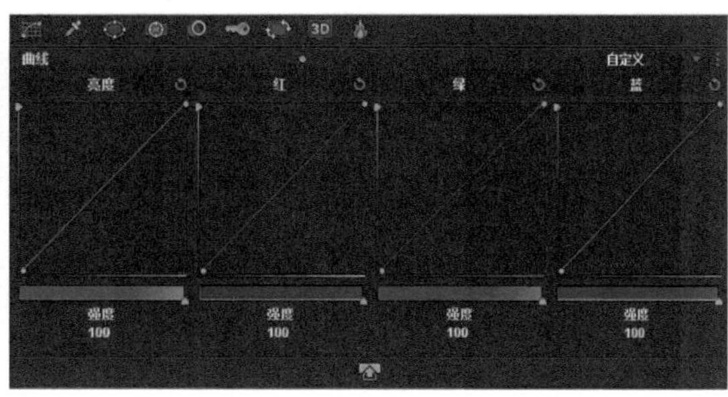

图 2.62　曲线模式

4. 二级调色

二级调色第一个层面是指流程上的先后顺序，第二个也是更为重要的层面是指在一级调色的基础上进行的局部光线、色彩的校正，以及应用光学滤镜、Power Windows、风格化、FX 特效、跟踪和镜头稳定器等。图 2.63 所示为几个二级调色页面的图示。

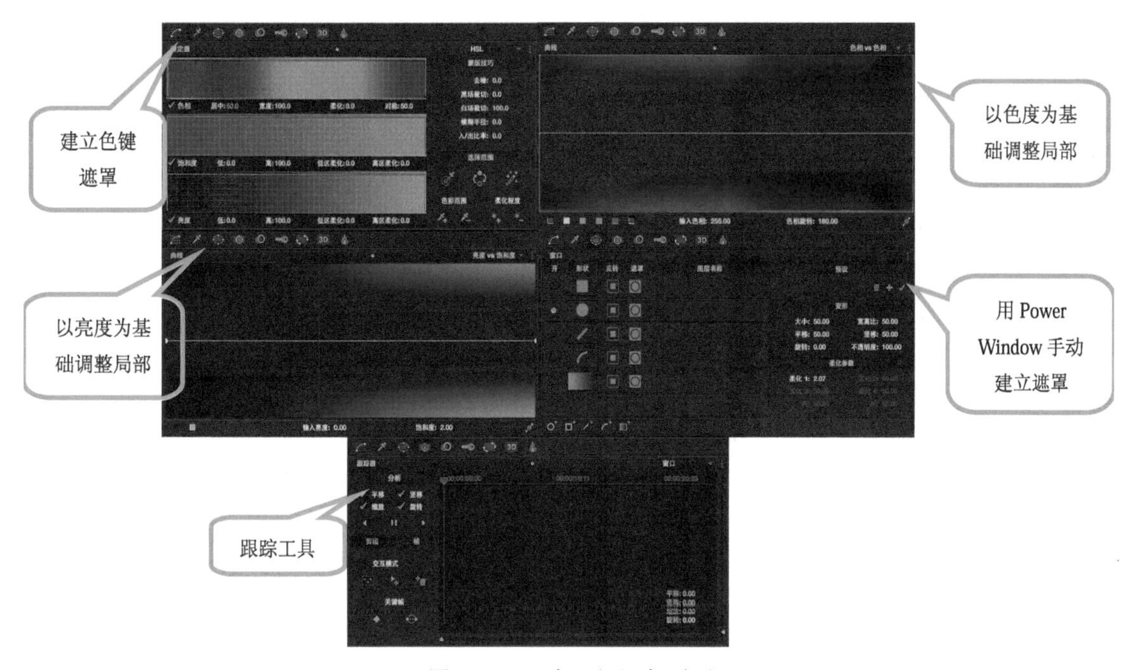

图 2.63　几个二级调色页面

（1）局部光线、色彩校正指的是对局部曝光过渡或者曝光不足的画面进行修正，或者根据需要对画面局部进行提升/降低亮度处理，同时对局部进行色彩调整。图 2.64 和图 2.65 所示分别为局部光线校正前和校正后的对比，具体案例详见第 4 章第 2 节。

（2）增加光学滤镜效果。很多电影摄影师偏爱柔焦等光学滤镜效果，调色师也经常对数字影像再添加类似的效果。图 2.66 和图 2.67 是 DaVinci Resolve 处理前后的对比，类似柔光滤镜的效果尤其对画面高光部分细节有比较明显影响，具体案例详见第 4 章第 2 节。

（3）应用 Power Window。最典型的 Power Window 当属暗角处理，暗角是调色师用来加强画面主体物最常用的工具之一，图 2.68 所示为原始的图片画面，图 2.69 所示为应用暗角后的效果。

注意：过于强烈的暗角效果会损失较多的画面细节。

图 2.64　局部光线校正前

图 2.65　局部光线校正后

图 2.66　无效果

图 2.67　柔焦效果

图 2.68　原始素材

图 2.69　应用暗角后的效果

（4）风格化处理。这一步对画面产生的影响较大，与原始素材相比很可能是翻天覆地的变化，调色师根据叙事需要创造性地调整画面色调，创造特定的气氛和情绪。

5. 模拟胶片质感

通过施加特定的 LUT，画面的暗部和高光及曲线等参数会产生显著变化，能赋予数字影像以某种类型的胶片质感，具体参见第 6 章第 3 节。

6. 锐化及画幅修正

最后一步进行锐化处理，同时可以通过 Pan/Tilt/Zoom/Rotate 等平移缩放对画幅构图进行调整。

调色过程中不恰当的步骤会导致细节的损失，以及给后续工作带来很多不必要的麻烦，过早的风格化效果和 LUT 加载，可能在后续工作中产生细节无法寻回的糟糕结果，以上的调色步骤和次序在流程上具有重要意义。

2.2.6 第六个模块——画廊（Gallery）用颜色对照模块进行调色参数的保存和快速调用

先解释一下**静帧**（Still），它的原意是剧照，的确我们看到的是之前调整过的镜头的静帧画面。但是 Still 和非线性编辑工作中的静帧大相径庭[①]，静止的画面只是方便调色师进行识记和比较，它里面存储了针对这个镜头的所有调色节点、参数。把许多镜头的这些参数生成一个个静止的画面，于是就有了 Stills。如果用非线性编辑的思维，这相当于复制了镜头的特效属性。**画廊**页面就是存储和管理这些特效属性的地方，如图 2.70 所示。

图 2.70 画廊界面

在调色工作中，会碰到许多相同的场景和镜头，尤其是电视剧更会有大量的镜头匹配的工作，**画廊**能让这些工作变得精确而高效。从两个地方能看到**画廊**，一个是**调色**（COLOR）页面左上方，另一个是单击**画廊**底部的扩展按钮弹出的独立窗口。在**调色**页面中调色师直接生成或者调用**静帧**，而在**画廊**中整理**静帧**并在不同的项目和数据库之间调用。另外 DaVinci Resolve 附带了一组**样式**（系统自带的一组 Stills 预置），虽然实用性一般，但可以给初学者带来不少的启发。

2.2.7 第七个模块——导出（Deliver）页面输出

当调色工作完成后，需要对影片进行渲染输出，这项工作在**导出**（Deliver）页面完成。

规范的项目导出应该遵循双向流程，双向是指从非编到调色，从调色再回到非编。DaVinci Resolve 11 虽然意图整合后期制作全流程，但是用户操作习惯具有非常大的惯性，目前还都遵循非编剪辑、调色、字幕特效合成的顺序。

① 在比较两个镜头反差和色调的时候，Still 的确就是一幅静止的图像，它以分屏的形式对照两个画面的差异。

导出界面支持的编码格式非常丰富，从流媒体到数字电影数据包广泛兼容，这也正是 Davinci Resolve 的亮点，如图 2.71 所示。

图 2.71　导出界面

2.2.8　附加模块——场景探测（Split and Add into Media Pool）自动切分镜头

当一条素材中包含若干镜头时，需要剪切成单一镜头才能进行调色。DaVinci Resolve 提供场景自动检测切分工具，自动找出切分点，切割后导入媒体池。在**媒体**页面的素材库中找到需要切分的素材，在缩略图上右击鼠标弹出场景剪切探测菜单选项（图 2.72）。

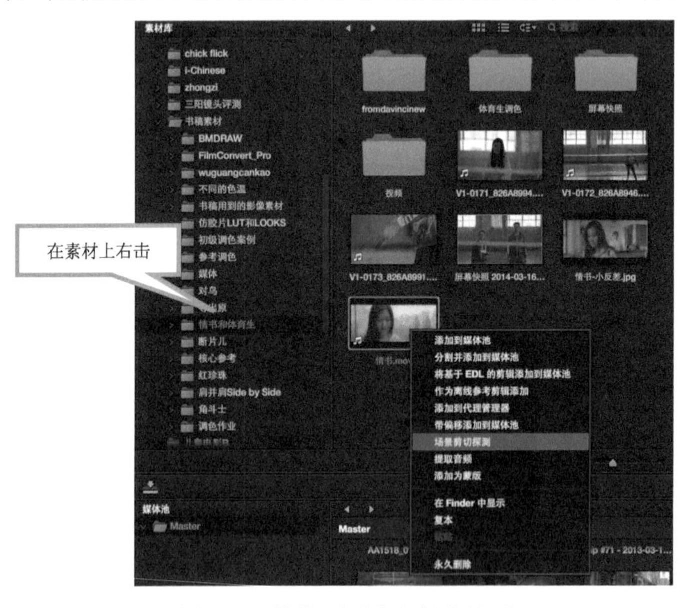

图 2.72　媒体页面中素材库界面

场景自动切分在程序层面是对每一帧画面的精确比对，紫色的精度调整线是调色师干预的部分，上下调整可以准确地划分每一个镜头。正确的剪切点是监视器的第一个画面区别于后两个画面，也就是说如果后两个画面不同，剪切点不准确。场景探测界面如图 2.73 所示。

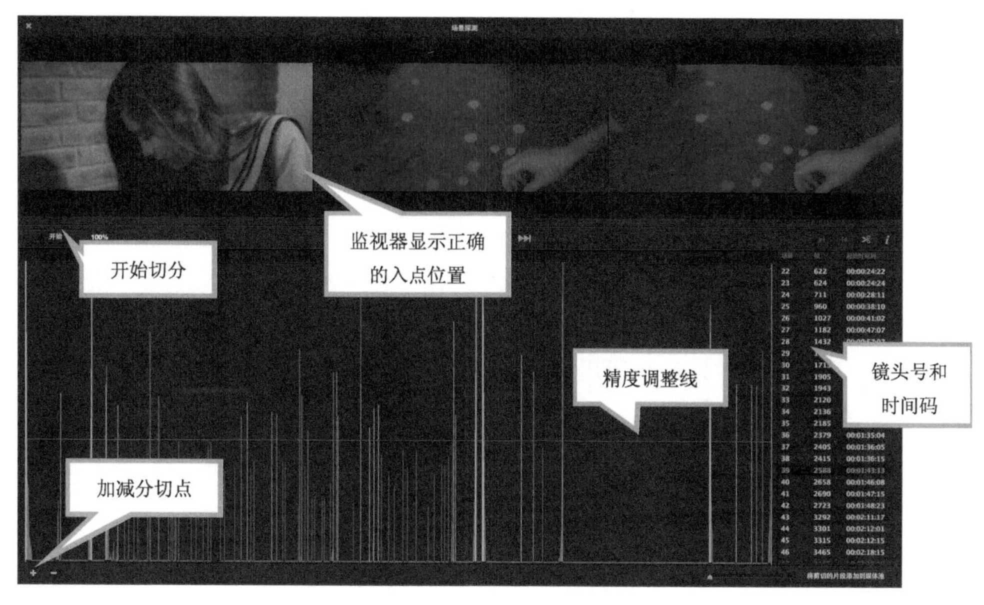

图 2.73 场景探测界面

2007 年，苹果公司的 Color[①]跟随着 Finl Cut Pro Studio 改变了电视剧的后期制作生态，以八个工作间代表从输入到调色到输出的整个工作流程也从此深入人心。DaVinci Resolve 虽然不称为工作间，但它的模块设计和 Color 异曲同工：**项目管理器——项目设置——媒体——编辑——调色——输出**。经过多年“进化”它的模块和强大节点结构创造出了最友好的用户界面，程序的算法也不输给目前业界的任何一家，整合非编功能后“体量”依然苗条，而且兼容越来越多的 IT 平台。

① 此处的 Color 是苹果公司的调色软件，DaVinci Resolve 中的核心模块也称为 COLOR，请注意区分。

第3章 初级调色与影视色彩的基础知识

画家手中无非是画笔、画布和颜料，调色师的鼠标和调色台控制的也无非是色彩平衡控制器、曲线和遮罩。掌握色彩学的基本理论只是成为一名优秀调色师的一个先决条件，面对复杂的影像艺术现实语境，具备数字思维才是众多条件中的关键。

3.1 用数字的思维理解光和色

在调色工作中，所有的影像都可以分解成亮度和色彩分量。亮度是图像中最重要的分量，承载了大部分的信息①。所以在第4节会重点解析调整色彩的第一步：控制图像的曝光和反差。

反差指的是一幅图像明暗区域中最亮的白和最暗的黑之间不同亮度的层级，差异范围越大代表反差越大，差异范围越小代表反差越小。反差是影像承载信息的基石，从绝对黑色、深灰过渡到浅灰、纯白，一幅正确曝光的画面包含丰富的层次。对一幅彩色图像进行去彩色处理，观察黑白图像更能清晰地感受到这一变化（图3.1）。

反差偏小会导致整个图像偏灰，就如同在雾中看风景缺少通透的观感。过度加大反差虽然让图像看起来更明快，但一定是以牺牲图像的大量丰富的层次细节为代价。所以反差的调整一定是按照剧情的内在规定，充分利用显示设备能容纳的宽容度，在增大图像反差的基础上尽可能多地保留层次细节。

图3.1 过滤掉色彩能突出影调层次

① 从生物学的角度，人眼对亮度比对色度信号更敏感，所以在视频系统设计之初，加重了对亮度信号记录的比例。

高光、中间调和阴影本来是美术创作中的术语，影视创作的流程中借用过来颇为传神。除了极其特殊的情况（白墙、万里无云的蓝天等），大多数图像都可以根据其亮部层级分解为高光、中间调和阴影（H/M/S）。后期的调色工艺也是巧妙地利用这三个要素，创造出各具风格的作品（图 3.2）。

图 3.2　通过在 H/M/S 施加不同的操作产生的不同效果

再来看色彩分量。很少有人深入地研究人眼是如何还原色彩的，即使是从事影视工作的专业人士也多“不求甚解”。说出来许多人或许都不会相信，人的视觉系统也是一个分量系统，对亮度信号和色度信号分别进行处理（图 3.3）。

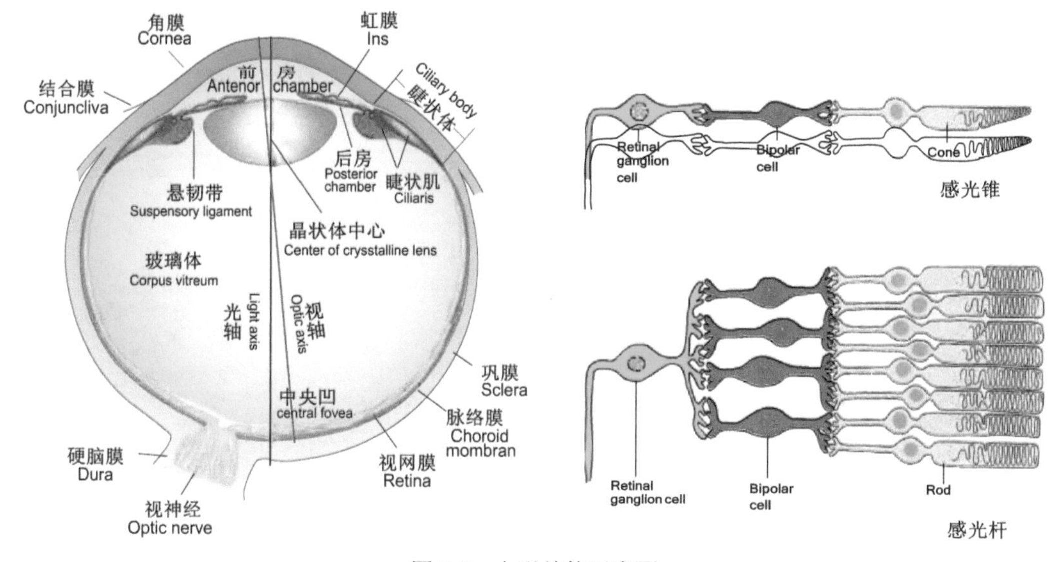

图 3.3　人眼结构示意图

3.1.1　人眼的特性

人眼感知图像的工作由视神经纤维、神经细胞和感光体等完成，视网膜有 1.3 亿个感光体。感光体由感光锥和感光杆组成。感光锥负责感知颜色（红、绿、蓝），感光杆负责感应亮度，如图 3.3 所示。当光线落在感光体上时，产生的最基本的反应是通过漂白作用将色素分子转化为另一种形式，随后在神经细胞中产生一种信号。与此同时，漂白分子得到再生，使漂白分子和未漂白分子保持平衡。所有感光杆都含有视红色紫质色素，但感光锥有三种，即感红锥、感绿锥、感蓝锥，各含有不同色素。

感光杆虽然不能产生色的感觉，但在弱光下却比感光锥更起作用，只是清晰度不高。这就是为什么在夜晚等弱光环境中，人眼能够辨别物体的轮廓形状，却不能准确分辨出物体的颜色。

关于数字摄影机或者是图像显示设备，它们对亮度信号和色度信号的处理在原理上可以看作是对人眼的仿生。在达芬奇的一级调色中，提供了亮度信号+红绿蓝色度信号的调整工具（图 3.4）。

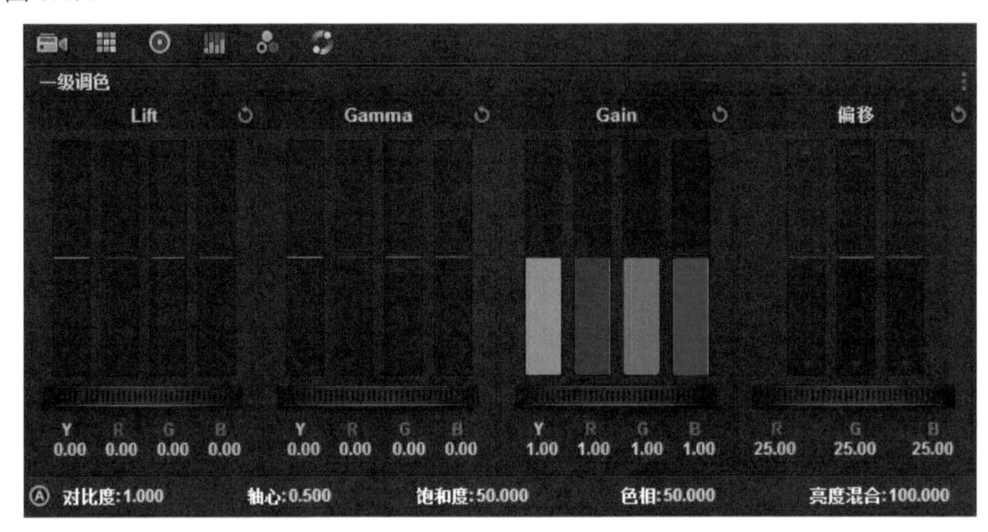

图 3.4　调色（COLOR）页面的 YRGB 工具

但人眼和机器还是存在着一些差异的，人眼对亮度信号的感应和设备对亮度信号的感应是一种非线性的对应关系。为了解决这个问题，需要引入伽马曲线的概念。

3.1.2　伽马（Gamma）[①]

电视最早是以直播的形式传输电视节目的，记录的介质只有胶片。20 世纪 70 年代，摄像机开始大量用于电视广播。摄像机的生产厂商首先面临一个技术问题，即电视机对亮度信号的处理并非线性的问题。由于之前的电视对亮度信号的处理并不是线性的方式，所以要么大规模改造电视设备，要么在摄像机中加入相反曲线的处理，这样才能让人眼的观感与电视机的显示匹配一致。显然后者更具有操作性，摄像机采用了与电视机相反的曲线来处理亮度信号。把摄像机的曲线和电视机的曲线合并在一起就形成了一个伽马的形状（图 3.5），故而称为伽马曲线[②]。

数码图像中的每个像素都有一定的光亮程度，即从黑色（0）到白色（1）。这些值就是输入到显示器里面的亮度信息。但由于技术的限制，显示器只能以一种非线性的方式输出这些值，即输出=输入×伽马。“伽马”是 Gamma 的音译，Gamma 曲线是一种特殊的色调曲线。当伽马值等于 1 的时候，曲线是与坐标轴成 45°的直线，这个时候表示输入和输出密度相同。高于 1 的伽马值将会造成输出亮化，也就是说，图像的高光部分被压缩而暗调部分被扩展，低于 1 的伽马值将会造成输出暗化，也就意味着图像的高光部分被扩展而暗调部分被压缩。

① 要注意区分这里的 Gamma 和 DaVinci Resolve 中初级调色里 Lift/Gamma/Gain 中的 Gamma，后面的 Gamma 指的是图像的中间调。因为对中间调亮度信息的调整非常类似于更改 Gamma 曲线，所以才有了“重名”的叫法。

② 这里的伽马和能量射线无关，只是因为其曲线形状和 γ 相似而得名。

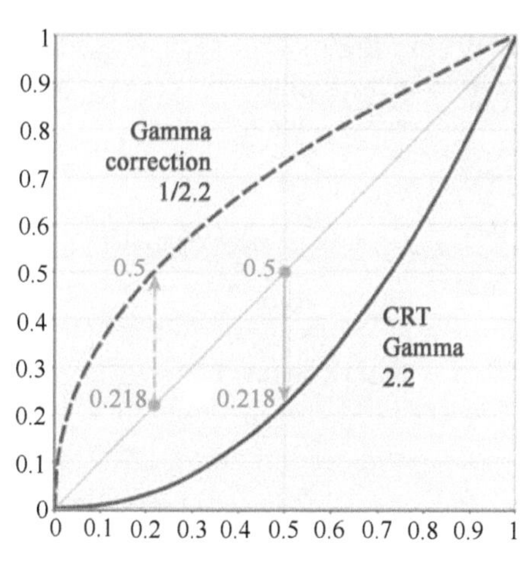

图 3.5　伽马曲线的形状

在不加调整的情况下，多数 CRT 显示器都有一个 2.5 的伽马值，它的意义是：假设一个像素的光亮度为 0.5，在没有颜色管理应用程序的干预下，它在显示器上输出的光亮度只有 0.2(0.5/2.5)。对于液晶显示屏（LCD），特别是对笔记本电脑的 LCD 来说，其输出的曲线就更加不规则。一些校准软件或硬件可以让显示屏输出图像时按一定的伽马曲线输出，例如，Windows 常用的伽马值为 2.2。sRGB 和 AdobeRGB 颜色也是以 2.2 的伽马值为基础设立的。Gamma 曲线校正的意义在于，显示设备能显示最接近实际的图像，如图 3.6 所示为人眼-数字摄影机-显示器-人眼咖马校正示意图。

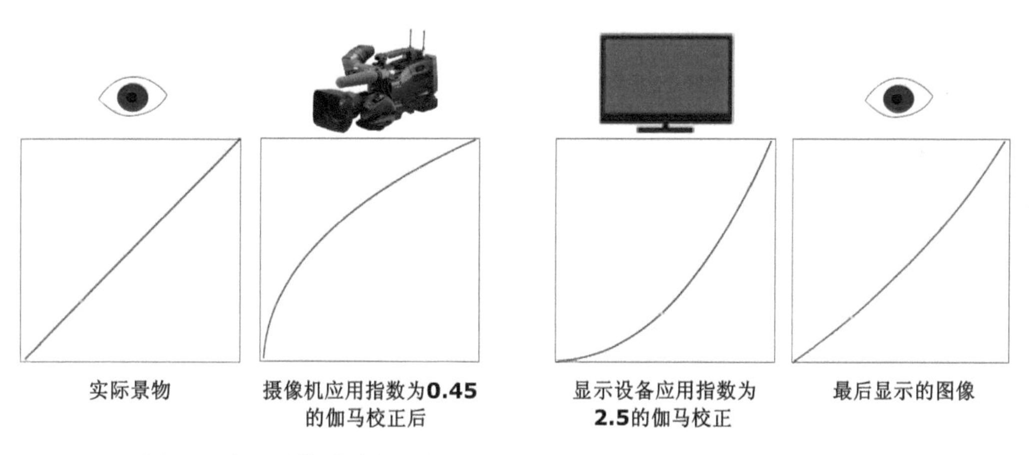

图 3.6　实际景物-数字摄影机-显示器-伽马校正后人眼看到的效果示意图

在 DaVinci Resolve 11 中，针对 RAW 格式拍摄的素材，软件提供了重新定义 Gamma 设置的工具[①]。下面简单介绍几种。

1. Sony F65 的 Gamma 设置

Sony F65 拍摄的 RAW 素材，DaVinci Resolve 支持五种 Gamma 设置，能针对进一步的调整目标初始化素材片段。

① 关于 RAW 的具体信息，详见附录 B “DaVinci Resolve 与 RAW 格式”。

（1）Gamma2.4：一般用于电视广播的一种简单的幂函数 Gamma 曲线。

（2）Gamma2.6：一般用于数字电影投影机的一种简单的幂函数 Gamma 曲线。

（3）Rec.709：专门用于高清广播电视显示器的 Gamma 曲线。

（4）SLog：有较大的宽容度适合调色的 Gamma 曲线。

（5）SLog2：能提供半挡的补偿以适应更高的动态范围。

（6）Linear：一种简单的线性 Gamma 设定。

2. RED 的 Gamma 曲线：R3D Gamma Curve

有以下几个选项。

（1）Linear：没有 Gamma 校正，直接反映 RED 摄影机感光单元对光线的线性表现。

（2）Rec.709：Rec.709 显示规范的 Gamma 曲线，不能为调色提供宽动态范围。

（3）REDSpace：与 Rec.709 类似，但是稍微做了些调整，主要是通过较高的对比和清淡的中间调表现，让图像更吸引人。它是 REDGamma 曲线的前身。

（4）REDLog：一种对数伽马（Logarithmic Gamma），映射原始的 12bit 的 R3D 图像数据到 10bit 的曲线。暗部和中间调使用底部的 8 个比特保持不变，反映高亮部的 4 个比特被压缩。虽然削弱了高光部分的细节表现，但是图像的整体细节非常丰富和精确，是保留最大宽容度的不错选择。

（5）PDLog 685：一种对数伽马，映射原始的 12bit 的 R3D 图像数据到胶片曲线的线性部分。

（6）PDLog 985：一种有不同映射的对数伽马曲线。

（7）Custom PDLog：允许用户调整黑电平（Black Point）、白电平（White Point）和 PDLog 参数的一种对数伽马。用户可以定制自己的对数伽马曲线。

（8）REDGamma：一种改进的 Gamma 曲线，用来适配 Rec.709 监看设备，在调色时能够增强高光部分细节的表现。

（9）sRGB：类似于 Rec.709 的 Gamma 设定。

（10）REDLog Film：一种改良的对数 Gamma 设定，重新映射原始的 12bit R3D 数据到标准的 Cineon Gamma 曲线。这个设定创造出一种扁平的对比度的图像数据，以宽广的动态范围保护图像的细节，方便调整。

（11）REDGamma2：与 REDGamma 类似，但对比度较高。

（12）REDGamma3：最新一代 REDGamma 曲线。以 Log 起点为基础，但是更讨人喜欢，应用了适合马上预览的对比曲线，保留了优秀的动态范围，专为舒适的视觉效果作为起点的调色工作。REDGamma3 也是设计用来和 REDColor3 协同工作的。

3. CinemaDNG 的 Gamma 曲线设置

图 3.7 所示为用 BMCC 摄影机官方拍摄的一个镜头，看一下应用的效果，具体参数参见前两种摄影机的 Gamma 设置的相关解释。

当 Gamma 参数越高时，图像以暗部为主的亮度得到提升越明显，影调越丰富；反之，则亮度会下降，高光细节变丰富。

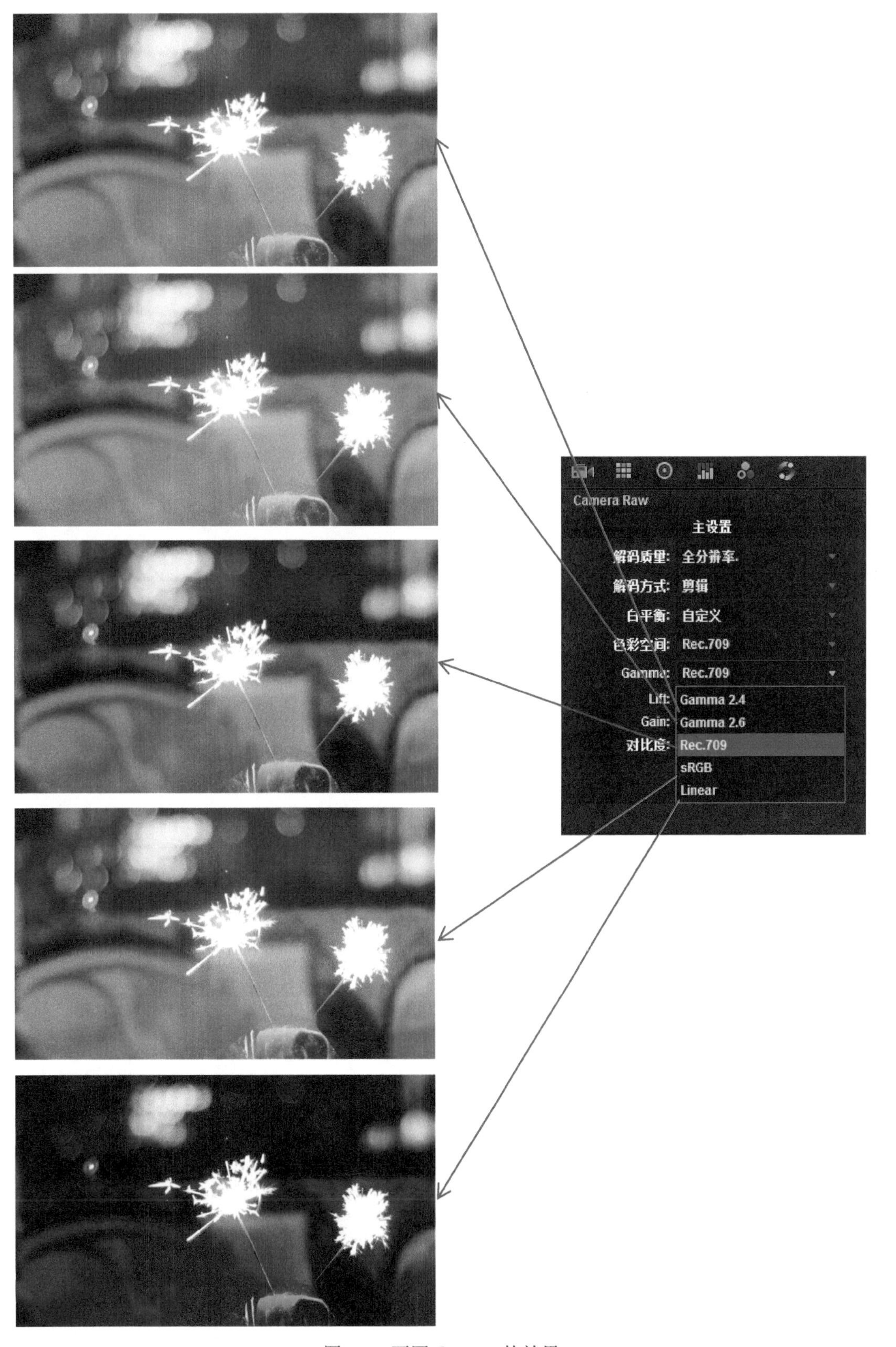

图 3.7　不同 Gamma 的效果

3.1.3 色彩分量

了解了利用显示设备和数字摄影机如何处理亮度信号后，再来看看色度信号的处理。图 3.8 非常直观的说明了 CRT 电视机和数字摄影机是如何还原和记录色彩的。

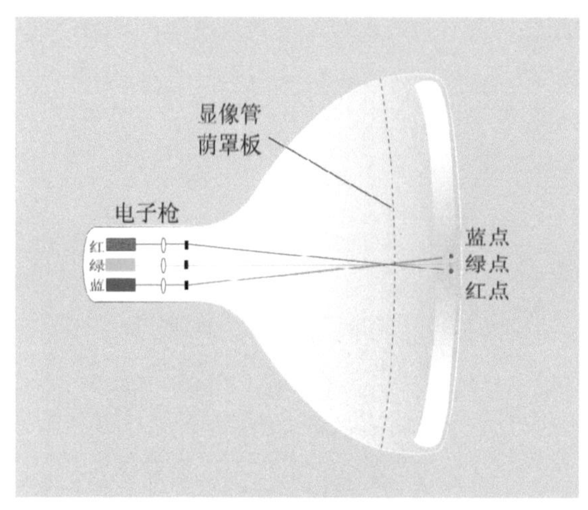

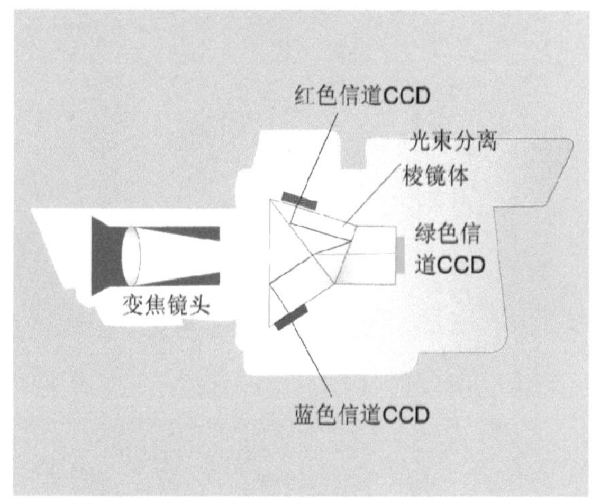

图 3.8 电视机和数字摄影机的色度信号处理

根据波动学说，光现象是一种电磁现象，光波是一种频率很高的电磁辐射波。光在整个电磁辐射波谱范围内只占很小的一部分，其波长大约为 380～780nm。也就是说，只有能够引起人的视觉反应的那部分电磁辐射波才称为光，即可见光。白光事实上是由红橙黄绿青蓝紫七种单色光组成的，如图 3.9 所示。

色彩是人的视觉器官以物体为媒介，对光的一种反应。色彩并不是物体本身所具有的性质，而是通过光源、物体及视觉之间的相互作用表现出来的。在颜色匹配实验中，可以选取任意三种颜色，如果由它们相加能混合生成这个范围内的任何颜色，那么这三种颜色就称为三原色或三基色。红、绿、蓝是最常用的三原色。红色、绿色和蓝色光以固定的比例相加便产生白色光，按不同比例混合几乎能产生人眼能看到的所有色光，如图 3.10 所示。

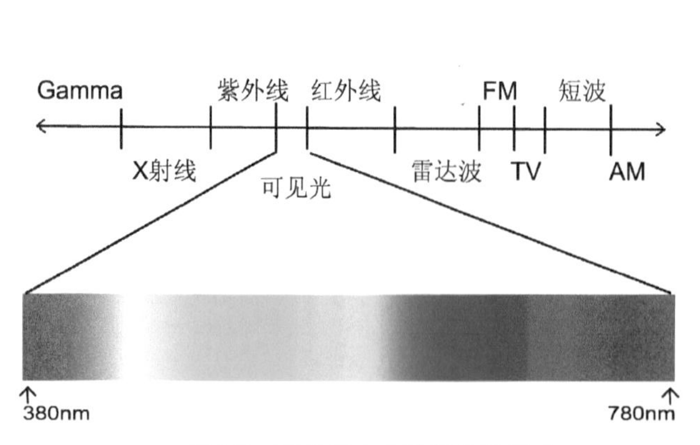

图 3.9 可见光由七种单色光组成

图 3.10 三原色光的加色效应

最重要的一种情况是，颜色进入人的视界之前没有发生混合，而是在一定大小、视距、位置等条件下，通过人眼的观看机制，在人的视觉内发生混合的感受。这种感受称为中性混合，又称为生理混合。正是得益于中性混合机制，才有了现在的电子显示技术，否则人类的视觉艺术肯定还停留在 20 世纪 50 年代的画布上。

图 3.11 所示为“卡酷动画”频道的老台标，是通过微距翻拍的电视机画面，放大以后观看就很容易理解眼睛是如何利用中性混合进行工作的。

图 3.11　液晶电视的显示机制

任何两种色光固定比例相加后如能产生白光，这两种色光就互称为**互补色光**。红光＋青光＝白光；绿光＋品光＝白光；蓝光＋黄光＝白光。它们互为对方的补色。图 3.12 所示为三原色光体现的色彩位置关系，经中心点相对的为互补色。

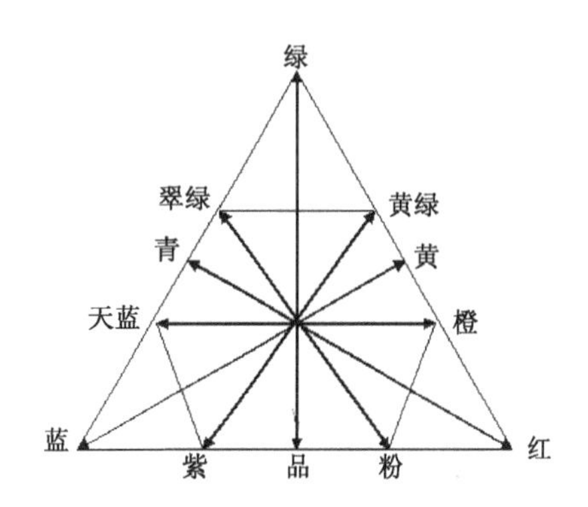

图 3.12　三原色光体现的色彩位置关系

初级调色除了调整曝光和反差，其他大部分工作就是运用色彩的互补关系进行色彩的校正，主要内容包括校正白平衡、修正偏色、镜头匹配以保证看起来一场戏里的每一个镜头都是在同一个场景下完成的。当然在初级的调色中还有更为重要和精彩的内容。

3.2 让示波器成为调色师的利器

调色师大部分时间都用肉眼观察图像，分析后判断究竟该如何对其进行处理。然而图像中有许多不易分辨但却至关重要的信息容易被忽略。调色软件甚至非编软件都会提供一系列的观测仪用来监看视频信号，DaVinci Resolve 也不例外。示波器（Scopes）是一种用来评估图像的工具，功能非常强大，它对于调色师来说，有时能成为深入展开调色工作的依托。DaVinci Resolve 提供了四种主要的示波器，包括**波形示波器**、**RGB 分量示波器**、**矢量示波器**和**直方图**，如图 3.13 所示。了解这四种示波器并运用到调色中，对调色师的信心重建①至关重要。

① 调色过程是一个从确定到怀疑，再到确定的一个否定之否定的过程。在没有最好，只有更好的追求下，调色工作有可能走向极端，甚至崩溃。借助示波器，调色师能找到必须遵循的规范，所以在关键时刻可以帮助调色师信心重建。

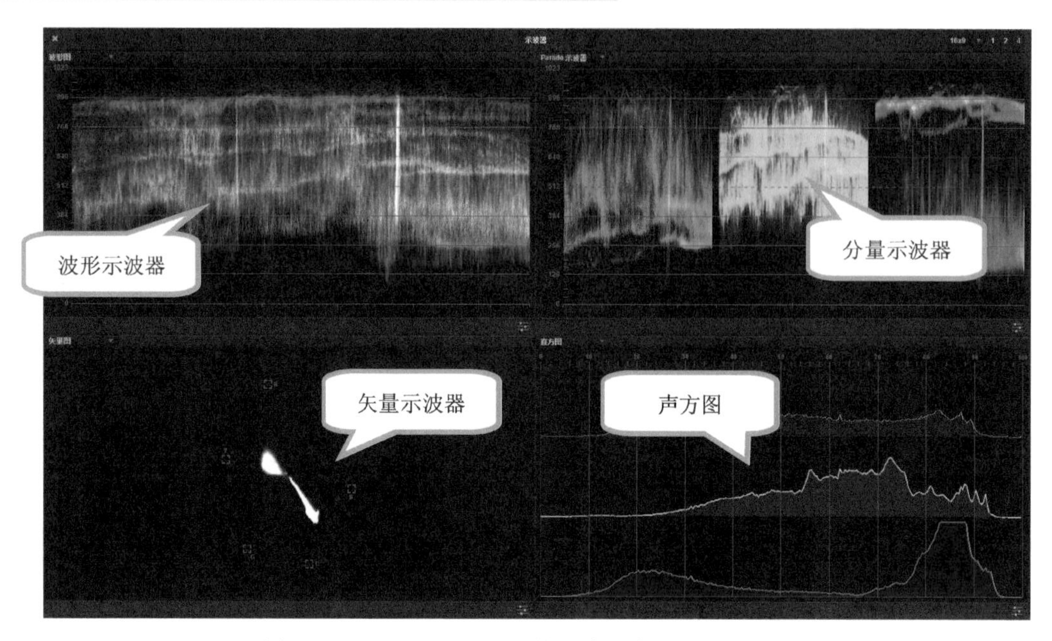

图 3.13　DaVinci Resolve 的四种示波器（Scopes）

3.2.1　波形示波器

无论是哪种示波器，都是用波形（Trace）来反映图像的的变化。对于**波形**示波器来说，它最主要的特点在于波形对应了视频中亮度的变化，能很好地帮助调色师全面精确地评估曝光和反差。图 3.14 中，波形是和画面中灰阶横向 X 轴的亮度信号一一对应的，纵向 Y 轴则表示从高光到阴影幅度的变化。

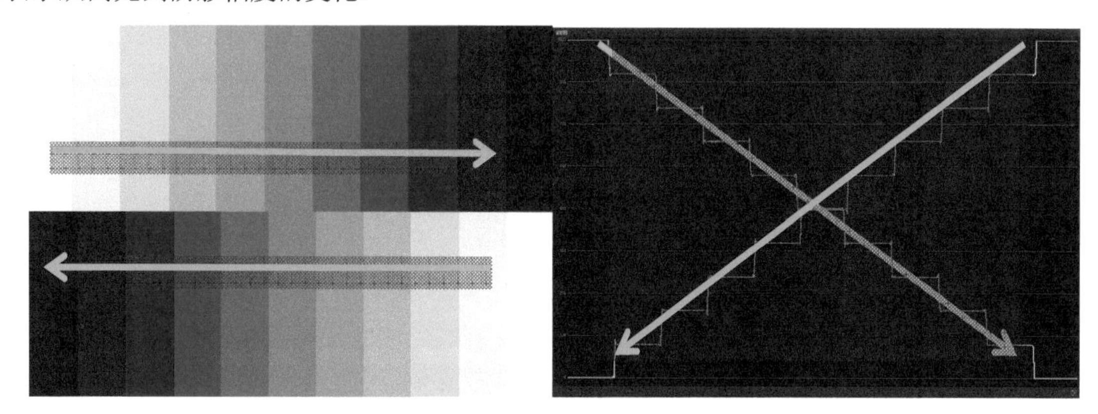

图 3.14　灰阶和波形之间的对应关系

用灰阶来理解亮度和波形的对应关系最具直观性，实际的影像就需要调色师不断地锻炼自己的眼力，就好像在影片《骇客帝国》中锡安的机械师可以从绿色的代码中看到虚拟的世界一样。图 3.15 所示的蓝天白云和房屋的波形位置关系就是一个比较复杂的案例，其中白云亮度较高，位于示波器的顶部，由于白云洁白，所以红、绿、蓝三种分量波形相互重叠表示其量值大致相当。蓝天由于其自身明显的色彩倾向，蓝色波形突出而红色波形最弱。草场上的房屋北面背对阳光亮度较低，阴影部分波形靠近示波器底部。

图 3.15　图像和波形之间的对应关系

3.2.2　分量示波器

RGB 分量示波器把图像中的三原色分离，用于评估画面的色彩平衡是否正确。

红、绿、蓝波形分别对应图像中的红色分量、绿色分量和蓝色分量。用软件去掉其他两个分量后，于是得到了如图 3.16 所示的红色图像、绿色图像和蓝色图像。由于波形各自独立，可以帮助调色师更为精确地对每个原色进行评估。

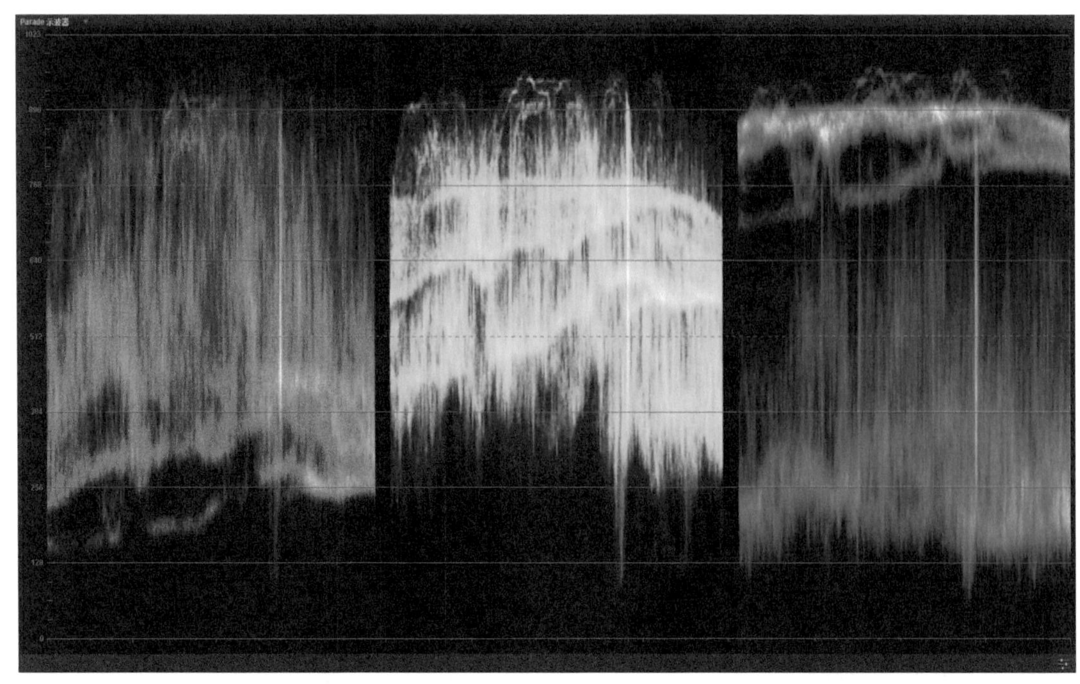

图 3.16　分量波形和图像之间的对应关系

3.2.3　矢量示波器

矢量示波器是一种有效的色彩倾向评估的工具，用于分析图像色彩的内部构成，就像色彩圆环（Color Wheel），中间是白色，四周是红橙黄绿青蓝紫的均匀分布和无限过渡，如图 3.17 所示。如果波形明显偏向某一侧，整个图像色彩就会呈现出相应的色偏。波形偏离中心越远，整个图像偏向某一色彩越严重。当然对于那些本来拍摄主体自身的颜色就是某一种单一色彩的情况除外。

在色彩的三属性中，纯度决定了色彩的饱和度（其他两个属性是色相和明度），它意味着色彩的浓度。光波波长越单纯，色相纯度越高，相反，色相的纯度越低。红色是纯度最高的色相，蓝绿是纯度最低的色相。

通过矢量波形可以判断色彩对比。图 3.18 中的色彩饱和度比较高，矢量波形已经完全偏向蓝/青方向。场景的设计和布光完全按照偏向某一单色来处理，意在突出夜晚内景冷调的气氛。色相在一个很窄的范围内呈现波形，造成了色彩对比极弱的视觉效果。

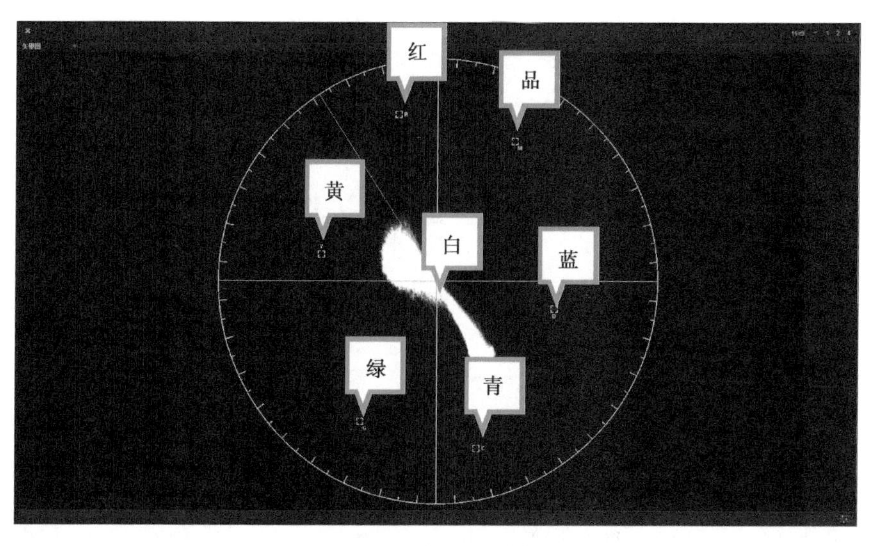

图 3.17 矢量示波器

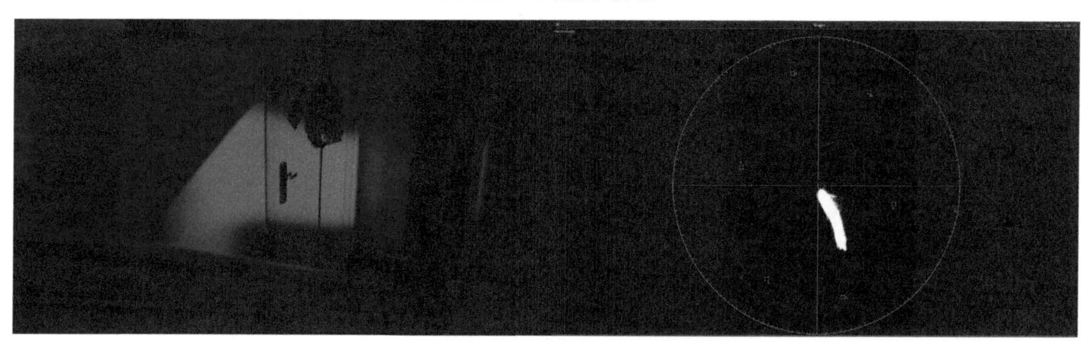

图 3.18 单一色调画面和它的矢量波形

图 3.19 中矢量波形从中心向四周伸展，多样的色相使画面色彩呈现出较大的对比。

图 3.19 丰富色调画面和它的矢量波形

3.2.4 直方图

直方图是把色彩分量和亮度进行综合评价，用以查看不符合广播安全的亮度和色彩分量的对应关系，如图 3.20 所示。与波形示波器的区别是，它能深入地分析分量信号从阴影到高光的数量分布，从而对反差和色彩进行更精确地控制。

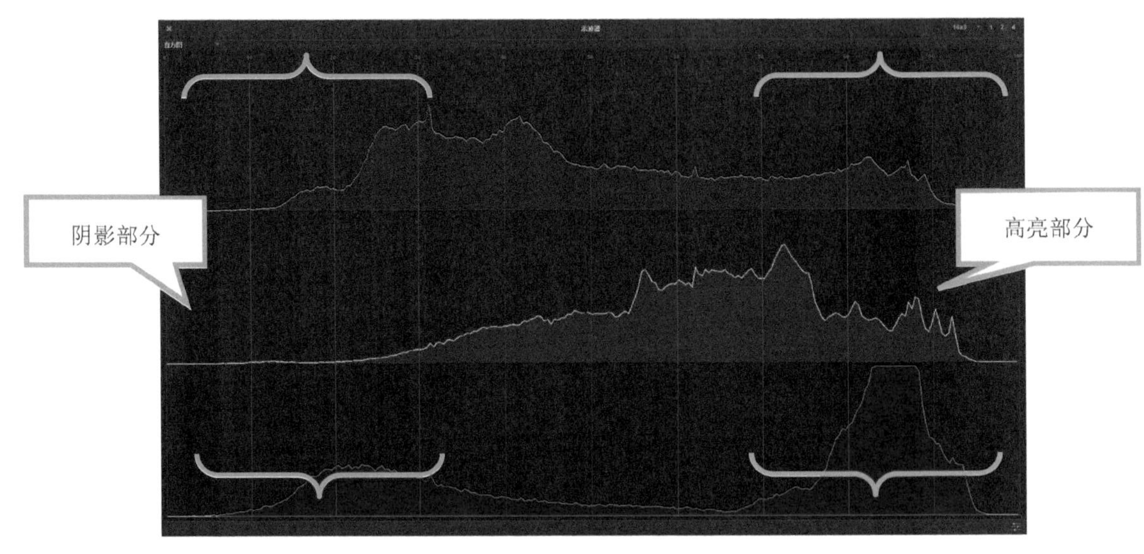

图 3.20　直方图

在**调色**页面，可以通过在图像预览窗口右击选择显示示波器，并在弹出的示波器窗口右上角选择需要打开的示波器的数量和类型。

3.3 初级调色的工作流

系统科学的工作流程可以帮助调色师更加合理地组织调色工作，提高工作效率。一个完整高效的初级调色工作流按照先后顺序应该分成两个阶段：校正、建立观感。图 3.21 是两个阶段的具体任务和子流程。

第一阶段：色彩校正，如图 3.21(a)所示。

第二阶段：建立色彩基调，如图 3.21(b)所示。

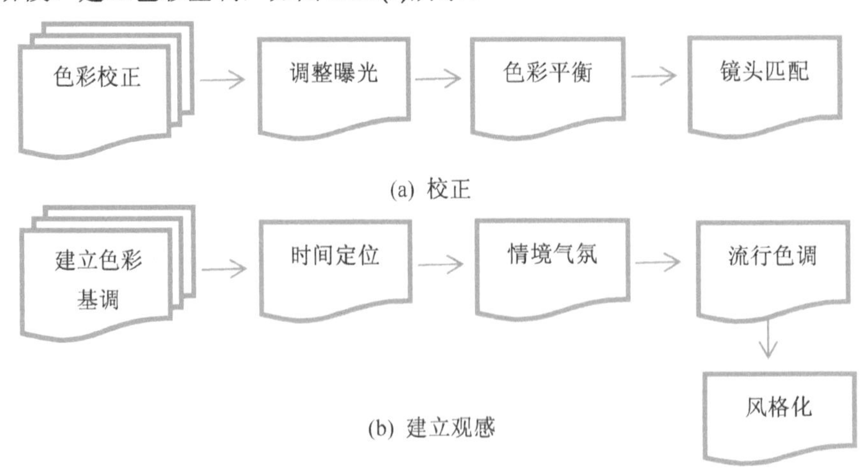

图 3.21　初级调色工作流程

Apple 的调色系统 Color 用工作间来管理流程，DaVinci Resolve 则用节点来实现这一功能。下面用两个实例来介绍两个阶段的具体任务，有关节点结构更详细地分析参见第 6 章。

3.3.1 色彩校正

如图 3.22 所示，在 COLOR 页面右上角的节点窗口中建立节点。快捷键是 Alt-S（系统默认在调色的初始状态有一个节点），并在 COLOR 页面左下方的一级调色窗口（Primaries 标签）对色彩进行初步调整，包括调整曝光、色彩平衡和镜头匹配。

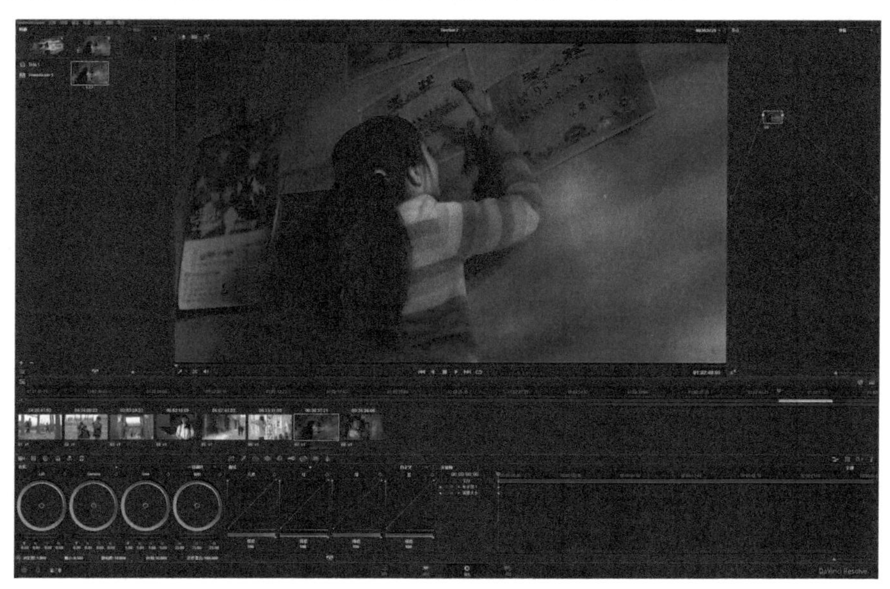

图 3.22　有待色彩校正的画面

1. 调整曝光

由于室内光照不够或者摄影机的设置有误导致画面曝光不足，调整 Lift、Gamma、Gain 予以修正。图 3.23 是色轮（Color Wheels）的参数图，提高 Gain 的数值，低电平受 Gamma 影响也被提高，所以同时稍微压低 Lift，以保证暗部不发灰。图 3.24 和图 3.25 所示为亮度调整前和亮度调整后的效果图。

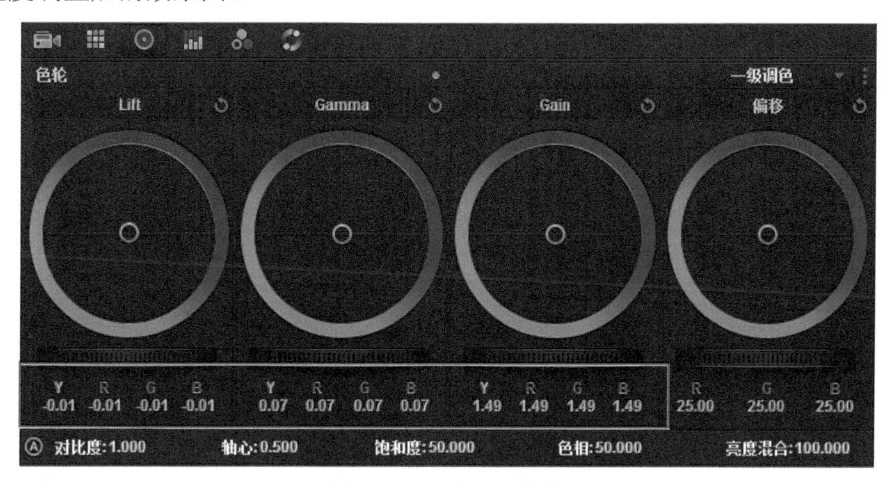

图 3.23　曝光调整参数

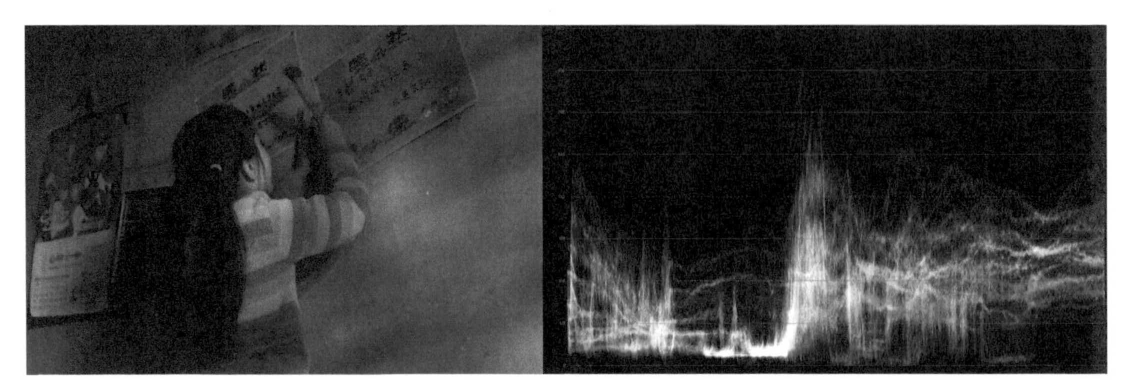

图 3.24　亮度调整前的效果和波形图

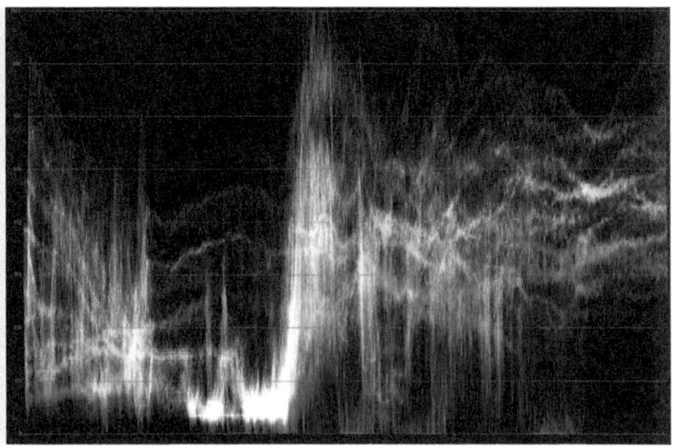

图 3.25　亮度调整后的效果和波形图

2. 色彩平衡

前期拍摄时照明灯具的色温和摄影机的色温设定不一致，导致画面偏黄，用 Offset 和 Lift 调整工具予以修正，如图 3.26 所示。图 3.27 所示为色彩平衡后的效果图，图 3.28 所示为分量波形的前后对比。

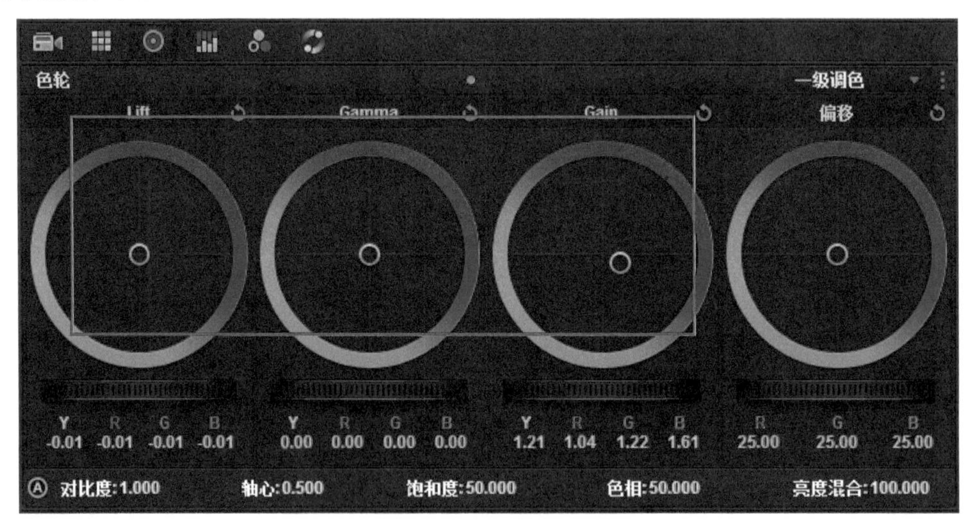

图 3.26　色彩平衡调整参数

图 3.27　调整后的效果

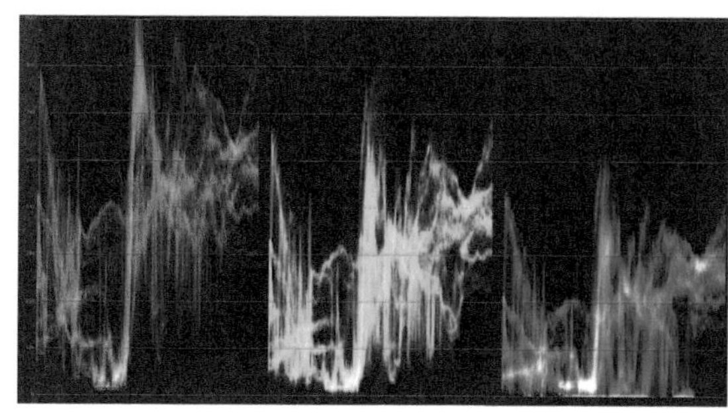

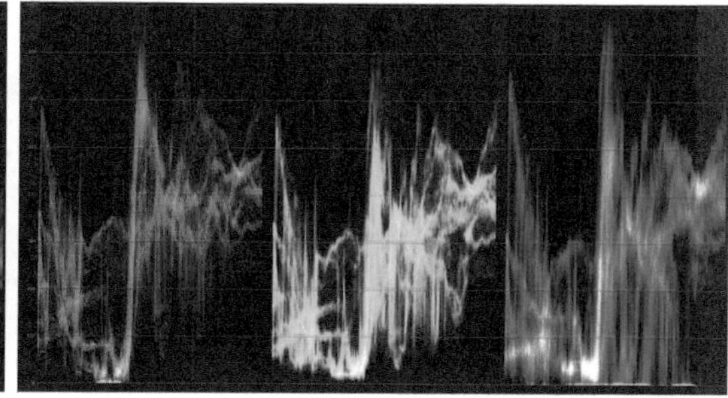

图 3.28　分量波形的前后对比

3. 镜头匹配

整段场景由若干的镜头组成，拍摄时由于机位、角度的变化，镜头的影调会产生一些差别。需要依次调整以互相匹配，保证剪辑的流畅。图 3.29 所示中的案例表现的是同一段戏中不同的两个人物，但是由于拍摄时角度和布光的原因，两个镜头的曝光、反差和色温并不一致，在初级调色中，用分屏比较的方式精调，以保证同一场景中镜头的一致性。经过微调，图 3.30 中两个人物的色调更加接近。

图 3.29　微调前

图 3.30　微调后

在初级调色色彩校正阶段，核心的工作是控制整个场景片段的主基调。优秀的初级调色是在保证主基调一致的前提下，尽可能做最小的调整，为后面的二级调色等保留尽可能多的颜色信息。

3.3.2 建立色彩基调

在调色页面用快捷键 Alt+S 为图 3.31 中的镜头增加一个新的节点。在这个节点中我们为镜头创造不同的观感，以符合观众的日常生活经验并综合剧情的要求，引导观众产生特定的情绪和情感。不同风格的色彩场景如图 3.32～图 3.34 所示。

图 3.31　原始素材

图 3.32　不同的风格（1）

图 3.33　不同的风格（2）

图 3.34　不同的风格（3）

3.4　用专业摄影师的眼光看待曝光

上一节概括地介绍了初级调色的工作流程，并且通过几个案例对关键的环节做了说明。这仅仅是一个开始，要想成为优秀的调色师，还要回到“起点”，从曝光和反差入手，学会用反差启动色彩。如果想快速“进阶”，最有效的方法是从问合理的问题开始。

“如何确定影像已经正确曝光？”

“正确的人脸、皮肤影调应该如何把握？”

“什么样的反差能称得上恰到好处？”

“如何设定影像的高光部分？”

要回答这些问题离不开直接摄影流派 F64 小组核心成员 A·亚当斯的分区曝光理论。如图 3.35 所示，在亚当斯的“视界”中，所有被摄体的亮度都可以分为十个区域。

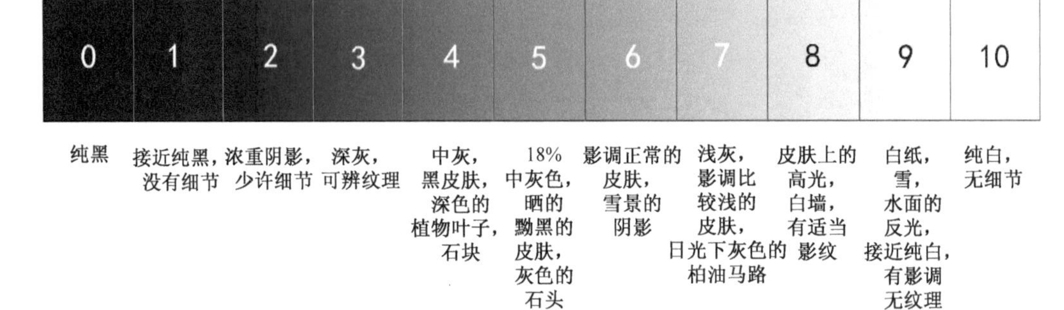

图 3.35 灰阶和实际景物亮度的对应关系

曝光最严重的错误是曝光不足，因为这样一来，阴影部分的影纹就消失了，所以在胶片时代有“宁过勿欠”的铁律。对于大部分影像来说，应该以物体上需要有适当影纹的最暗部分作为选择曝光的依据。能使物体开始有影纹的最暗曝光区是 2 区，能表现出足够影纹的是 3 区（表 3.1）。所以物体的重要黑暗部分需要有最低限度的影纹，最好是将这部分的亮度置于 2 区，如需要有足够的影纹，则置于 3 区。

表 3.1 A·亚当斯的分区曝光影调说明（以黑白影像为例）

影调值	曝光区	说 明
低调值	0 区	一片漆黑，对于胶片来说，除了片基本身的色调和灰雾外，没有任何可用的密度；对于数字影像来说，没有任何亮度输出
	1 区	影像上已非全部漆黑，略有影调，但没有影纹。这是有效“临界曝光”
	2 区	影像上初步显出影纹。最暗部分影调深黑，缺乏纹理
	3 区	黑暗物体，影调正常；阴暗部分显出了足够的影纹
中调值	4 区	深色的树叶、石块或景物阴影表现正常。在日光中拍摄人像，阴影部分影调正常
	5 区	呈中灰色（反射率为 18%）。北部天空影调较浅，皮肤影调较深，石块呈灰色，木头影调正常
	6 区	在日光、天空光或人造光中，皮肤影调正常。石块、阳光下的雪景阴影，以及用浅蓝滤镜拍摄的北部天空，影调都较浅
高调值	7 区	皮肤影调很浅；一般物体呈浅灰色；侧光照射的雪景，影调正常
	8 区	明亮部分影调细腻，有适当影纹；雪景影纹明显；人物皮肤上有高光
	9 区	明亮的部分没有影纹，接近于纯白色，与略有影调而没有影纹的 1 区颇为相似
	10 区	呈纯白色；画面明亮，有反光

数字摄影机的曝光与胶片相反，学院派坚持“宁欠勿过”，不过到现在这种说法引起了一些争议。因为这条铁律是针对 Rec.709 线性模式说的，Log 对数模式下曝光不足在后期处理

时会放大噪讯，影像质量下降，后果很严重。因为本书不是专门讨论摄影，只是借用分区的概念帮助调色师对画面曝光做出准确的判断，所以在这个问题上不再展开。

3.4.1　典型场景的曝光与反差

分析大师的作品是最高效的学习方式，这里选取了几部影片，通过分析其波形希望能窥见一斑。插图是从蓝光质量的视频中截取下来的，可能有人会质疑蓝光视频和真正的胶片或者是 4K 数字影片之间的差异。很无奈，在任何的著作中，包括随书附带的光盘，甚或是网盘上可供下载的高质量影片，观众都无法看到真正的原片的效果。除非你的豪宅里配备了标准放映设备，而且还能拿到在院线发行的复制，否则用计算机的显示器或者家里的液晶电视，就不可能真正消弭这种差距。“说实话，去电影院的时候，你看到你花了几周心血完成的最终版，在每家影院看起来都不一样。放映机的亮度不一样，我们真正担心的改变画面的东西实际上是放映机，还有其他许多原因。”[①]“声音可大可小，演员的头能看见也可能看不见（因为放出框了）。可能一盘胶片发蓝另一盘发黄，都是因为放映机。”[②]好莱坞著名演员基努里维斯执导的纪录片《Side By Side》中调色师和大导演同样逃脱不了这种无奈。在本书的附录 A 中详细说明了针对不同的投放如何配置调色环境。看完这一部分，大家或许会明白，实际的情况也没有想象的那么糟，严谨的蓝光制作并不是胶片的简单数字化或者 4K 数字影片的再压缩，而是在生产流程中根据蓝光的播放环境进行重新配光和调色后的产品。

第一部片子是罗恩·弗里克的纪录影片《轮回》，用潘那维申 IMAX 摄制，每个画面下面附带示波器波形图。

清晨光照角度低，强度较弱，波形主要集中在示波器的下半部。直方图上 0～50 密度均匀，50～100 迅速下降，高光处甚至没有密度。由于空气中存在大量水汽和其他的介质，对光线的散射使得波形比较饱满（图 3.36）。

图 3.36　瀑布清晨

① 蒂姆·斯蒂潘（Tim Stipan）DI 配光师，代表作《黑天鹅》、《摔跤王》、《切格瓦拉》等。

② 马丁·斯科塞斯 Martin Scorsese，美国导演、编剧，好莱坞 20 世纪 80 年代四大导演之一，代表作《出租车司机》、《愤怒的公牛》、《无间行者》等。

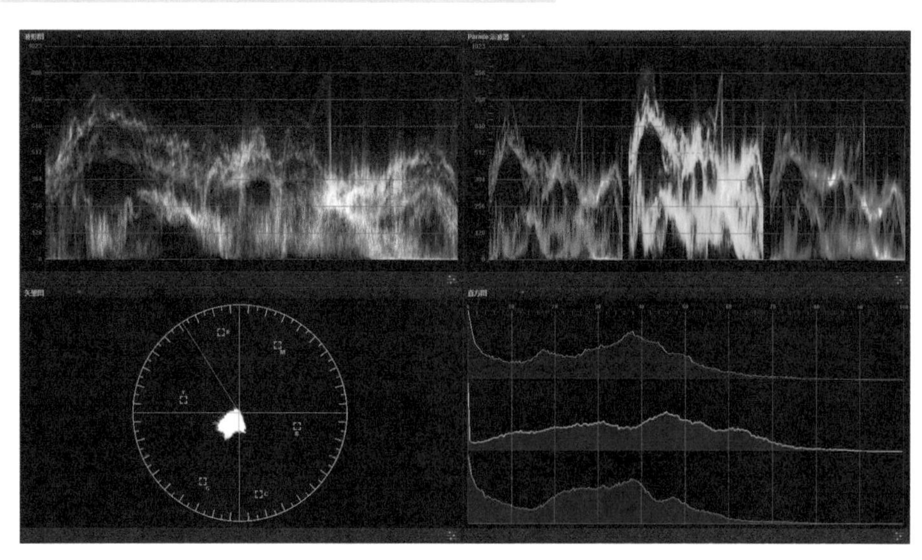

图 3.36（续） 瀑布清晨

黄昏的光照强度和清晨接近，但由于一天的光照蒸发掉了空气中的水汽， 大气湿度低，透视感减弱，波形比较单薄。从矢量示波器上看清晨和黄昏光线的光谱成分会有明显的“倾向性”，色温较低使然，色调带有明显的风格特征（图 3.37）。

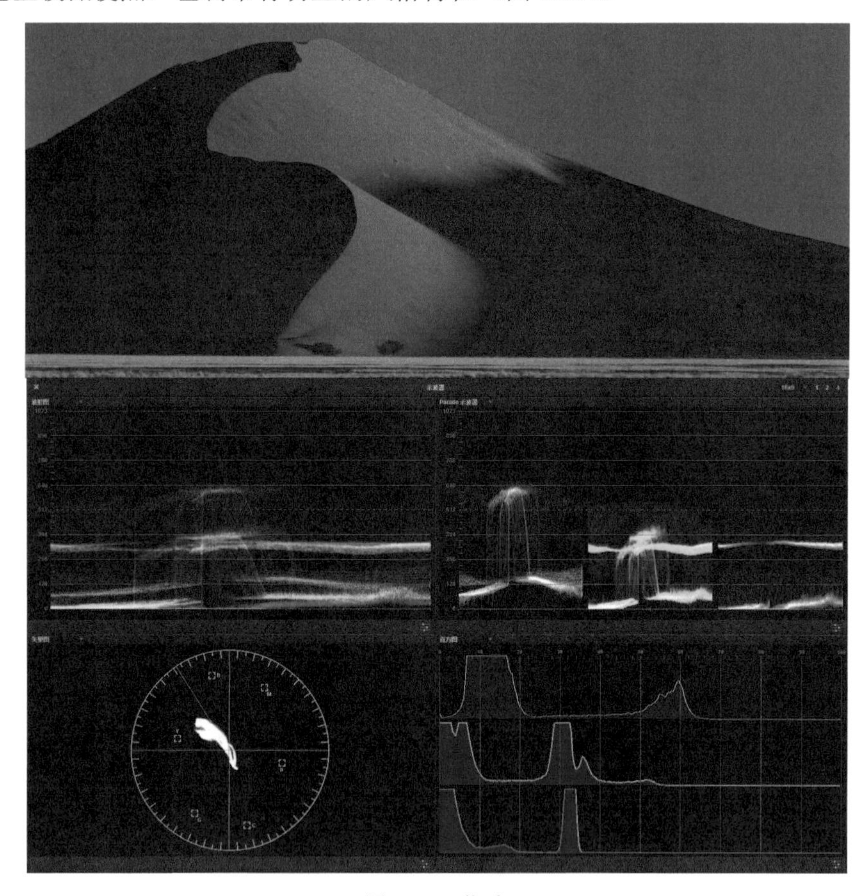

图 3.37 黄昏

科技的进步使得现代的感光器件的灵敏度都有了惊人的提高，月光皎洁的夜晚让观众联想到的已经不是 20 世纪 50～60 年代昏黑的电影画面，所以如图 3.38 所示的波形集中在示波器的下 1/3 处，场景中的高光部分在波形示波器上有时会超过 512 数值。

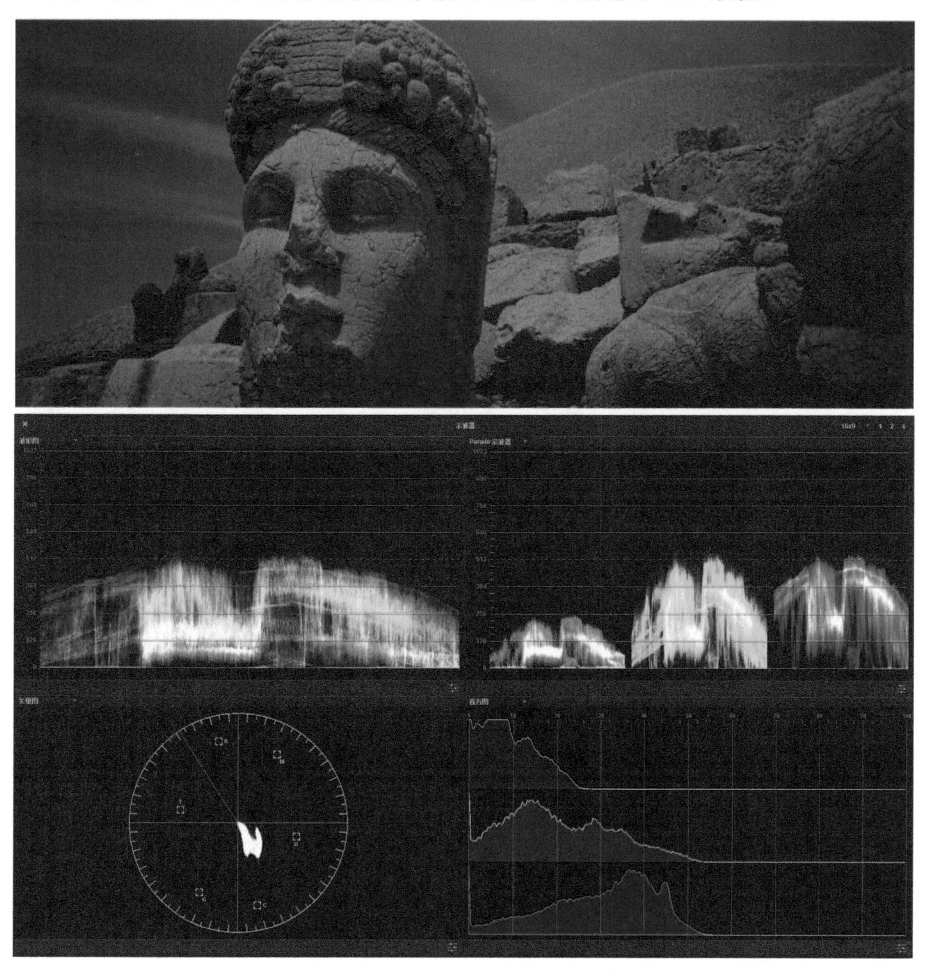

图 3.38　夜幕下的人类文化遗址

夜晚如果拍摄的场景是在明亮的室内，仍然会有饱满的波形。区别于 20 世纪昏暗的连续光源（如钨丝灯泡等），现代的办公、健身等场所普遍采用明亮的、非连续光谱的节能灯具。这些照明灯具的特点是带有明显的蓝绿倾向，所以矢量示波器的波形在蓝绿方向会有比较明显的表达（图 3.39）。

21 世纪大都市代表性的交通工具非地铁莫属，许多影片都会有部分故事情节和地铁相关，甚至会直接用地铁命名影片，如《开往春天的地铁》、《地下铁》、《最后一班地铁》等，地铁成为最富变化的视听造型手段之一。弗里克的地铁是纪录电影中的地铁，相对于《天使艾米丽》中的地铁更客观、真实（图 3.40）。

大量照明设备的使用让大都市都变成了不夜城，虽然在侧光表的读数上，夜晚的照度远远比不上白天，但是人眼的超级适应能力给我们的视觉记忆烙上了灯火辉煌的烙印。在表现夜幕下的都市时，摄影师在曝光上大多都追求被照明对象达到波形中部，而发光体则根据亮暗差别处于波形的顶部甚至超出 1023，曝光白切割（图 3.41）。

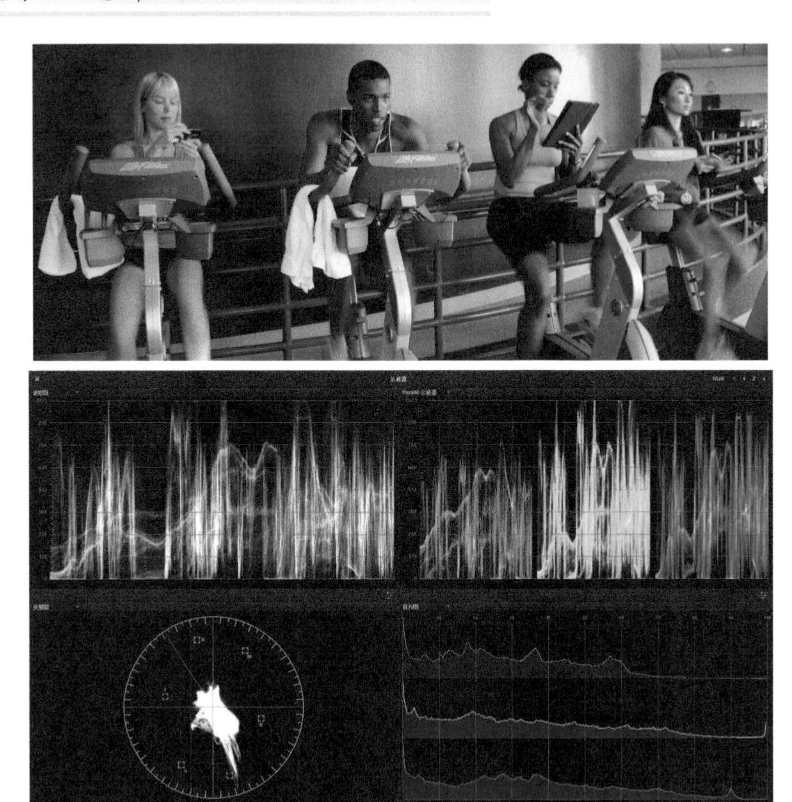

图 3.39　室内健身

图 3.40　地铁

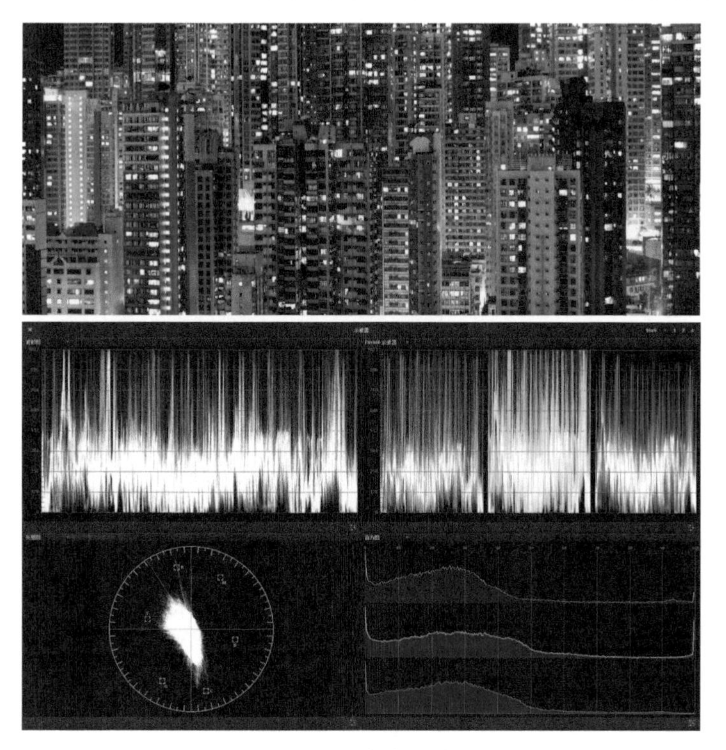

图 3.41　都市夜晚

纪录片追求的是还原自然真实，尽量接近观众的日常生活经验，也就是说制造出符合观众“记忆”的观感。值得强调的是，阴云密布的白天可能比夜晚的都市更暗，乌云密布的上海外滩即是如此（图 3.42）。

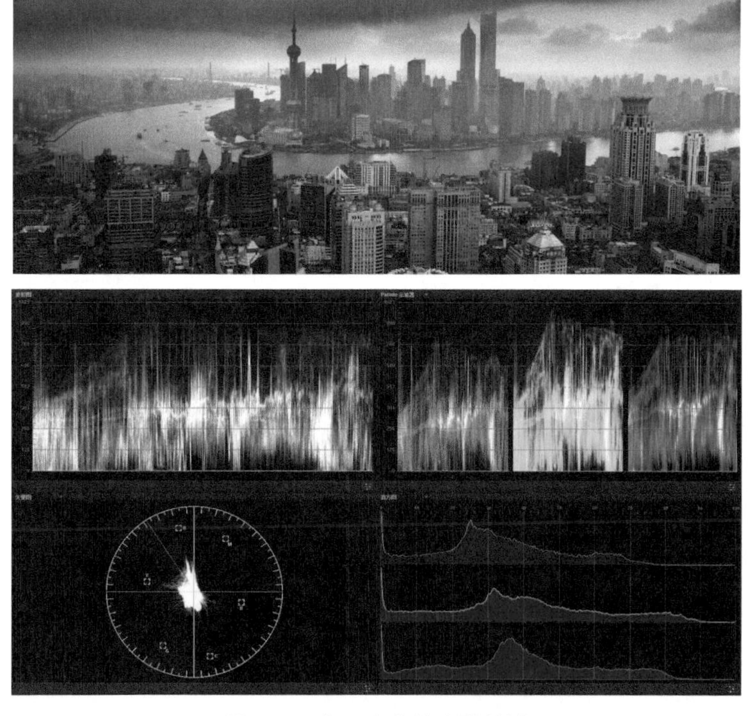

图 3.42　乌云密布的上海外滩

3.4.2 Lift、Gamma、Gain 控制特性

大师级影片的曝光特点分析，好像一个参照系，帮助调色师“定位”。如果前期拍摄的画面曝光、反差不能准确地匹配观众心目中的“记忆”，那么该如何通过 Lift、Gamma、Gain 改变阴影、中间调和高光，获得恰到好处的画面反差呢？

Lift、Gamma、Gain 会因为不同反差镜头的亮度范围分别对应示波器中的不同区域，如图 3.43 所示。

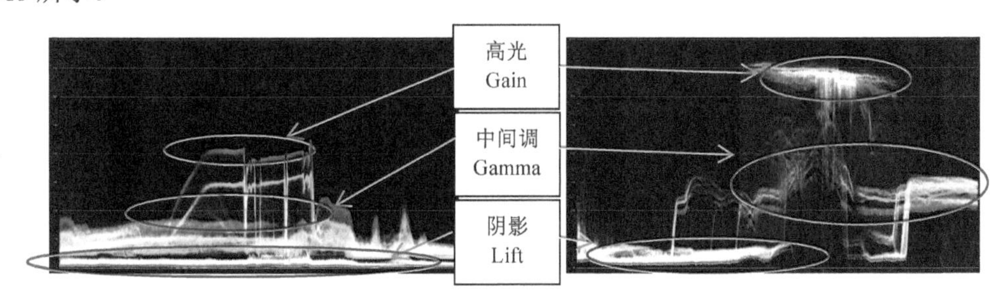

图 3.43　低反差画面波形图与高反差画面波形图

为了更好地说明 Lift、Gamma、Gain 的作用范围，方便对每个工具作用范围做出准确的判断，引入标准灰渐变的概念。标准灰渐变在示波器中是一条笔直的对角线，反映了亮暗变化的线性特点（图 3.44）。

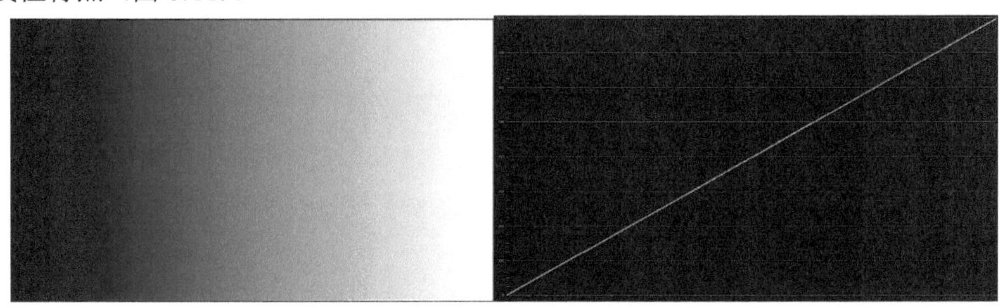

图 3.44　标准渐变灰及其波形

图 3.45 所示为在 DaVinci Resolve 中把灰渐变合成到画面中。具体做法是在**编辑**页面特效库工具箱（Toolbox）中选择灰渐变拖到时间线 V2 视频轨道，选中灰渐变，打开特效检查器，合成模式（Composite）选择普通，调整裁剪（Cropping）选项分别对两层画面进行裁切。

把灰渐变和图像合成在一起，能非常直观地反映初级调色工具 Lift、Gamma、Gain 中的亮度控制所作用的范围，以及三者之间的相互作用。

1. 阴影控制—Lift

对阴影的控制有针对性地改变画面最暗的部分，这部分对应波形示波器的底部（0）和直方图的左侧波形。提升 Lift/Shadows Control 使画面的暗部变亮，底部波形被提升（红圈），但是高光部分不受影响（绿圈），中间亮度部分根据调整的幅度也得到相应的提升，如图 3.46 所示。注意：画面波形图中连接对角线的直线是灰渐变的波形，除了红圈和绿圈，其他都不是我们添加上去的。

图 3.45　把灰渐变合成到图像上

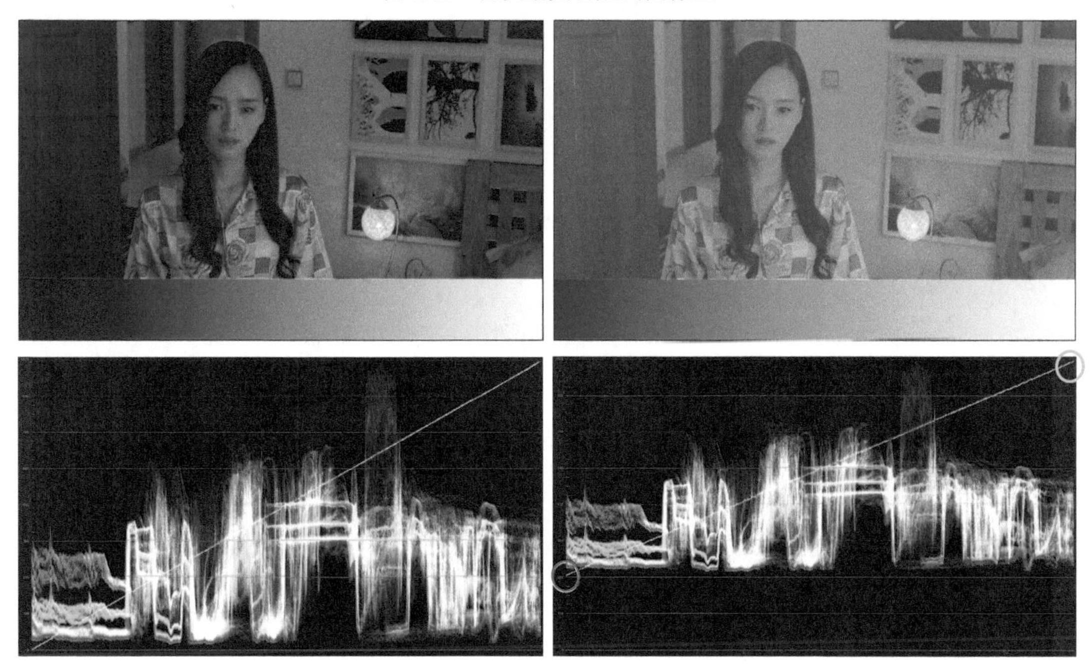

图 3.46　原始影像及其波形与单独提升 Lift 效果对比

2．中间调控制—Gamma

提升 Gamma/Midtone Control 使画面中间调部分变亮，但阴影和高光部分不受影响。针对不同反差的画面，Gamma 提升所作用的波形位置会有所不同，如图 3.47 所示。

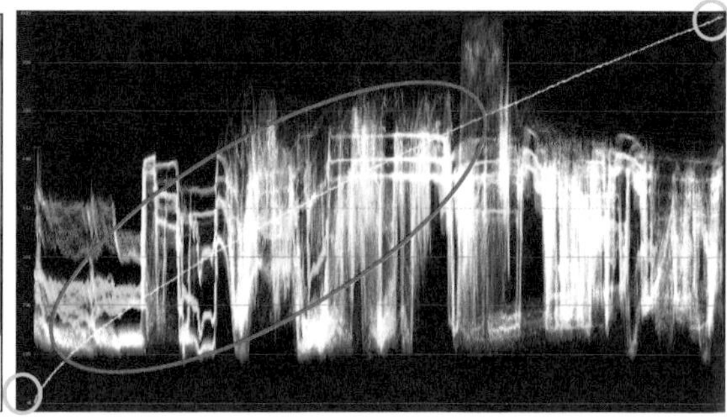

图 3.47　单独提升 Gamma

3．高光控制—Gain

提升 Gain/Highlights Control 使画面亮部变得更亮，中间调也得到扩展（中间红圈），阴影保持不变，如图 3.48 所示。

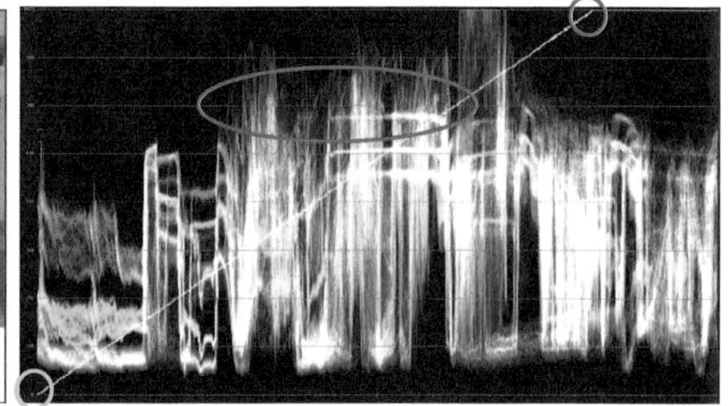

图 3.48　单独提升 Gain

4．整体控制—Offset

Offset 会整体提升波形，所有层次都均等得到提升或下降，如图 3.49 所示。

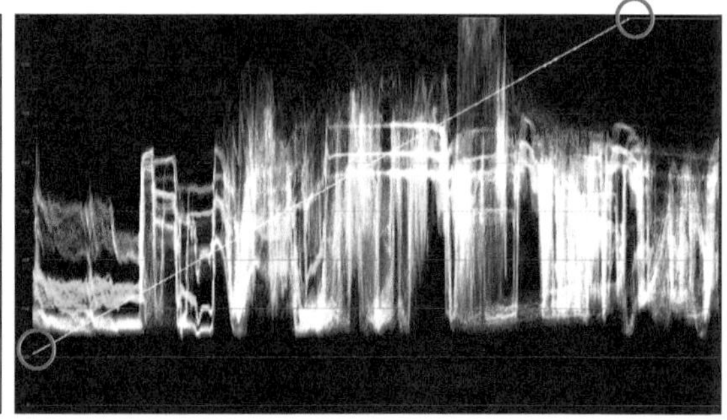

图 3.49　提升 Offset

上面的案例表明了一种关系：在实际的亮度调整过程中，高光（Highlights）、中间调（Midtone）和阴影（Shadows）相互影响，改变阴影也会影响到中间调，如果调整的幅度过大，也会影响到高光。正因为如此，在调整亮度时，通常理想的做法是优先对阴影做必要的处理。

3.4.3 不同的曝光和反差的区别

大反差能更有效地利用摄录、监看设备显示色彩和层次，极大改善画面的观感，如果仅限于观看效果的改善，对比度的调整就能够轻易地化繁为简，把所有的画面都调整到观看设备能允许的最大反差，使色彩和层次最大化。但考虑到场景光照变化所带来的观众对时间的判断，如早晨、正午、傍晚、室内、室外、晴空万里、阴云密布……还有创作上的诉求，如欢快、悲痛、纯真、迷惘……诸多变量使实际的调色工作变得颇为复杂。曝光和反差的调整既要体现准确的时间感，又要匹配叙事上的情感表达。换一个角度看，这些主观判断的介入又恰恰给调色提供了更为广阔的创作空间[①]。

1. 改变曝光和反差能够影响“天气”，制造气氛

前期拍摄中的日拍夜、夜拍日就是通过恰当的照明设计来改变“时间”，后期通过对曝光和反差的调整能够影响“天气”，制造特定气氛。图3.50是在阴天拍摄的画面，曝光准确，恰如其分地表现了当时的天气状况。

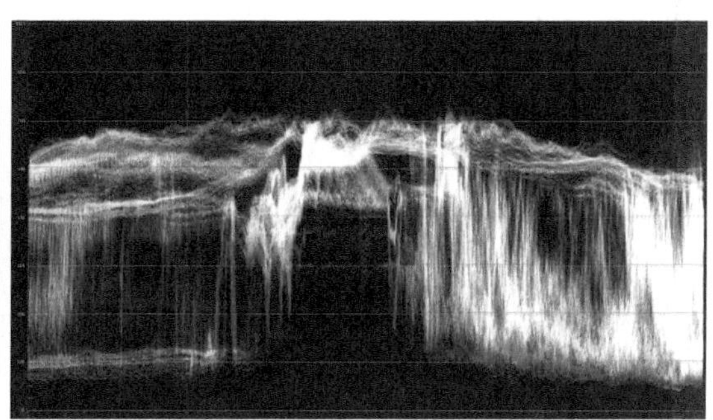

图3.50 原始图像和波形

考虑到剧情的需要，导演在后期制作时要加强这种气氛，制造山雨欲来的紧张感。调色师用曲线工具降低了整体的亮度，同时在高光和中间调部分用更陡的曲线制造出比原来更大的反差，从而实现了导演的要求。图3.51是调整后的结果，图3.52则给出了具体的曲线参数。

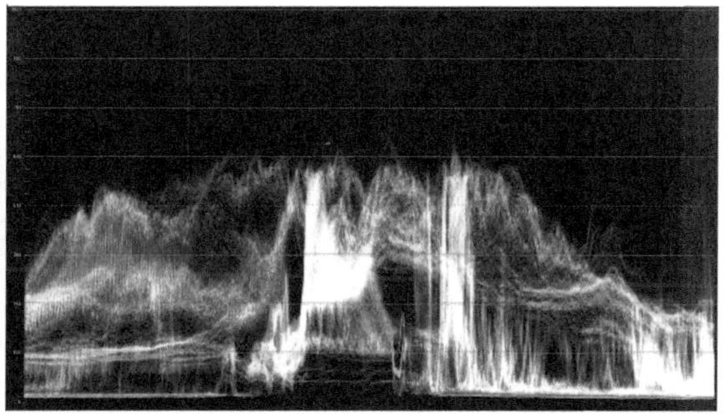

图3.51 调整后的图像和波形

① 也可以说，正是这些变量的存在才使调色工作变得更有挑战性和创造性，更能体现调色师的价值。

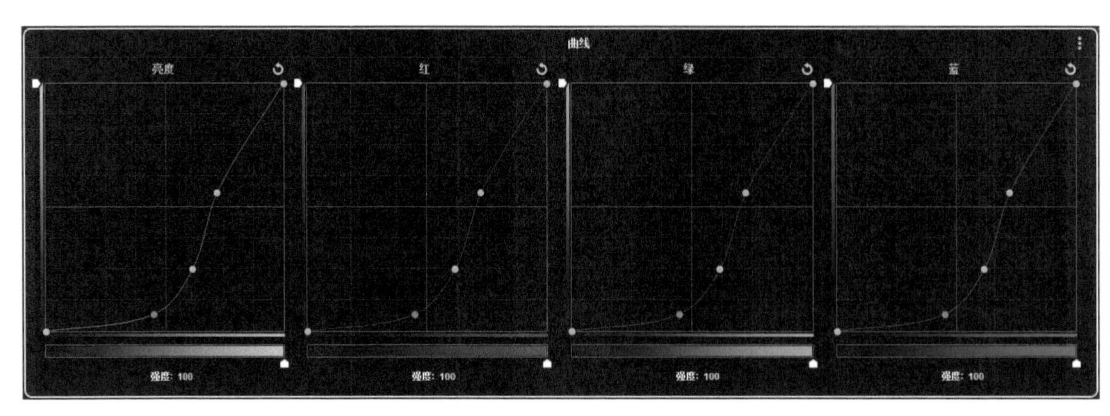

图 3.52　曲线参数

2. 有时候故意“过曝”，恰恰是一种特殊的艺术追求

故意让画面“过曝”，提升暗部缩小画面反差，这些“反常规”的处理方式有时恰是某些作品的艺术追求。岩井美学的“逆光调”曾被认为是对传统摄影美学的一种背叛，从摄影角度来看，逆光摄影是一种有别于正常摄影的技法，因为它所描绘的最终作品并不是人眼正常情况下看到的效果。一般来说，逆光摄影的最明显标志就是剪影，因为往往背景曝光级数高于前景，背景正常曝光，而缺少光线的前景就会漆黑一片。而人眼是看不见这一现象的，因为人眼会自动调节，保证注视区域的亮度信息。而岩井使用的逆光技巧，是在此基础上的延伸。统一提高曝光量，从而能够看清人物的面孔，同时让人物的轮廓融化在稍微曝光过度的背景中。这样的效果接近人眼的观察，而且是广泛存在于日常生活中。

一般电影会在电影布光上下很大功夫，通过会有多个角度的光线，塑造出十分突出的人物形象，但也因此丧失了真实性。而逆光，可以很好地充当主光源，同时淡化背景因素，突出演员的存在，而真实性也大大增强。不矫揉造作又体现淳朴的美感，是岩井的电影普遍存在的风格倾向[①]。以现代摄影器材的记录能力，结合照明控制，影片绝对有能力控制大部分场景的反差。但是《花与爱丽丝》却舍弃设备的这种“能力”，制造出蕴含青春活力的“逆光调”，如图 3.53 所示。

图 3.54 所示为室内场景中的逆光调，图 3.55 是《花与爱丽丝》中的细雨天场景，如果单看这些镜头的波形，技术上可以说是失败的，因为没有利用好反差。在视觉上图像反差小，暗部没有“触底”[②]，亮部要么过曝，要么还不够亮。但是结合剧情，这些特殊的反差立刻“化身成”一种十分内敛的手段，作用在故事中的人物性格上，象征着人物内心的青春激情。“那种激情，化为闪烁的眼神光，在逆光的暗部闪烁”[③]。

岩井美学一度成为影视专业学生，甚至一些青春类型片（如《小时代》）模仿的对象。在学生作品《对鸟》[④]的一段闪回中，年老的主人公故地重游，忆起自己的年轻时代和恋人第一次相遇这段戏就是一个很好的案例。

---

① 王一波，“逆光下的生活：岩井俊二电影的美学特征”，《宁夏大学学报（人文社会科学版）》2010 年 01 期。

② 示波器的底部。

③ 同 1。

④ 《对鸟》，导演：戴希帆，摄影：段春宇，主演：王一平、张一任、包曾子等。影片讲述的是一对相濡以沫的老夫妻，在生死别离之际的相互依偎。

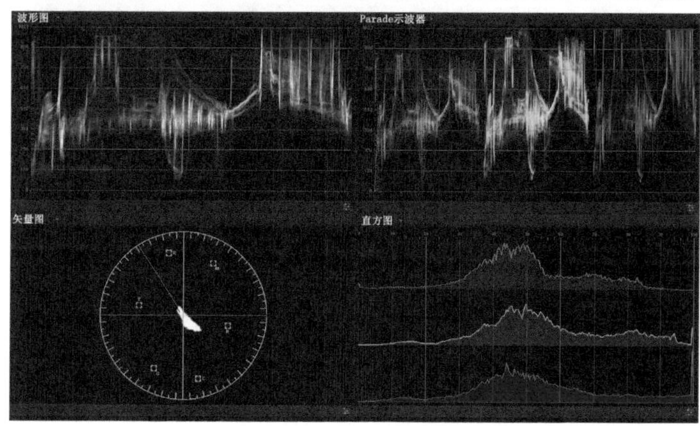

图 3.53　《花与爱丽丝》中的芭蕾舞片段

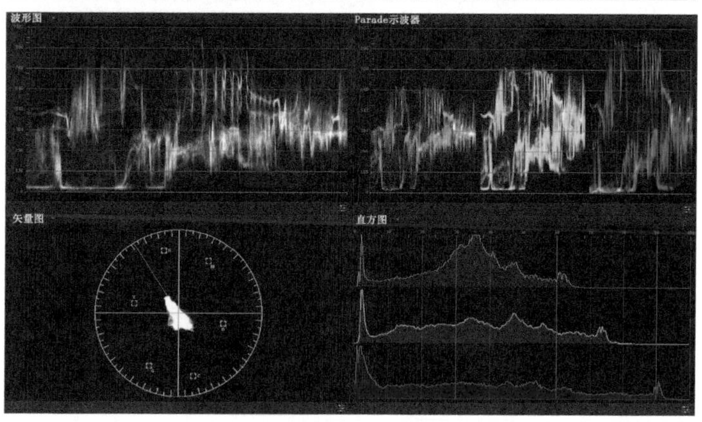

图 3.54　室内场景中的逆光调

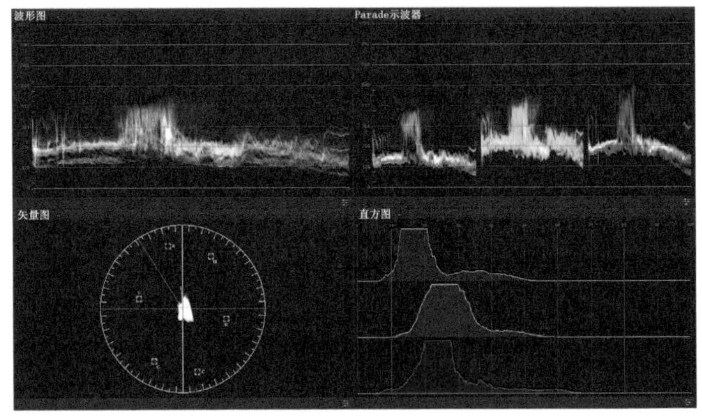

图 3.55 《花与爱丽丝》中的细雨天

图 3.56 是《对鸟》中的女主人公年轻时的镜头最终效果，下面是调整过程的具体分析：原始画面是按照正常曝光拍摄的，很好地照顾了窗外的高光和室内阴影处的细节层次，充分利用了现代数字摄影机 Log 模式的高动态范围。但是在最后调色阶段，导演对这场闪回戏的气氛并不满意。因为留在人们心灵深处的美好回忆应该是明亮的、绚烂的，随着岁月的流逝，记忆的细节可能会逐渐模糊，但是那种触动心灵的情怀却是越来越浓。于是调色师借鉴岩井逆光调的处理手法对画面进行了大胆的调整。图 3.57 显示了调整后的示波器波形图，波形示波器、分量示波器和直方图都很好地说明了处理时的“大刀阔斧”，矢量图提示画面明显的金黄色彩倾向。

图 3.56 《对鸟》中的闪回

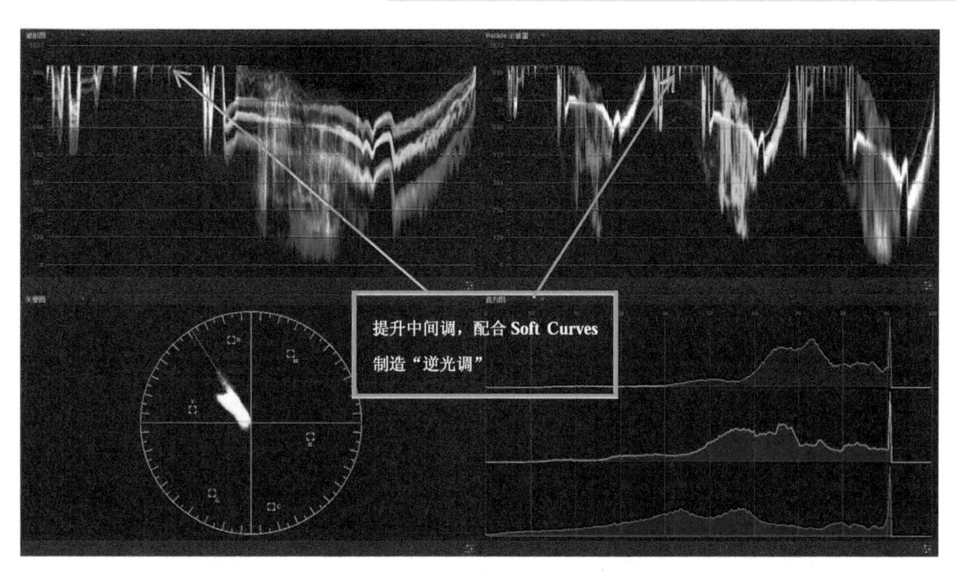

图 3.57　调整后示波器波形图

图 3.58 是具体的调整参数，涉及 Gamma、曲线和弃失羽化（Soft Clip）。图 3.59 是调整后和调整前的对比。

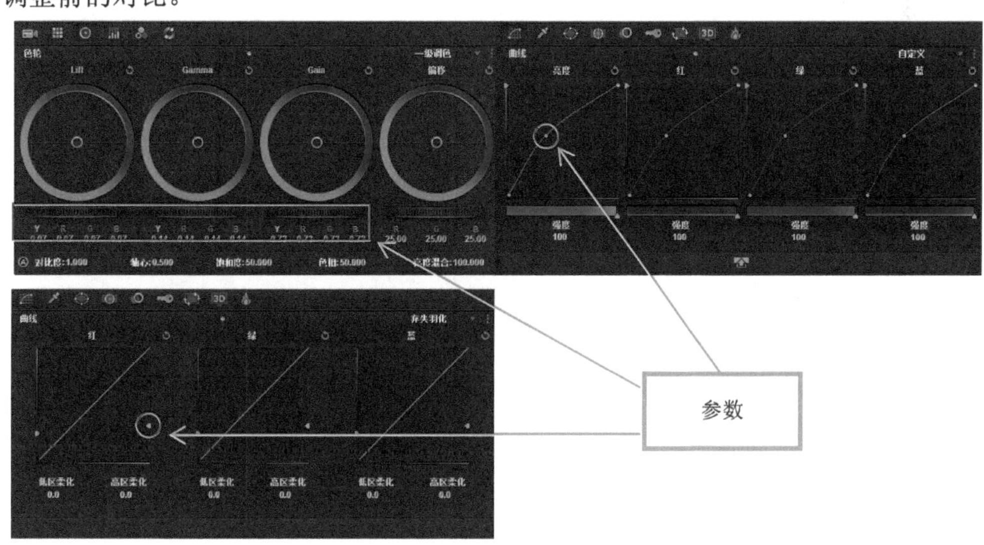

图 3.58　具体的调整参数

图 3.59　调整后和调整前对比

学生作品《情书》[①]更是用同名微电影向岩井美学致敬。图 3.60 是调色后的画面和示波器波形。

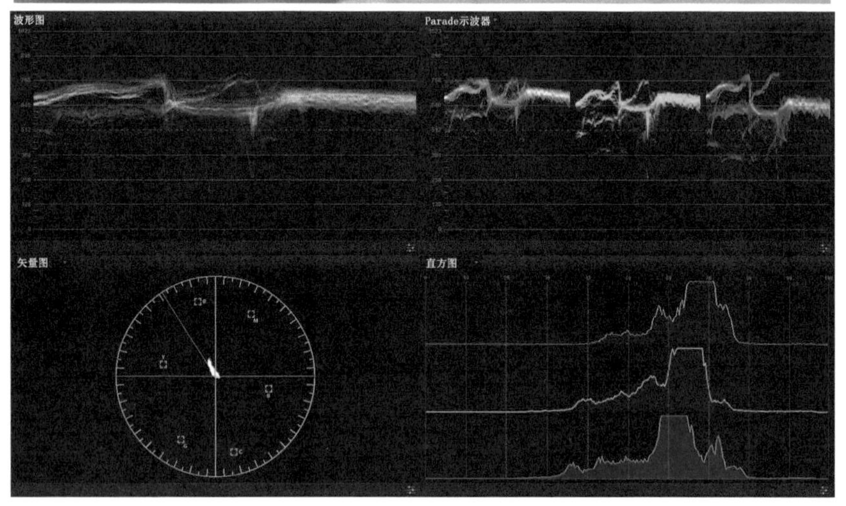

图 3.60　调色后的效果和波形

学生的《情书》中放弃了室外场景大反差的常规追求，反而把正常反差的画面“压缩”，就像《花与爱丽丝》中的细雨天，灰色、朦胧、暧昧，格调淡雅清新，如图 3.61 所示。

图 3.61　调整后和调整前对比

① 《情书》，导演：钟祖瑶，摄影：黄元达，主演：岳同忻、曹立栋。

前面提到场景光照变化所带来的观众对时间判断，如早晨、正午、傍晚等，曝光和反差的调整要体现准确的时间感。图 3.62 是一个用 ARRI Alexa 数字摄影机用 Log 对数模式拍摄的室内镜头，映射到 Rec.709 可以看到曝光控制得相当不错，暗处和高光恰到好处，中间层次丰富，示波器的波形很好的证明了这一点。

图 3.62　Alexa 拍摄的 Log 素材和 LUT 映射后的效果

原始场景并不能让观众明确地感知故事情节的时间气氛，也就是此时此地的时间感受。后期调色的不同操作可以定位情节发生的时间。如果把故事发生的时间放到中午（图 3.63），则需要提高中间层次的亮度，降低阴影，避免图像发灰，同时提升色温匹配时间。

相反，如果故事发生的时间是在黄昏时分，室内照明设计匹配低色温暖光源，则需要降低中间层次的亮度，同时小幅度地提高阴影以恢复之前的细节，与高光保持合理的对比，如图 3.64 所示。

图 3.63　中午

图 3.64　傍晚

调色工作要巧妙地利用 Version，建立不同的版本，快捷键 Ctrl+Alt+W 可在同一画面比较不同的版本（如图 3.65 所示）。

图 3.65　快捷键 Ctrl+Alt+W 显示不同版本的效果对比

3.4.4　调整曝光的极限

数字摄影机的 Log 模式极大地提高了数字摄影机的宽容度，使之可以达到甚至超越胶片的宽容度。宽容度提高带来的宽动态范围可以让摄影师表现个人风格的余地更大，如曝光过度的高调和曝光不足的暗调。在每个片子开拍之前，摄影师都会对即将用到的摄影机进行测试，掌握摄影机的特性以便充分地发挥其优势。调色师实际上也非常需要介入到前期的测试环节，掌握摄影机在曝光方面所能达到的极限，有效地设计后期的调色方案。

以松下的 GH4 4K 数字摄影机为例，进行过曝、欠曝+后期校正极限测试，在依据示波器的同时介入主观的评价，根据人眼的判断测试出到底曝光过度和曝光不足到什么程度依然可以接受，也就是人眼所看到的、合理的曝光上限和下限。

考虑到数字影像强大的后期处理，在后期达芬奇校色中对曝光过度和曝光不足的素材进行校正，在人眼能接受的范围内测试 GH4 可以通过后期补救的范围。

1 比 8 光比下过欠曝光测试如图 3.66 所示，每张截图都给出了光圈、快门参数和拍摄模式（都是在 CINE 电影模式下拍摄的）。

F22 1/50 CINE　　F16 1/50 CINE

图 3.66　松下 GH4 摄影机 1 比 8 光比下过欠曝光测试

F11 1/50 CINE

F8 1/50 CINE

F5.6 1/50 CINE（标准曝光）

F4 1/50 CINE

F2.8 1/50 CINE

F2.8 1/40 CINE

F2.8 1/30 CINE

F2.8 1/25 CINE

F2.8 1/15 CINE

图 3.66　松下 GH4 摄影机 1 比 8 光比下过欠曝光测试（续）

通过 DaVinci Resolve 后期对过曝和欠曝两档的素材进行校正，和标准曝光进行比较得到如图 3.67 所示的结果。

F2.8 1/50 过曝两档校正到正常（CINE 模式）

F5.6 1/50 CINE（标准曝光）

F11 1/50 校正到正常（CINE 模式）

F5.6 1/50 CINE（标准曝光）

图 3.67　过曝和欠曝素材校正后和标准曝光对比

结论：过曝和欠曝两挡是这个场景的曝光宽容度极限，通过后期校正，过曝素材高光部分损失了一些细节，但是没有产生明显的噪讯和杂色，反差较标准曝光要高一些。而欠曝两挡在后期校正时拉起来往往会产生较多的噪讯（图 3.68）。

图 3.68　过曝和欠曝素材校正后的局部放大对比

3.4.5　曝光调整的具体案例

1. 明亮室内案例

熟悉曝光分区和波形之间的对应关系，才能准确判断曝光在不同的场景中是否合理，是否准确表现了时间感，也就是时间定位。图 3.69 是波形示波器的 0～1023 波形范围和 0～10 共 11 个分区的对位示意图，简单表明了波形和分区之间的转换。借助于这种对应关系，我们来判断场景的曝光是否合理。

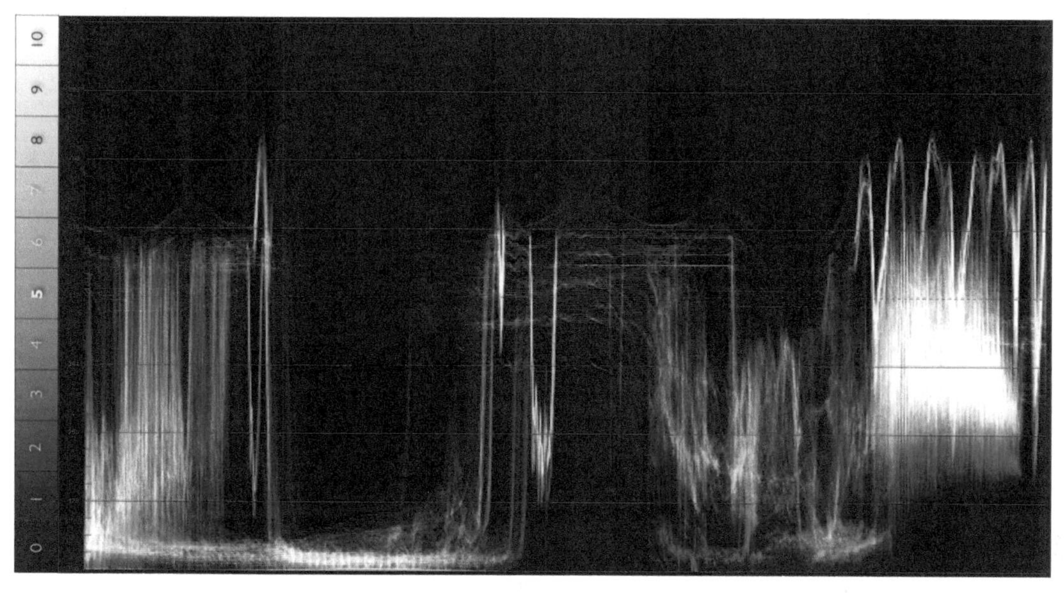

图 3.69　波形示波器和曝光分区的对应关系

图 3.70 所示是一个比较明亮的室内，但是只是从灰白色的墙壁就非常容易看出影像曝光不足，右上角窗户透入的高光应该位于 9 区和 10 区之间，也就是波形示波器 900～1023 的范围。人物的面部亮度应该位于 7 区和 8 区之间，考虑到室内场景光线照度比室外要弱一些，普遍降半区的曝光更加符合观众根据日常生活经验对空间环境的判断，所以我们把人物面部的曝光锁定在 7 区，高光锁定在 9 区和 10 区之间。转换成波形示波器指标则是人物面部亮度波形顶部位于 780 附近，室外亮度波形顶部在 930 附近。

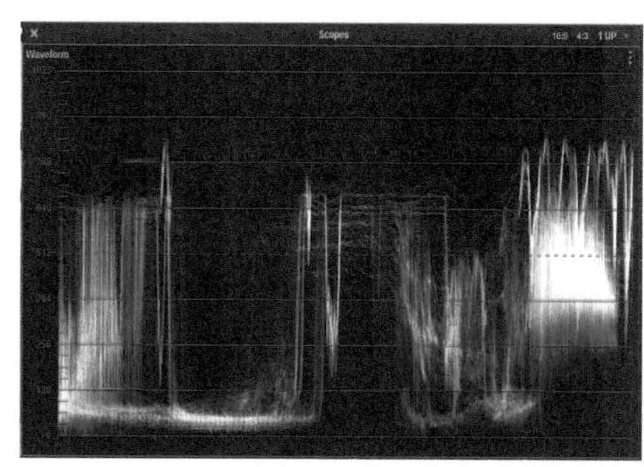

图 3.70　曝光不足的画面和波形

调高 Gamma 直到达到上述要求。需要注意的是不要或者稍微调整 Gain，否则会大幅提升整个画面的高光，窗外的细节被破坏。

还有一个思路是提升 Gamma 的同时略微压缩 Gain，以避免白墙和窗户太亮影响对人物的表现。因为在调整中间调时会增强高光部分的亮度（图 3.71）。

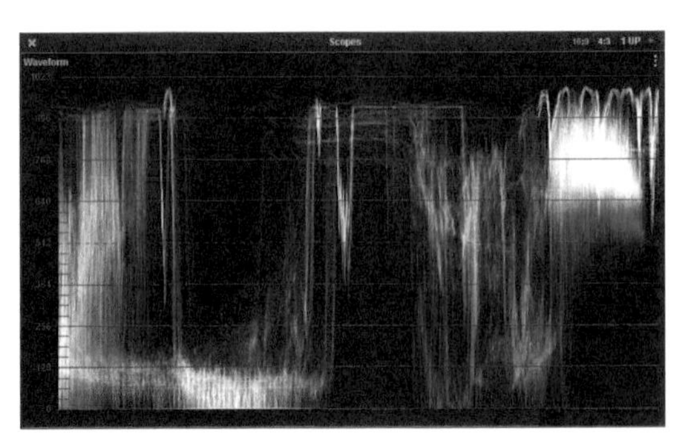

图 3.71 调整后的画面和波形

如果不能确定影像和波形示波器的对应关系，可以利用遮罩（MASK）把影像的局部分离，定位查看波形（图 3.72）。

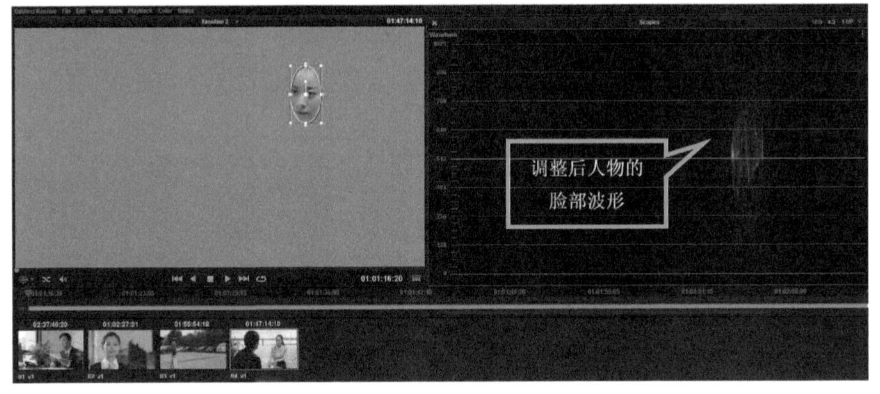

图 3.72 分离局部进行对比

2. 修复高光的案例处理

图 3.73 中的波形显示器显示，影像的高光部分接近 1023 的上限值，处于第 9 区[①]。虽然没有超出广播安全范围，但在分区曝光区位中，人物的皮肤应处于第 6 区，考虑到阳光直射的因素，第 7 区和第 8 区之间比较理想。

调整的思路并不是压缩 Gain，而是运用 DaVinci Resolve 初级调色工具中的 Log Color Wheels，准确分离这部分高光区进行微调。（图 3.74 和图 3.75）

① 在安塞尔·亚当斯的分区曝光理论中，第 9 区的特点是：明亮的部分没有影纹，接近于纯白色。

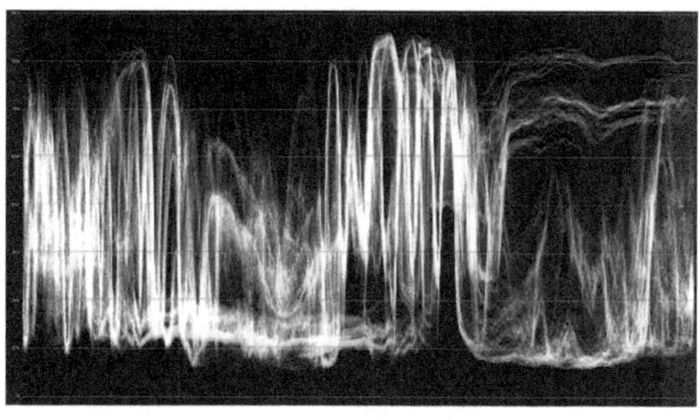

图 3.73　高光部分“刺眼”

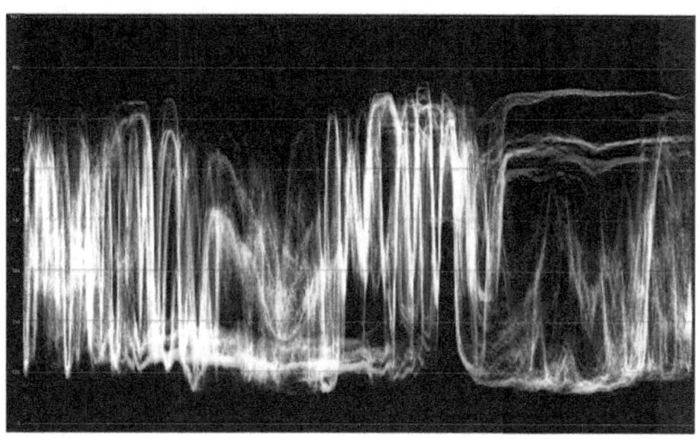

图 3.74　调整后的图像和波形

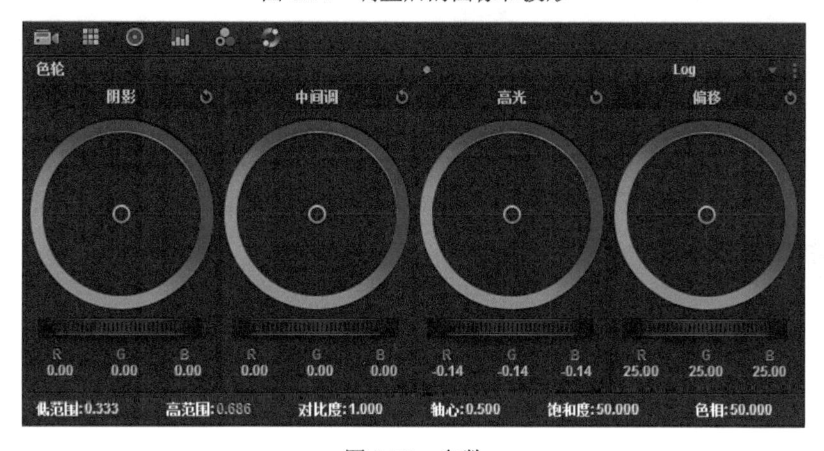

图 3.75　参数

3.4.6　向大片要答案

季节、环境和角色造型的需要，往往会给调色师制造一些难题，创造性地运用分区的理论才是解决这些难题的关键。只要有根据，一切皆可行。体会一下在《角斗士》中人物光比极致化控制的魅力，如图 3.76 所示。

主人公当时正处于生死抉择的境地，大光比的造型恰如其分。暗部处于第 2 区，而亮部超过了第 9 区（故事的地点是意大利半岛，炎热夏季加上湿热的海洋性气候，人物脸上泛着汗水反射的高光），光比之大有其根据（图 3.77）。

图 3.76 《角斗士》中处于生死抉择的马克西姆斯——大光比

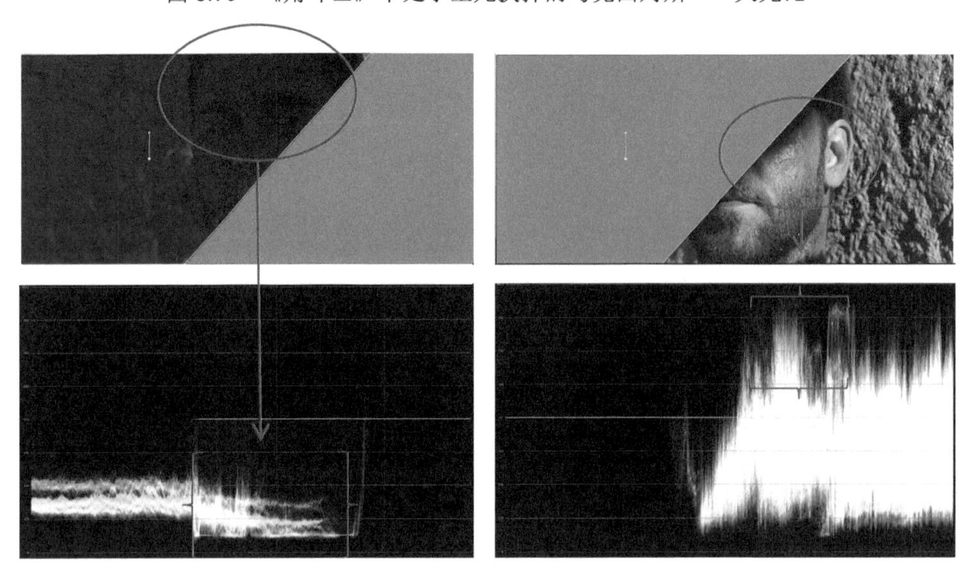

图 3.77 人物光比分析

逆光中的人物表现一般会控制在 3～4 区，既有比较丰富的细节和饱满的影调，又能准确的表现光线的逆光方位（图 3.78 和图 3.79）。

图 3.78 逆光中的人物表现

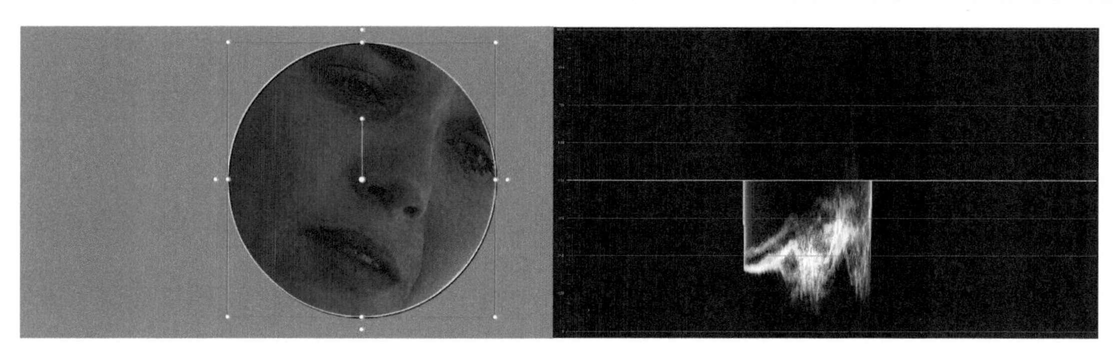

图 3.79　逆光脸部波形

总结：DaVinci Resolve 采用的是节点式的处理方式，曝光与反差的调整作为调色的起点，就像高楼大厦的基础一样重要。所以问起调色工作的顺序，通常得到的答案是“先看反差”，用反差启动色彩。如果一开始在不改变反差的情况下直接调整色彩，必然背道而驰，最终损失画面质量。曝光和反差的调整会影响色彩的明度和饱和度，在对 RGB 动手之前，先假设色彩并没有出错，而是反差出了问题，这也正是曝光和反差控制在流程上的重要意义。

3.5 初级调色的两种模式

重新温习一下 DaVinci Resolve 的第五个模块**调色**（COLOR）页面，它是系统的核心，调色师在这个工作间完成大部分的工作。页面上部从左到右依次为静帧显示窗口、预览窗口、节点窗口，中部是时间线轨道和镜头的缩略图，底部从左到右为初级调色面板、二级调色面板和动态时间线，如图 3.80 所示。动态时间线主要用于关键帧的操作。

图 3.80　调色页面

二级调色面板中的 YRGB 曲线实际上应该归类为初级调色工具，但由于曲线强大的“定位”功能产生了更为丰富的应用，所以放在了这里。在下一节中将专门探讨曲线调整的经典案例。

二级调色面板的其他调色工具包括色相对色相（Hue Vs Hue）、色相对饱和度（Hue Vs Sat）、色相对亮度（Hue Vs Lum）、亮度对饱和度（Lum Vs Sat）①等曲线工具，窗口及模糊（Blur）、雾化（Mist 柔光、漫射）工具等，在第 4 章中将进行专题讨论。

在**调色**页面中，对影像更专业的控制要依赖于节点的操作，它类似于 Photoshop 中的图层，但相互组合影响比图层更为复杂，功能也更强大。每一个调色节点都可以看作拥有全部调整功能的“处理器”，它在激活后能完整应用并记录对图像的任何操作，如白平衡调节、Gamma、遮罩等。多个节点的综合运用包含了丰富的技巧，平行或串联，节点结构的改变能带来无限创造力，创造出动人心魄的影像风格。关于节点结构将在第 6 章中专题讨论。

初级调色面板除了基础的修正曝光、颜色校正外，还包括降噪和 RAW 元数据的处理。在本节中来探讨初级调色的两种模式。

3.5.1 利用色彩平衡控制器（色轮）调色

用数字摄影机进行前期拍摄时，除了调整照明灯具的色温，另外一个控制画面色调的主要方法是调整白平衡②。然而由于前期工作的失误或频繁转换场景，导致 CCD/CMOS（感光单元）输出的不平衡，造成数字摄影机还原失真，失去了自然的真实感。

另一种情况来自于环境、剧情、情绪等的要求。前期拍摄按照正常的色彩还原场景，保留尽可能多的色彩层次和细节，后期再通过调整最终达到创作的诉求。

还有一种情况是由于数字摄影机的特性造成的。随着数字摄影机的技术升级，越来越多的产品注重提升摄影机的宽容度，亮度范围的拾取已经达到了惊人的 14 级。但同时带来的问题是前期拍摄的画面如果不进行 LUT③映射和调色，将会导致画面饱和度极低、反差极小，给人的主观感受是普遍偏灰，进而影响对影像色彩的观感和情绪的判断。

从哪里入手？对于新手来说，这是一个很严峻的问题。因为可用的方法非常多，如果找不到一种恰当的技巧，采用随意的调色方式，就如同让头尾相追，调来调去达不到想要的效果。

下面我们来分析一下初级调色中色彩平衡控制器和图像的对应关系，从而化繁为简高效率地展开工作。

1. 控制 Lift（提升）、Gamma（灰度）、Gain（增益）、Offset（偏移）

在本书中 Lift、Gamma、Gain 统一对应为阴影、中间调和高光，如图 3.81 所示。虽然从理论上说不能做这种简单的对应，但是这种说法已经约定俗成、深入人心，方便大家理解。除了图 3.81 中间的 Log 模式，其他两种工具中阴影、中间调和高光的相互作用可以用图 3.82 的示意图说明④。

---

① 分别是基于色相调整色相、基于色相调整饱和度、基于色相调整亮度、基于亮度调整饱和度。

② 什么是白平衡？当拍摄白色对象时得到白色图像，即拍白色物体时，数字摄影机输出等量的红、绿、蓝信号。

③ LUT 的内容参见第 2 章。

④ Log 模式可以手动控制阴影、中间调、高光的作用范围。

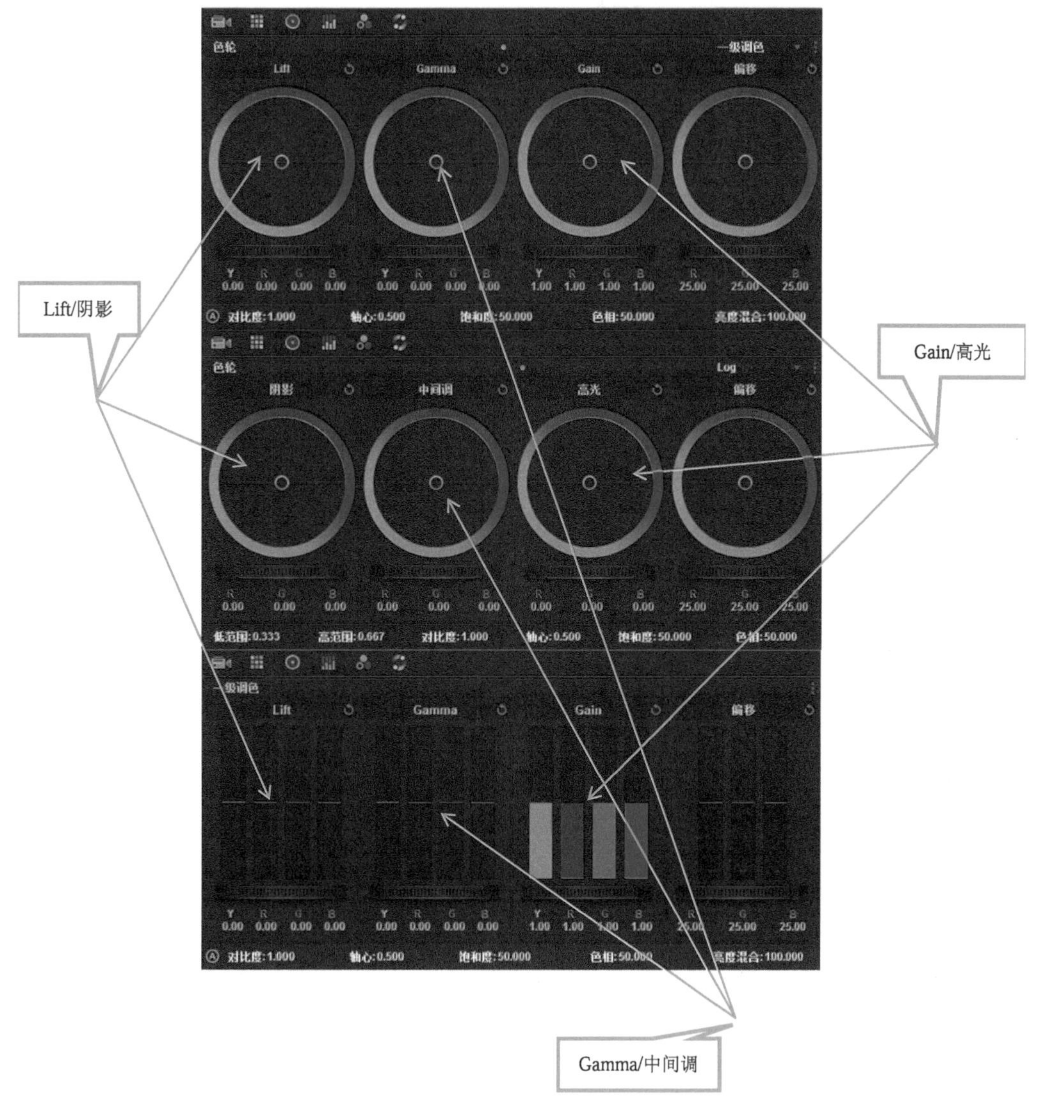

图 3.81 DaVinci Resolve 中色彩平衡控制器的三种表现方式

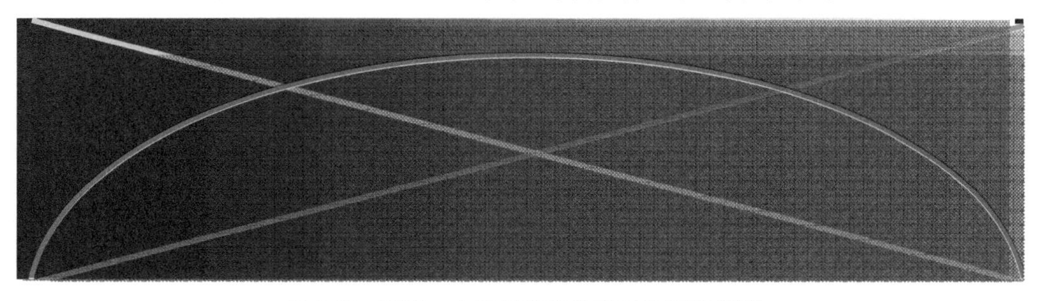

图 3.82 阴影、中间调和高光相互作用示意图

红色弧线指示的是中间调控制（Gamma）的影响范围和程度；绿色线条指示的是阴影控制（Lift）的影响范围和程度；蓝色线条指示的是高光控制（Gain）的影响范围和程度。

阴影、中间调、高光三者之间相互关联、相互影响，它们之间并没有一个明显的分界线，其中以中间调的影响范围最大，所以在调色的过程中要审慎的对待三者的关系。如果认为仅仅调整其中的一个即能得到理想的效果，很有可能会失望，平衡三者才是应对的法则。实际上调色软件在处理 Lift、Gamma、Gain 的时候远比示意图复杂得多，三个区域重叠衰减的范围和程度要宽泛和缓慢平滑。但这也恰恰是调色软件能够高效工作的核心所在，它可以让调色师有更大的调整空间而不用担心画面出现色调分离或颜色失真。

下面用一个线性的渐变灰画面来解释色彩平衡在调色实践中的相互作用，图 3.83 是 DaVinci Resolve 编辑页面中自带的渐变灰和它的波形。

Lift、Gamma、Gain 所作用的区域及相互影响的程度可以通过对渐变灰的调整来检验。

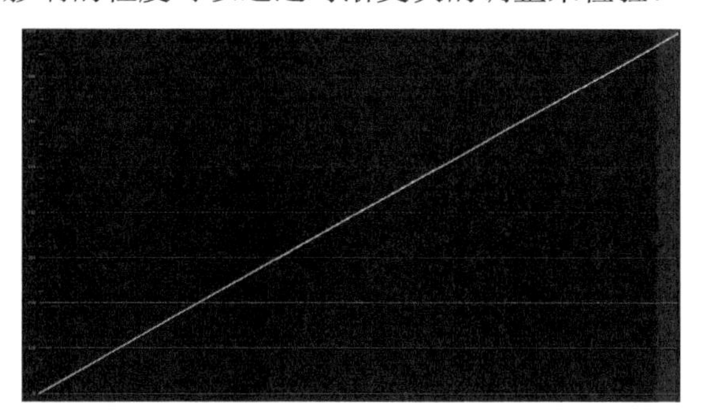

图 3.88　标准十级渐变灰和它的波形

（1）调整 Lift 色彩平衡控制滑块，推向蓝色，如图 3.84 所示。并且调整 Gain 控制滑块推向红色；红色和蓝色在色阶的中段混合，呈现出品色调，如图 3.85 所示。

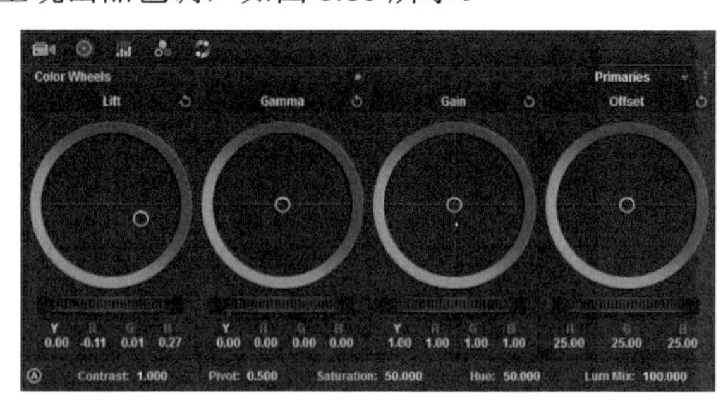

图 3.84　调整 Lift

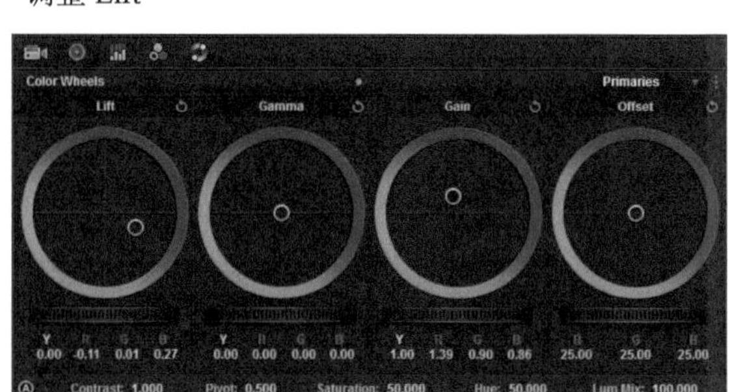

图 3.85　调整 Gain

（2）调整 Gamma 色彩平衡滑块，推向绿色，得到如图 3.86 所示的结果。

仔细观察，在高光和中间调重叠的区域出现青色，但是在阴影和中间调重叠的区域因为亮度的关系并没有出现预计的黄色。了解了三个区域的重叠所带来的额外影响，在调色实践中就应该格外谨慎，实拍素材的丰富色彩会导致重叠区域的交互作用变得难以辨别。

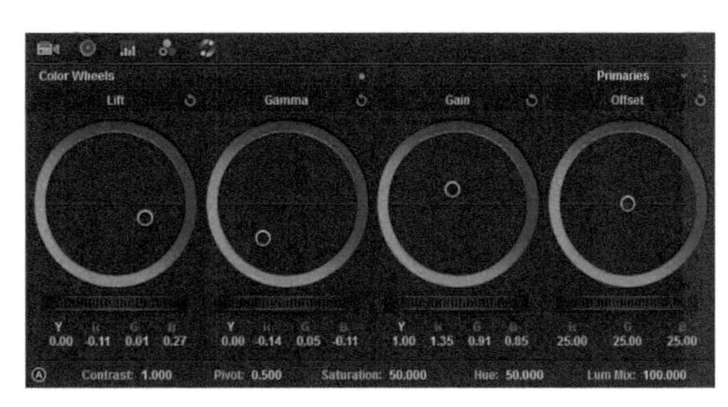

图 3.86　调整 Gamma

2. 色温会说话

初级调色并不需要改变画面某个局部、某个物体、人物服装的颜色或者场景的美术设计。在这个阶段首要的是审慎地控制整个场景的色调，创造性地给场景赋予准确的时间感（早晨、正午或者傍晚等）、天气状况等，以得到不同的观感和恰如其分的情绪氛围，烘托角色的表演。

从日出到黄昏，一天中自然光的色温无时无刻不在发生着变化。为了适应这种变化，人类在长期的进化过程中发展了特殊的适应机能，在大部分的光线条件下都能很好地分辨颜色。数字摄影机没有人脑的“自动平衡机制”，在记录影像之前，如果使用了错误的白平衡设置，或者在拍摄的过程中照明光线的光谱成分改变了，都会造成影像色彩还原的偏差。

这里所说的色温准确的叫法是“相关色温”，指的是如果一个物体（光源）发出的光的颜色与黑体在加热到某一温度时所发出的光的颜色一样，那么这个物体（光源）的相关色温就用这个温度来定义。在很多书上，相关色温也简称为“色温”。

为了准确地还原色彩，数字摄影机在拍摄前要进行白平衡的调整，通过改变 CCD 等感光单元上 RGB 三个通道的强度，精确地匹配照明光源的色温（图 3.87）。

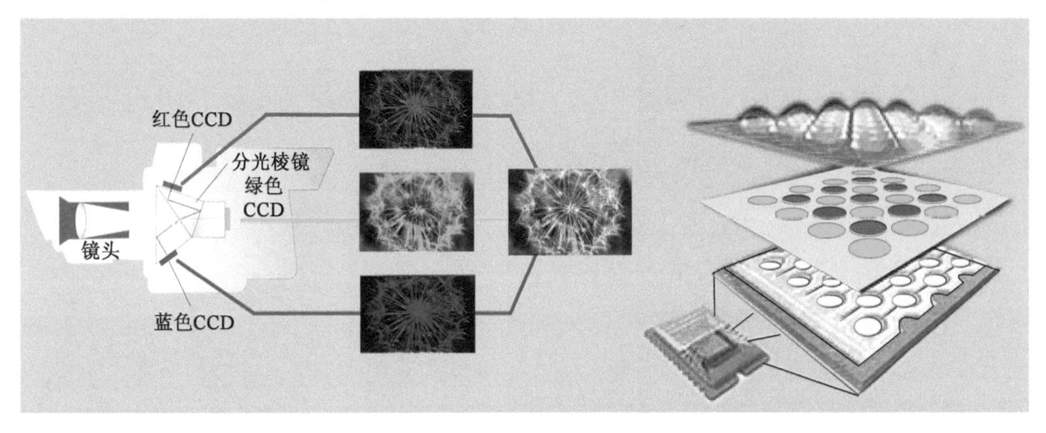

图 3.87　基于光电子学理论的 CCD

图 3.88 很好地描述了不同的色温带给视觉的直观感受，如果所拍摄的场景仅仅受一种色温的光源影响，事情就变得简单明了了。然而现实世界的光源的光谱分布并不总是那么完美，不同光源具有独特的光谱分布，可能包括众多的特定波长的光，如图 3.89 所示。即使最适合创造自然光效的阿莱灯具，虽具有单纯的光谱，但在拍摄现场仍然摆脱不了周围环境光的影响。自然光线更是千差万别，日光中除了有太阳的直射光线，还有天空的散射光、漫射光。在实际的应用层面，情况有时异常复杂。

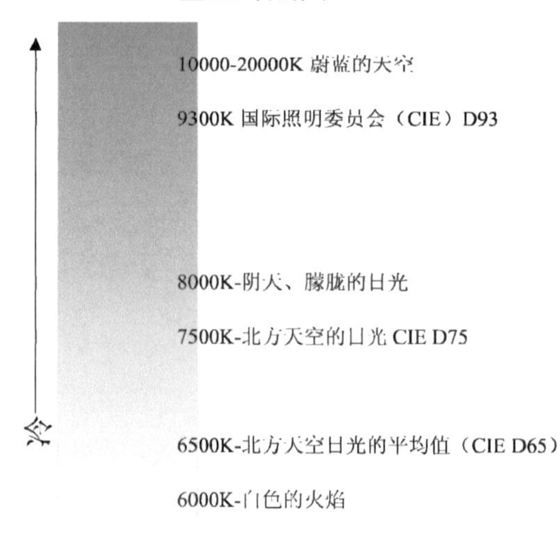

图 3.88　不同光源的色温差异

真实生活中室内的照明大多是普通的荧光灯管，对于人眼来说日光灯之所以冠以“日光”两字，就是因为它带给人日光的观感。但对于摄影机来说荧光灯的光谱中不仅含有绿色而且含有靛蓝。当把白平衡设定为钨丝灯时，拍摄荧光灯照明下的场景就会出现偏绿偏青的画面色调。

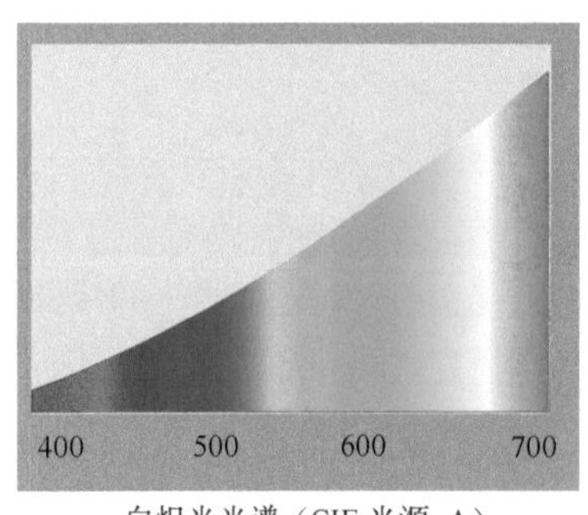

白炽光光谱（CIE 光源 A）

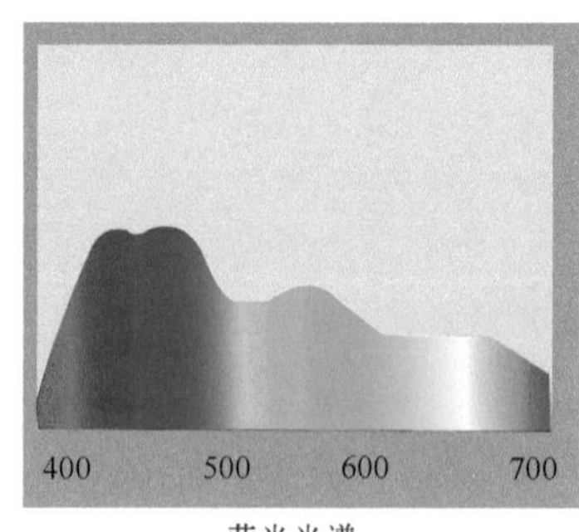

荧光光谱

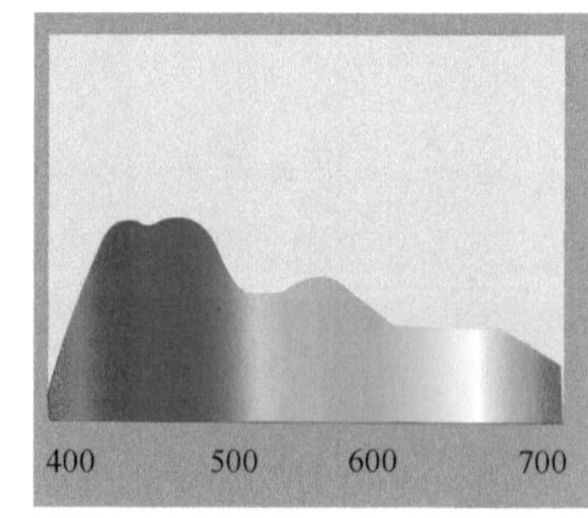

北方天空日光的平均值（CIE D65）

图 3.89　不同光的光谱分析

街道上用来照明夜晚道路的高压钠灯的光谱成分为单调的黄/橙色，这种单一的光谱很难在后期调色中予以弥补（图 3.90）。这是因为汞蒸气灯中缺少红色光谱，而金属卤化物灯中缺少品红（蓝/绿）光谱。

如果用以红橙色光谱为主的灯光进行照明，后期的校色工作就会变得异常艰巨。如果拍摄的主体是人，在校色时首先要做的就是让人物的肤色恢复正常，降低多余的红色分量。不幸的是这时其他的物体表现会出现异常，需要逐一处理。

图 3.91 是一个简单的偏色案例，画面呈现出明显的暖色调，光线或者白平衡的错误设置导致画面整体偏橙黄，先不考虑剧情的需要，只是把它校正到标准。

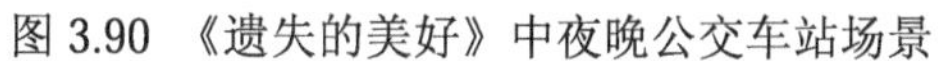

图 3.90 《遗失的美好》中夜晚公交车站场景

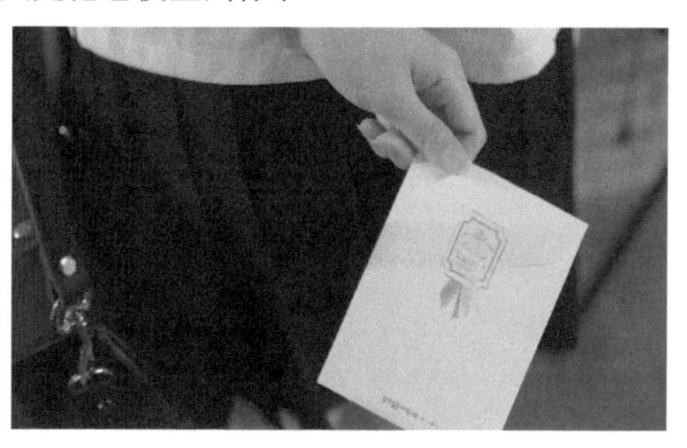

图 3.91　偏色案例

校正的步骤如下。

（1）打开示波器，用科学的方法而非仅仅凭借眼睛来分析画面。矢量示波器图 3.91 左下角波形显示，波形只是出现在红黄区域，其他区域没有任何输出。角色的衣服、手中的信笺、书包甚至黑色的短裙等无一例外都被染上了黄色，图 3.92 所示的波形进一步验证了色偏。

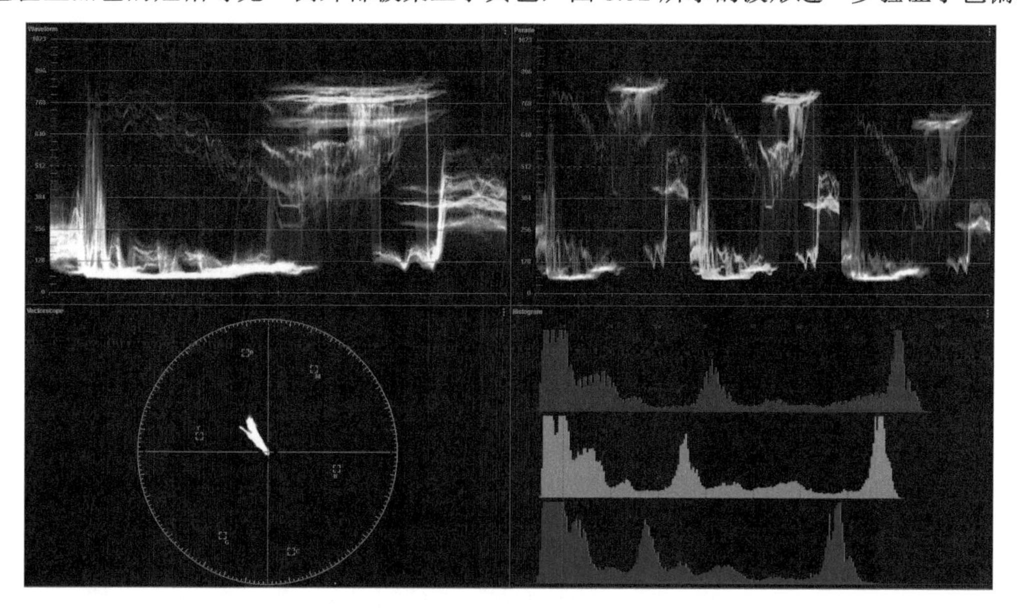

图 3.92　波形验证了色偏

（2）注意波形示波器被橙色椭圆圈住的部分，它们对应的是人物手中的信笺。在这个场景中信笺应该是白色的，也就是说，信笺显示在波形示波器上的波形应该处于同样的高度，R 分量和 G 分量混合使信笺偏向黄色（R>G>B），如图 3.93 所示。

（3）拖住 Offset 色彩平衡控制滑块，推向蓝色方向，Gamma 稍稍向冷色调推一点。由于之前的调整给阴影部分造成了蓝色偏，所以同时要微调 Lift 使暗部保持中性色调（图 3.94）。

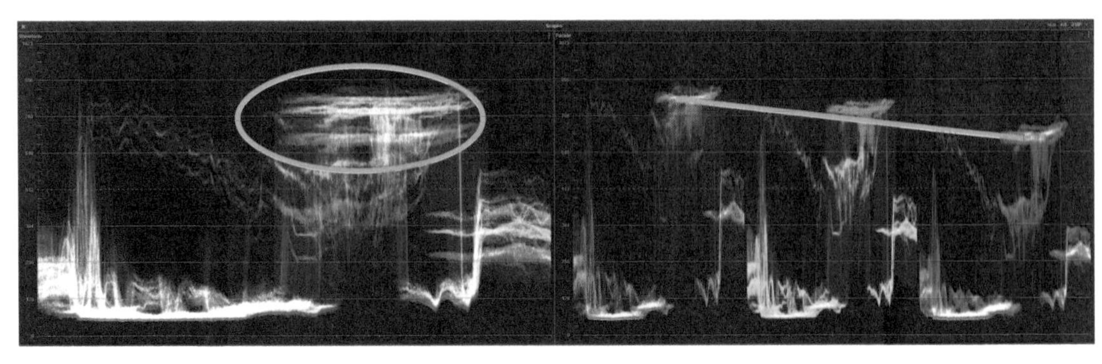

图 3.93　波形和分量示波器

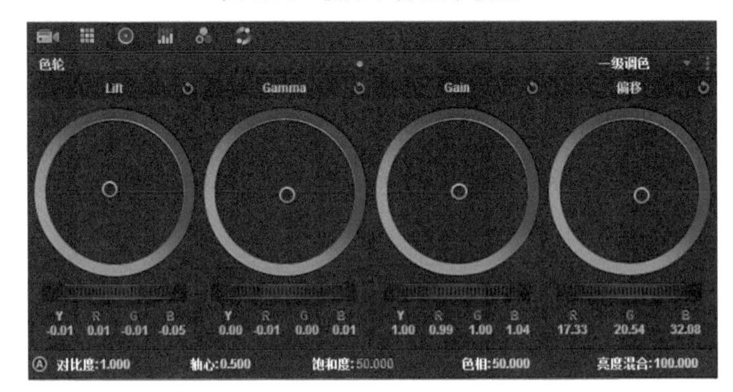

图 3.94　色轮参数

（4）图 3.95 是调整后的画面和示波器的变化。

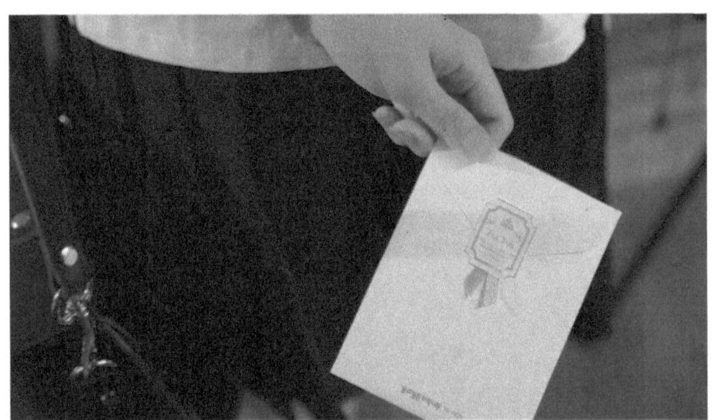

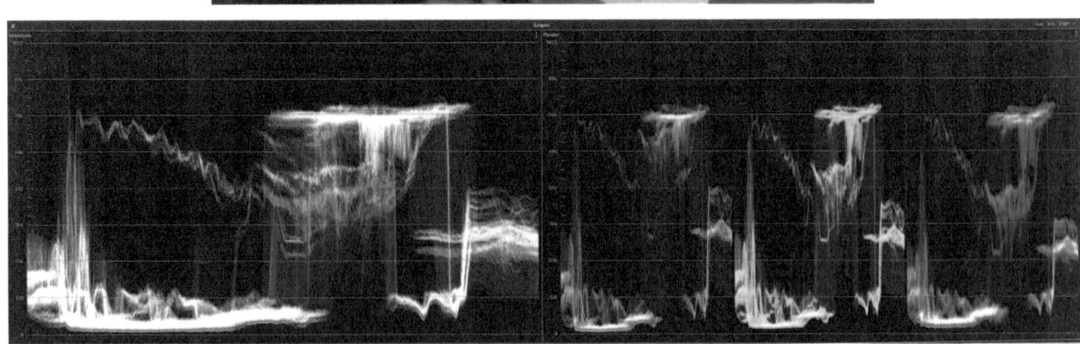

图 3.95　调整后的画面和波形

（5）以上用黄色的补色来中和偏色，用补色校色肯定会导致画面色彩的饱和度下降。最后，提高画面的饱和度以弥补。图 3.96 是调整前后的矢量示波器波形对比。图 3.97 是调整前后的画面效果对比。

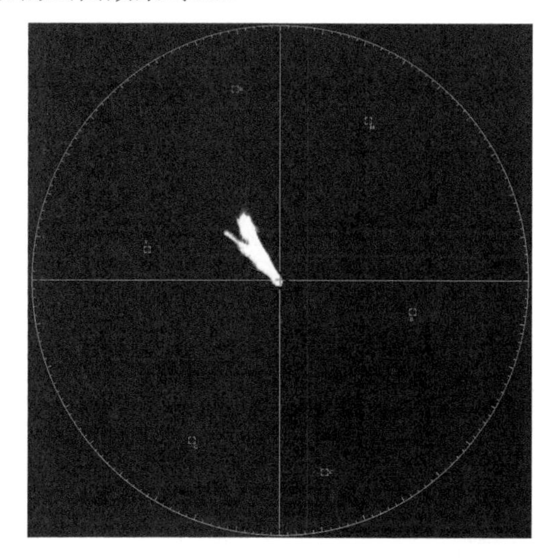
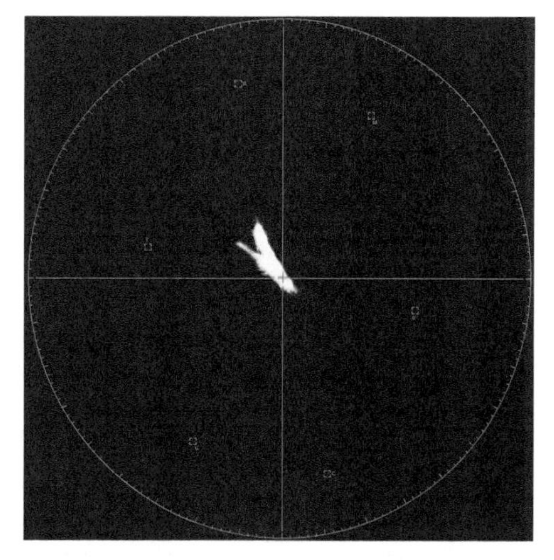

图 3.96　调整前后的矢量波形对比

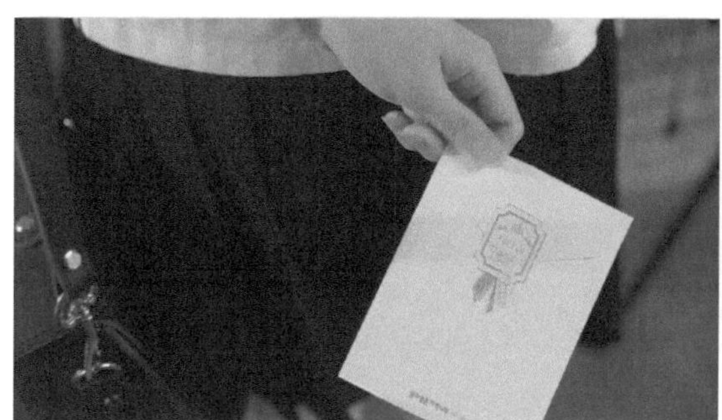
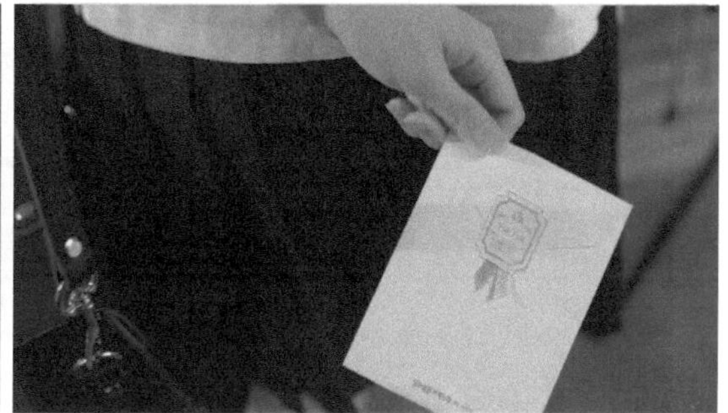

图 3.97　调整前后画面效果对比

3.5.2　利用曲线控制调色

1. 曲线和色彩平衡控制器的区别

在调色实践中调色师可以根据个人的习惯极端地只选用一种调色工具来完成工作，但要实现对影像的精确控制，发挥软件的强大功能，则需要综合运用各种工具。曲线在调色的流程中就提供了与色彩平衡控制器不同的调色思路。

之前分析过，色彩平衡控制器将图像分成不同的亮度范围，提供 Lift、Gamma、Gain 三路调整，分别控制阴影、中间调和高光。在处理时就亮度而言三者相互影响有覆盖和交叉的部分，就色度而言三者同时调整 RGB 三个通道，通过互补关系来达到调整色彩的目的。

曲线却提供了不一样的工作环境，它由 LRGB 四个曲线组成，分别单独控制亮度和三个原色信号。除了 L 亮度曲线和 RGB 三个原色曲线相互作用外（调整亮度会整体提升和降低 RGB 三个通道的强度，调整 RGB 也会对画面的整体亮度产生影响），RGB 三个通道任意一个的单独调整并不会同时改变其他通道的数值。这是对所分离的颜色在整个对比度范围内进行校色的理想工具，它可以快速的通过控制某一原色通道简单地实现白平衡的校正，去除偏色。

概括为一句话：色彩平衡控制器同时控制影像中的 RGB，而曲线允许调色师单独地控制 RGB。

图 3.98 是色彩曲线中的亮度分区。

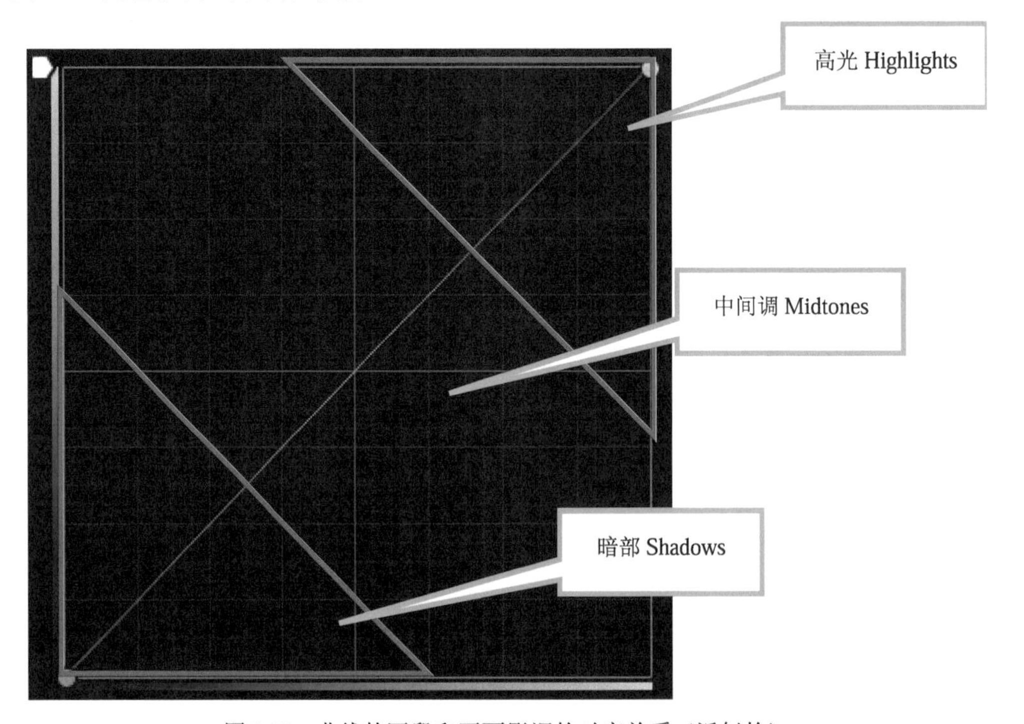

图 3.98　曲线的区段和画面影调的对应关系（近似的）

2. 理解曲线

曲线不仅能单独控制不同的色彩分量，还可以进一步深度控制每一个分量的高光、中间调和阴影，如果不怕麻烦，可以向曲线添加任意多个控制点，以更精确地细分不同的亮度范围并施加影响。

（1）用曲线处理特殊的影调。

图 3.99 是傍晚的海滩，高光区域出现在朦胧的日光和海面的反光处，整个画面呈现出偏暖的色调。如果想让夕阳变得更“暖”，最直接的做法是提升红色曲线的数值。

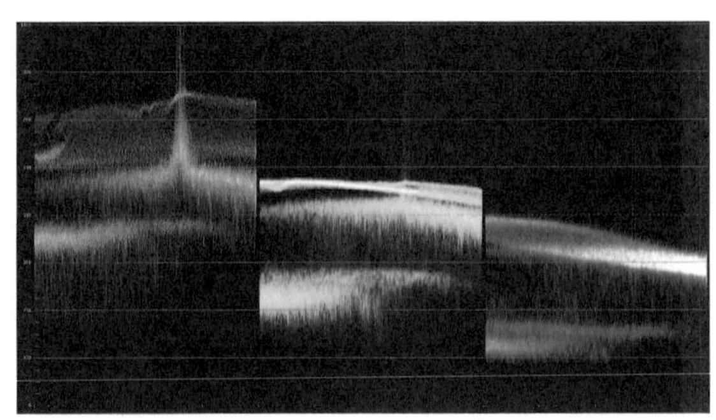

图 3.99　原生画面和分量波形

在 DaVinci Resolve 中切换到曲线面板，用吸管在画面上要改变的天空位置单击，曲线上即刻出现对应的调节点，非常简单的方法即可以让调色师定位曲线和画面的对应关系。在红色分量曲线上向上拖动这个控制点，其结果是画面的色调整体变暖，曲线从趾部到肩部都偏离了原来的基线（图 3.100）。示波器中 R 通道的波形由于受到抬升而远离了底部，画面的暗部失去了原有的密度（图 3.101）。

图 3.100　调整红色曲线

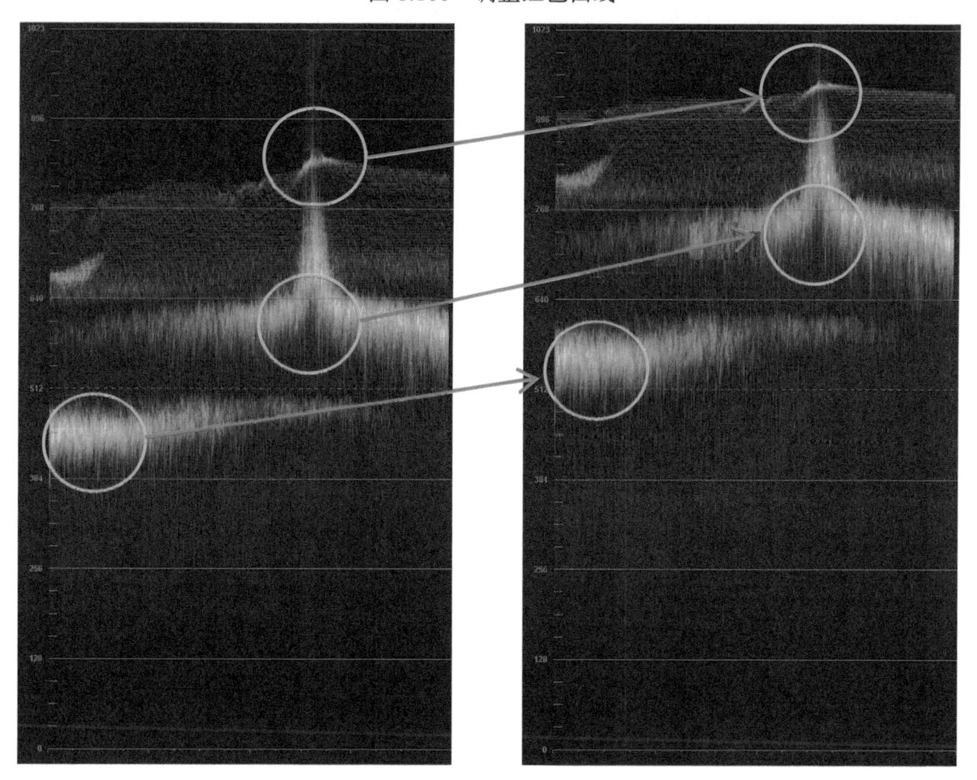

图 3.101　原始波形和调整后的对比

尝试着增加一个控制点，图 3.102 所示的橙色箭头所指的即是。

新增加的控制点就像锚点，使中间调和阴影部分曲线斜率得以保持，沙滩的色调不再受到影响（图 3.103）。

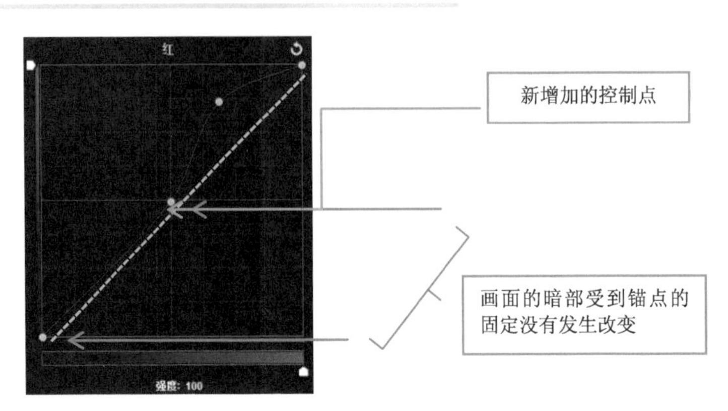

图 3.102　增加控制点

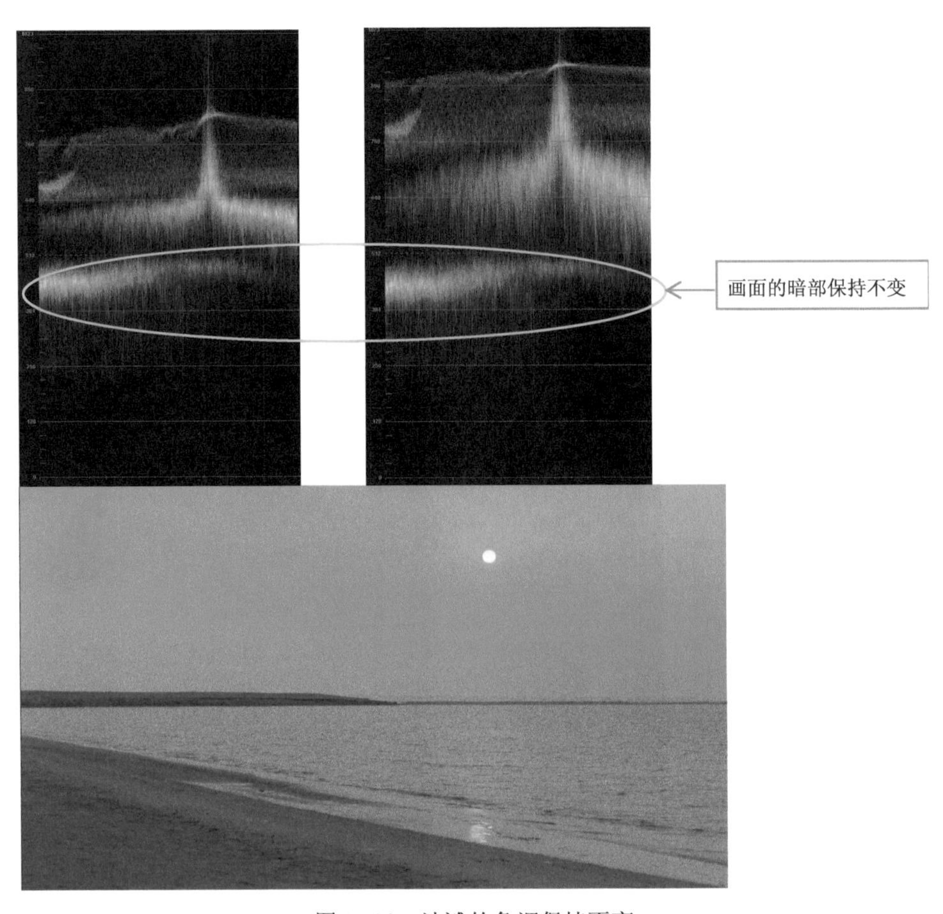

图 3.103　沙滩的色调保持不变

结果是画面的阴影和中间调的暗部仍保持了原有的密度，而中间调的亮部和画面的高光区偏向暖色调，吻合了观众对于落日的观感。这正是曲线的特别之处，它使得调色师能根据特定的需求创造丰富的曲线。

（2）理解分量示波器和曲线的对应关系。

在对一个画面进行调整之前，大的方向需要首先确定。具体在哪里加控制点，加几个控制点？是实现色调设计的难题。一个成熟的调色师一定要非常深刻地理解分量示波器与曲线的对应关系，才能确保控制的精确性。

图 3.104 中的这个镜头的分量示波器显示，红色分量低于其他两个分量，其中以蓝色分量最高，画面整体色调偏蓝/绿（青），调整红色分量曲线成为必然选择。

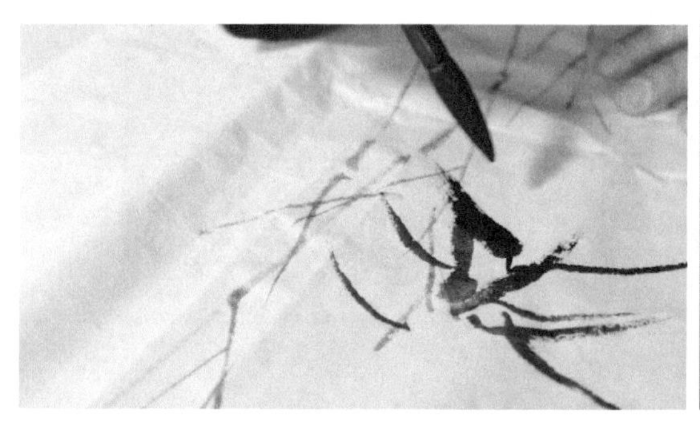
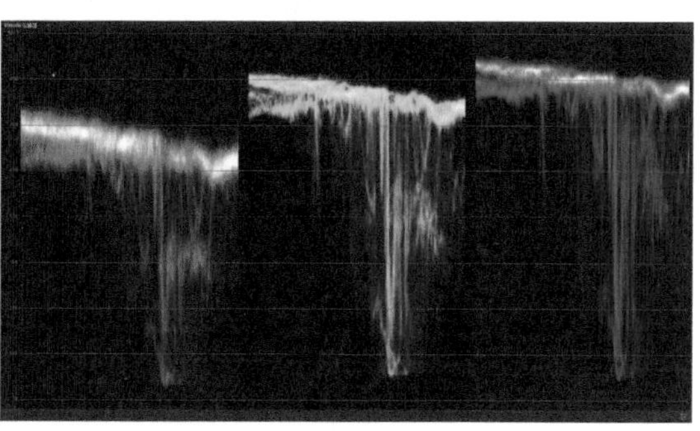

图 3.104　蓝色分量提示画面偏色

如何选择控制点的位置？首先分析画面，确定要对以宣纸为主的高光调进行调整，然后在预览窗口用吸管吸取宣纸的亮度，曲线控制器的对应位置即刻会显示控制点。

调色师在调色实践中要不断地锻炼自己的眼力，不需要借助吸管工具，用如图 3.105 所示的方法也能准确快速地找到对应的控制点。虚线和实线的交叉点就是示波器波形和曲线控制器的对应关系。

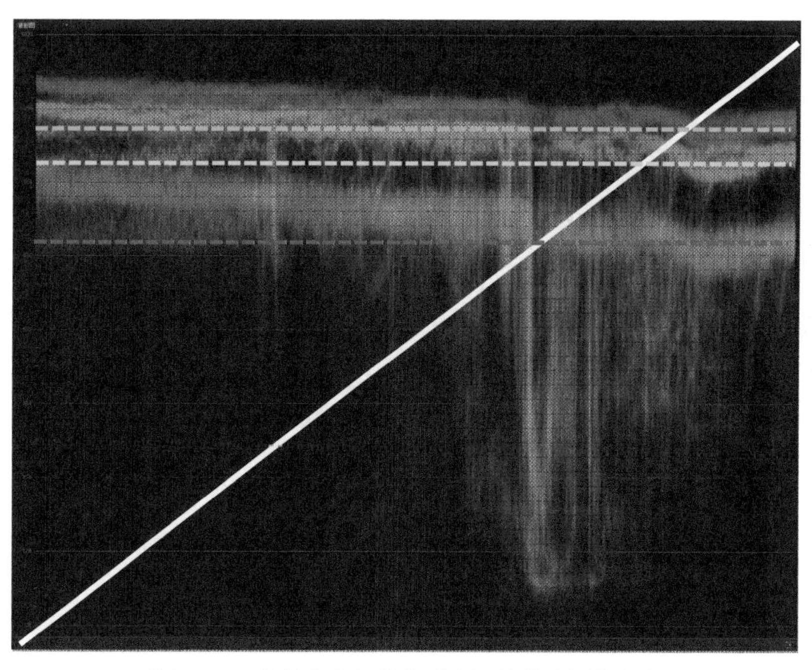

图 3.105　虚线和实线的交叉点即是曲线的控制点

在以上的交叉位置设置控制点，向上调整其数值直到红色分量波形与绿色分量相当。在调整时三个分量信号相互作用，所以需要综合处理绿色和蓝色通道。注意同时还要适当控制反差（图 3.106）。

通过上一步的调整，高光部分得到了平衡，但中间调仍然偏冷。

找到蓝色分量曲线在中间调的对应点，拉低（图 3.107）。

最后的调整结果，色温得到了有效的平衡。

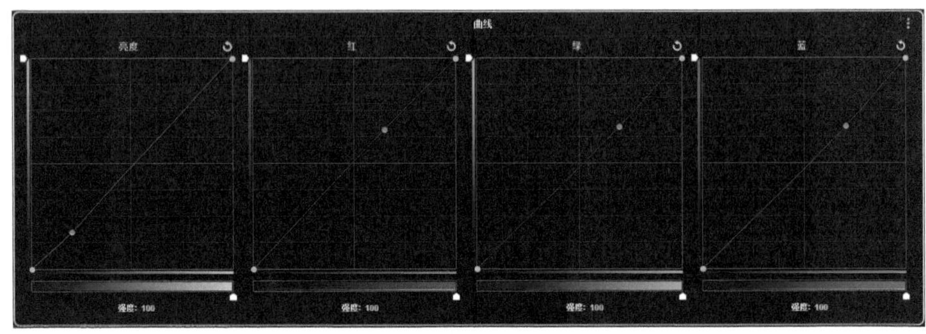

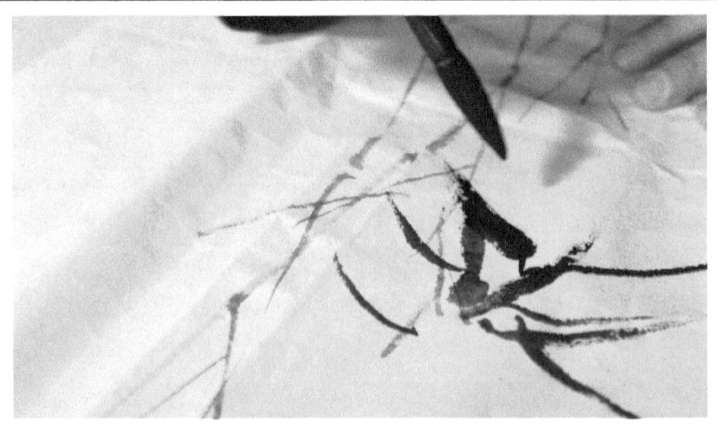

图 3.106　高光部分得到了有效平衡

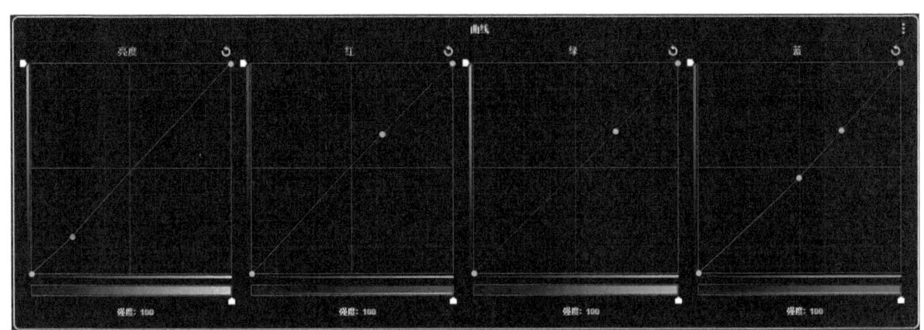

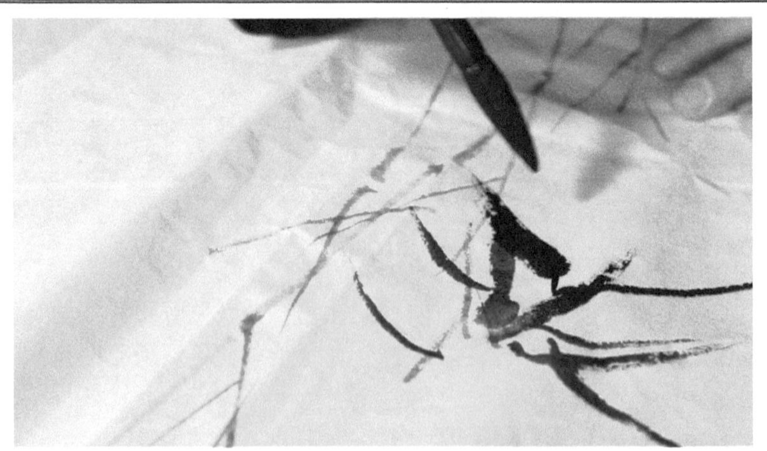

图 3.107　色温得到了有效平衡

3. 曲线和色彩平衡控制器调色比较

与色彩平衡控制器同时混合调整 RGB 不同，每一个曲线一次只能调整一个色彩分量。这意味着当需要调整两条或者三条曲线，而且每条曲线可能包含多个控制点时，工作效率会下降。曲线的确在某些情况下会降低调色流程的效率，但却提供了另一种调色的思路，一种更精确的控制手段。在具体的调色实践中，调色师要针对不同的案例选用不同的工具。

图 3.108 所示的图像整体偏蓝，用不同调色工具，得到的结果有微妙差异。

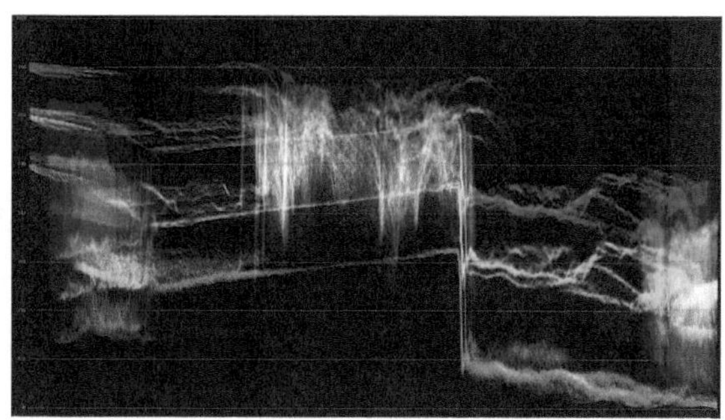

图 3.108　校正前的雕像色温偏高、色调偏冷，蓝色分量明显高于其他两个分量

图 3.109 所示为用曲线工具校色。

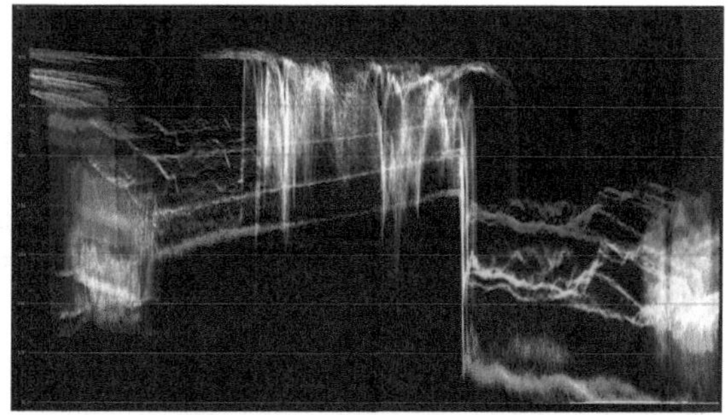
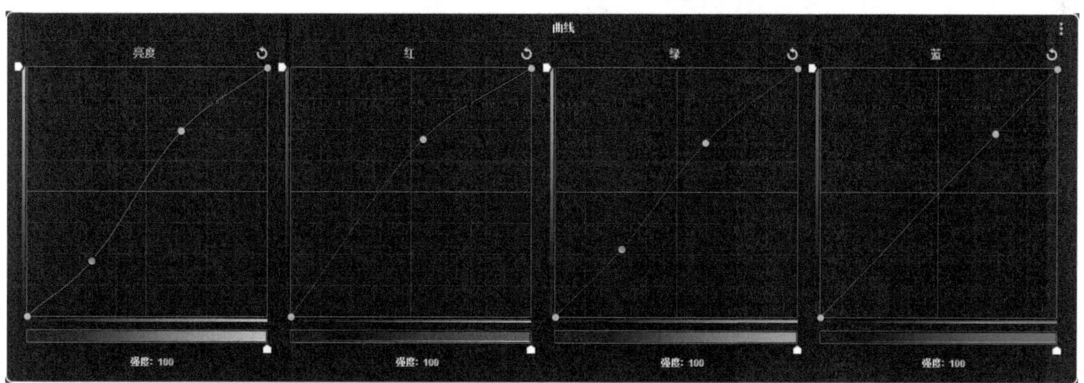

图 3.109　用曲线工具控制反差和白平衡

图 3.110 所示为用色彩平衡控制器校色。

Resolve 有像素色彩分量拾取器工具，为调色工作提供了精确的参考。如图 3.111 所示，在监看窗口右击，选中“显示拾取器 RGB 值”，鼠标位置会实时显示当前位置的色彩分量信息。

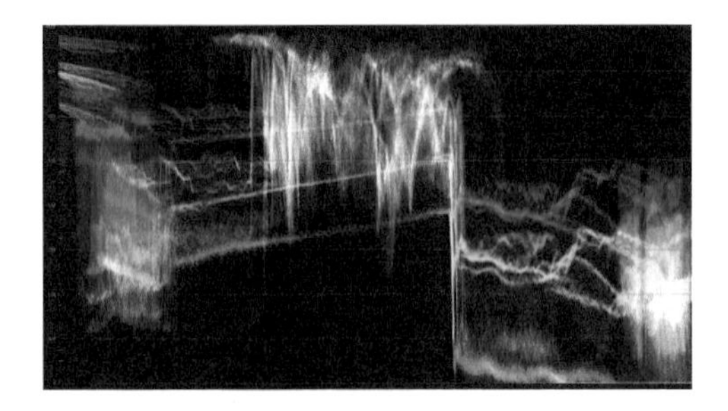

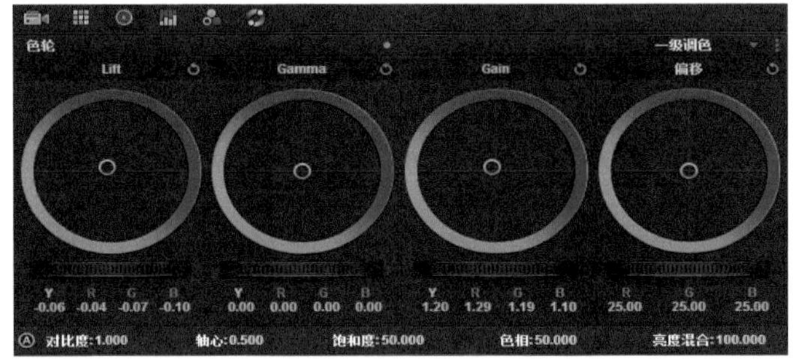

图 3.110　用色轮控制反差和白平衡

图 3.111　拾色吸管判断白色是否被准确还原

图 3.112 所示为建立不同的版本（Version），快捷键 Ctrl+Alt+W 同屏比较差异，曲线对特定亮度的物体色调控制得更精确（右图中的窗框去掉了绿色）。

曲线延续了 Photoshop 等平面软件的调整思路，对于那些有平面工作背景的调色师来说更为熟悉，但这些调色师更应该熟悉色彩平衡控制器的工作方法。对于那些有视频工作经验的调色师来说，则应该多尝试更有效更快速地运用曲线，因为曲线在某些情况下会更精准，能创造比平衡控制器更个性化的风格。

图 3.112　不同的 Version 的比较

3.6 经典风格曲线示例

3.6.1 对比度调整曲线

曲线调色的基本原理是：曲线越陡，对比度就越强。默认的曲线是一条呈 45° 的直线，无论所要处理的镜头反差如何，它都是一条倾斜的直线，它的每一点都与图像中相应的位置对应。从这个角度讲，当调色师改变曲线时，无外乎两种情况，有些区段会比 45° 更陡，同时一定会有另外的区段比 45° 平缓。这也就是说，与变陡的区段对应的景物，对比度（又称为反差）会增强；与变平的区段对应的景物，对比度会减弱。

为什么要改变对比度？原因各种各样，但总会归结为通过增加对比度强调图像中某一重要的部分。要格外注意，这样做同时会牺牲其他部分。所以调节曲线的精髓在于找出平衡各个部分对比度的最佳方法。用曲线把图像中的主体和次要部分分开，强化主体而弱化次要部分。

图 3.113 所示的图例是两种对应关系：画面和示波器波形的对应关系，波形和曲线的对应关系。波形在 X 轴上与画面是一一对应的，而曲线和画面没有直接的对应关系。这说明想要找出画面某部分在曲线中的区段，必须借助于波形①。

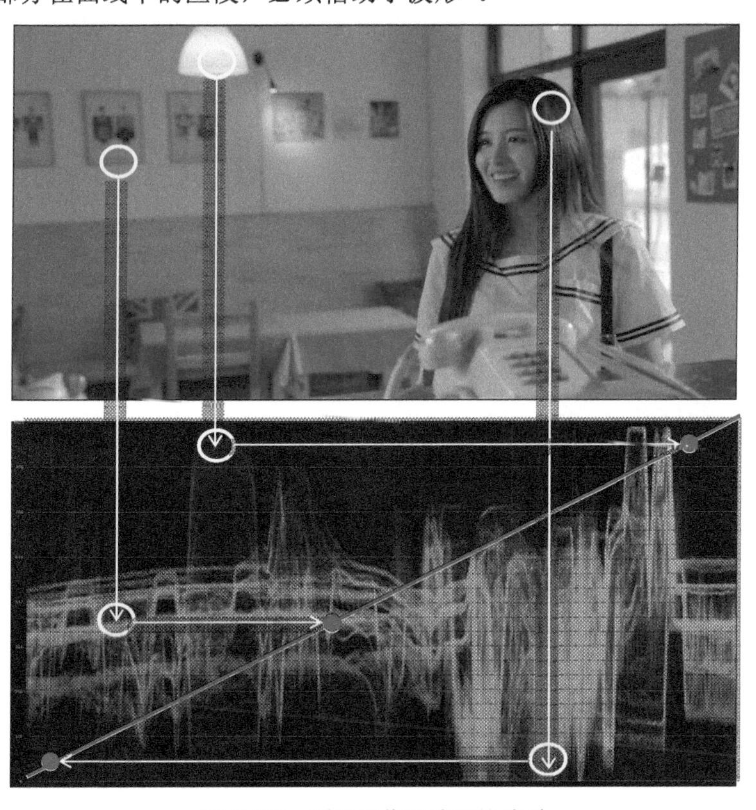

图 3.113　原始影像和波形的关系

① 3.5 节提到了用吸管在画面中点取可以在曲线上产生相应的调节点，但是那只是一个点，对于想要找出画面某一亮度范围在曲线中的对应区段并不实用，或者说不太方便。Photoshop 可以用吸管在画面上滑动，通过调节点在曲线上的移动范围能粗略显示对应区段，DaVinci Resolve 目前还做不到。

了解了曲线和画面的对应关系能帮助调色师准确地建立调节点。下面来介绍几种常用的对比度调整的曲线，体会一下曲线的特点。

1. 提升反差

S 形曲线是对胶片密度曲线的模仿。胶片密度曲线的肩部和趾部扩展了感光材料表现亮度层次的范围。Resolve 中的 S 形曲线本质上并没有为画面增加亮度层次，但是通过降低极高光和重阴影的细节，给中间调以更大的表现空间，整体画面观感得到大幅提升，如图 3.114 所示。

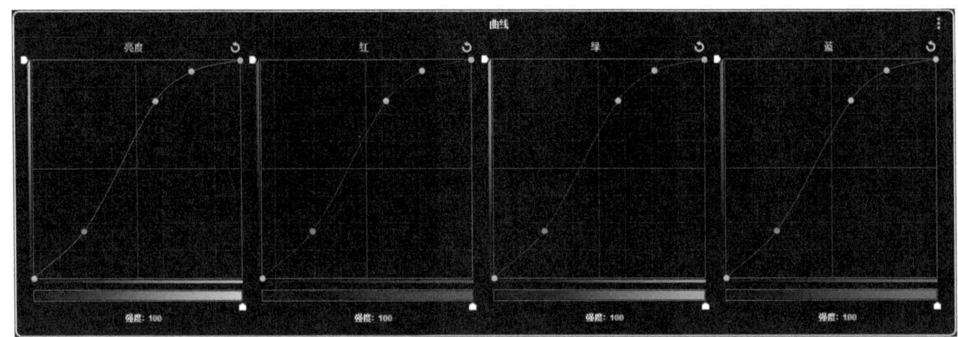

图 3.114　S 形曲线提升反差

2. 整体提亮

整体提亮曲线和用色轮中的偏移（Offset）提亮画面根本的区别在于：此曲线两端的白场定位点和黑场定位点保持不变，在范围方面能够作用于整个画面，作用的程度从中间调向高光和暗部逐渐减弱。效果自然，适合高调影像风格的处理，如图 3.115 所示。

3. 降低反差

倒 S 形曲线和 S 形曲线的特点正好相反，它会降低反差。曲线越平缓，反差越小。调整曲线实际上是对某些区域的亮度提升或降低，倒 S 形提升了阴影，压低了高光，如图 3.116 所示。

4. 中度反差

在提升反差曲线中已经对 S 形曲线进行了说明，这里要进一步强调的是，虽然改变画面反差的曲线形状呈 S 形，它和胶片曝光曲线的肩部趾部虽然相似，但是却没有任何关系。胶片中的感光颗粒因为光化学的特性，当光照到一定剂量后反应强度变弱甚至会出现逆转，所以拍胶片时一般要强调充分利用肩部趾部以达到最大的宽容度，让影调变得更有层次。而调色软件的亮度曲线并不能增加数字影像中的细节，但却可以轻易改变画面的影调关系，强调某一亮度范围，弱化其他。

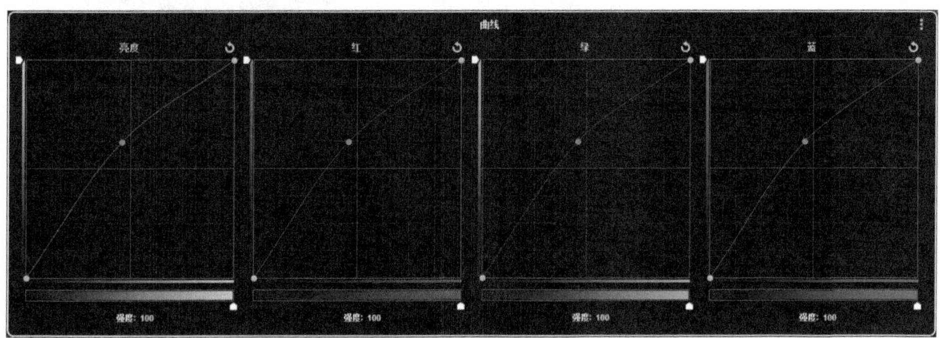

图 3.115 整体提亮

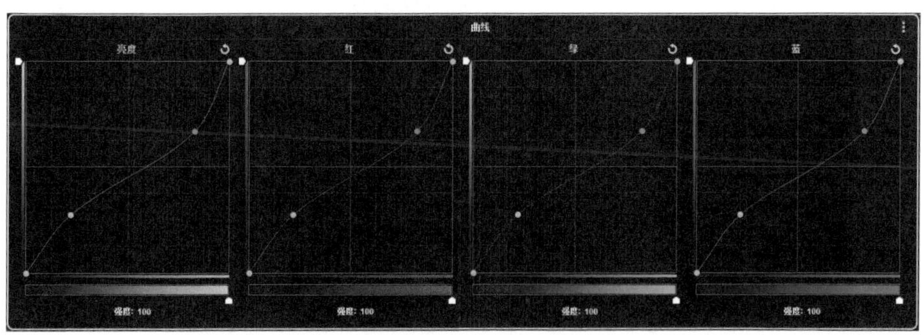

图 3.116 降低反差

中度反差曲线和提升反差曲线相近，区别是影调更浓，如图 3.117 所示。

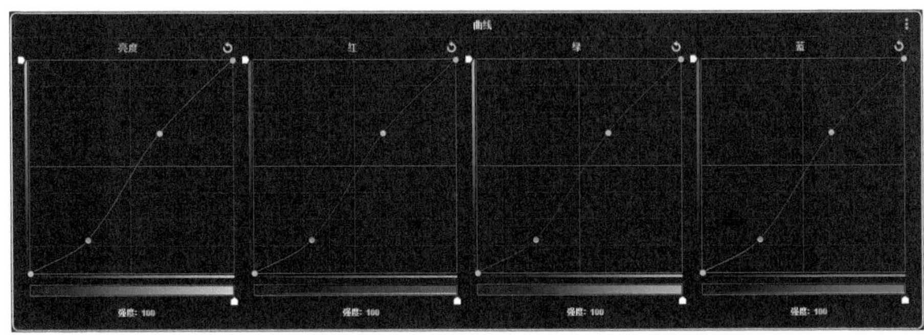

图 3.117　中度反差

5. 大反差

大反差曲线更陡，画面颜色饱和度被大幅提升，如图 3.118 所示。这是因为默认状态下，亮度曲线和色度曲线是绑定在一起的。解除绑定后饱和度会降低。

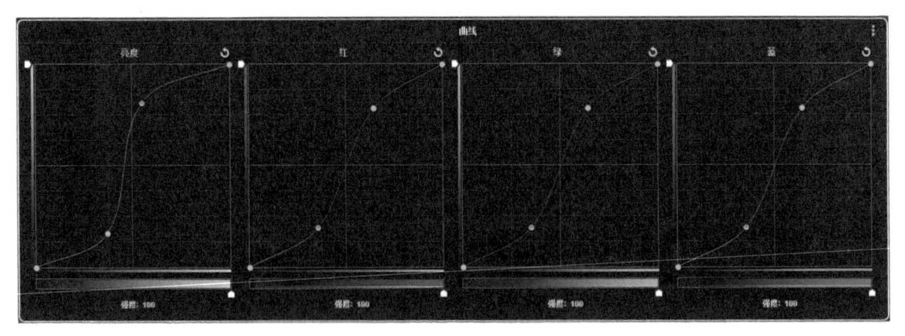

图 3.118　大反差

3.6.2　负片曲线

改变曲线两端的白场定位点和黑场定位点，色彩和亮度关系发生逆转，呈现出彩色负片的效果，如图 3.119 所示。

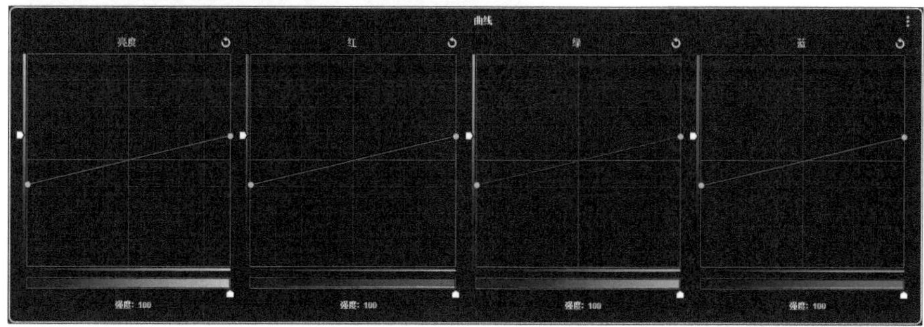

图 3.119　负片曲线

3.6.3　正片负冲曲线（Cross Process）

正片负冲其实是在失误中得到的，是指正片使用了负片的冲洗工艺而得到的效果。相对于正常冲洗，这种方法赋予影像独特的色彩外观，亮部与暗部严重蓝、绿色调，而中间部分色饱和很高，如图 3.120 所示。

用曲线仿拟这种效果，关键在于蓝色分量曲线的形状与其他分量正好相反。绿色分量曲线要重点突出暗部。

图 3.120　正片负冲曲线

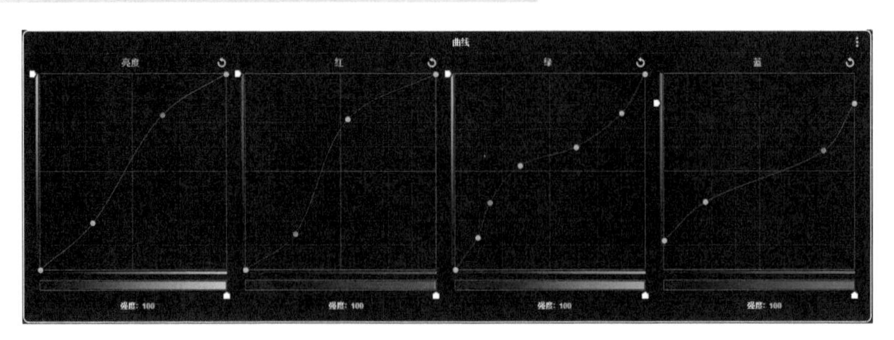

图 3.120（续） 正片负冲曲线

3.6.4 中途曝光曲线

中途曝光法作为摄影特殊技法是由著名的抽象主义摄影派的倡导人曼瑞（1890～1976年）首创的。中途曝光主要是利用胶片冲洗显影过程中短暂的第二次曝光，造成胶片画面物像产生精巧的外轮廓线及与黑白部分色调转换。

基本原理：曝过光的卤化银在显影过程中被还原为黑色金属银，而未被曝光的卤化银仍呈乳白色。当显影到一定的程度后，黑色金属银与白色卤化银就比较明显地区分出来。此时，停止显影对底片进行适当地曝光(俗称中途曝光)，这时，底片上已还原为黑色金属银的部位，不再感受光亮，而白色卤化银可以接受较多光亮。再继续显影后白色卤化银也还原为黑色金属银，这样就改变了画面最暗部位影调结构。在画面上黑白轮廓明显的边缘处，因为临界效应的作用，留有清晰的透明线条，增加了画面的美感。中途曝光法常用于黑白胶片,也可以用于黑白相纸和彩色感光材料。

中途曝光节点曲线调整如图 3.121 所示。

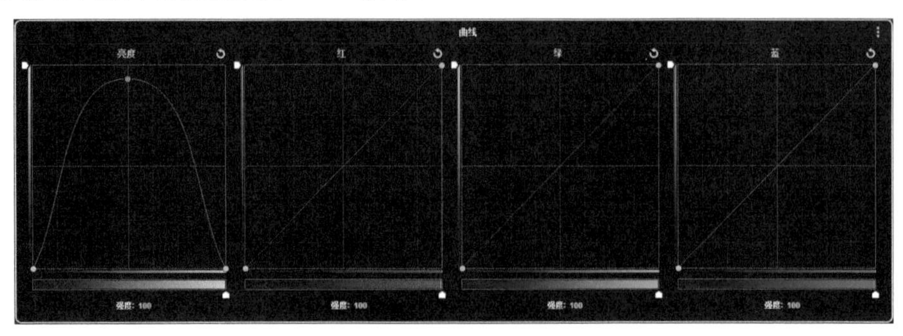

图 3.121 中途曝光

图 3.122 所示为单纯高反差黑白效果。

图 3.122 高反差黑白效果

3.6.5 强化肤色曲线

人们虽然生活在一个审美多元化的时代，大众的趣味却逐渐出现了两极化的倾向。大部分的时尚杂志、MV 和日韩偶像剧中人物形象的塑造以唯美为目标，追求像丝绸一样光滑的肤色质感，虽备受争议却也大行其道。另一种则以“专业人士”为代表，继承摄影写实主义流派的衣钵，追求影像真实的质感。

在人物造型具体的创作摄影实践中，古典好莱坞形成了以“五大光”为基础的创作手法。每一个人物形象的镜头，特别是那些特写镜头，完全按照主光、副光、轮廓光、修饰光、眼神光五种基本光线及它们之间特定的光比来创作完成。《北非谍影》中亨弗莱·鲍嘉和英格丽·褒曼的镜头，大多是按照这一方式完成的。最典型的是在莉莎和里克重逢的段落里，莉莎本来是坐在咖啡馆的一个角落里，她实际上应该处于照明环境中比较暗的地方，不会有太好的影调效果。然而，她的特写镜头正处在一个绝好的布光环境中，一切都非常精致、华丽，不可思议（图 3.123）。

图 3.123 《北非谍影》中的镜头

这是好莱坞商业电影制度导致的必然。好莱坞电影是一种戏剧式的电影，它所要表现的不是一个朴素的客观世界，而是故事的核心——明星。只有这些具有强大票房号召力的明星才是这一行业赖以生存的基础，那么也就必然导致一切工作围绕明星展开。能否成功塑造明星的形象，成了衡量好莱坞摄影师的准绳。有的摄影师因为在一部影片中的成功，得到明星和大制片人的青睐，从而职业生涯一路扶摇直上。有的摄影师则因为没能将明星拍得像《Life》周刊上那样好看而失去工作。

从上面的例子可以看出，每个时代虽然有不同的标准，但都是要把人物拍得“好看”。这个好看是动态的、多义的。物极必反，数码产品普及后，形式美、教条美泛滥，甚至造成了千人一面，许多人对过于干净的画面产生一种抵触。现代观众开始关注人物塑造的“自然主义”表达。人们认为“好看”的肤色应该是健康的，这意味着被拍摄的人物想象中爱好户外活动，精力充沛，总而言之不能是过于苍白或粉嫩。稍微被阳光晒黑的皮肤（尤其对于男性）成为现代观众的偏好。

客观的评估图 3.124 中的原始画面，人物肤色已经得到了相对准确的还原。但是为了响应现代观众的审美倾向，画面中人物的肤色色调就不能这么冷。

调整曲线，加入更多的红色，改变人物苍白的面部肤色，满足观众强烈的日光肤色（晒黑的）的偏好。

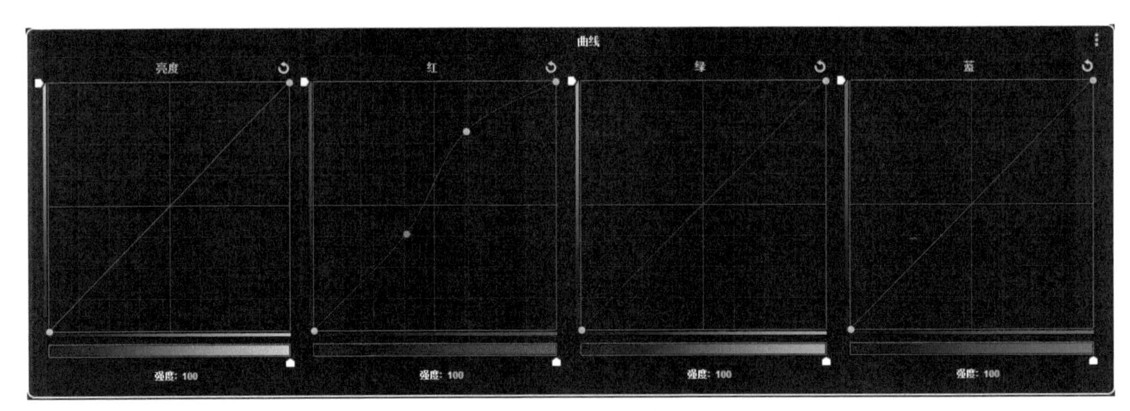

图 3.124　日光肤色

早在 1951 年，柯达的科学家 David MacAdam 第一个提出了人们对日光肤色的偏爱。在影像中，肤色的还原要比真实的情况更夸张一点，观众才容易接受。

3.6.6　突出主体曲线

在摄影中突出主体有许多方法，例如，利用构图手段、虚实关系、简化背景、色彩对比等。色彩对比是指利用色相、色温、饱和度的差异，把主体从背景中分离出来，尤其是大色块的内容，利用色彩差异的方法，对突出主体非常有利。

DaVinci Resolve 的二级曲线工具在制造色彩对比方面简单方便。用吸管工具定位需要突出的色彩，微调色相 Vs 饱和度曲线定位点作用的范围，然后施加强化色彩的动作，如图 3.125 所示。

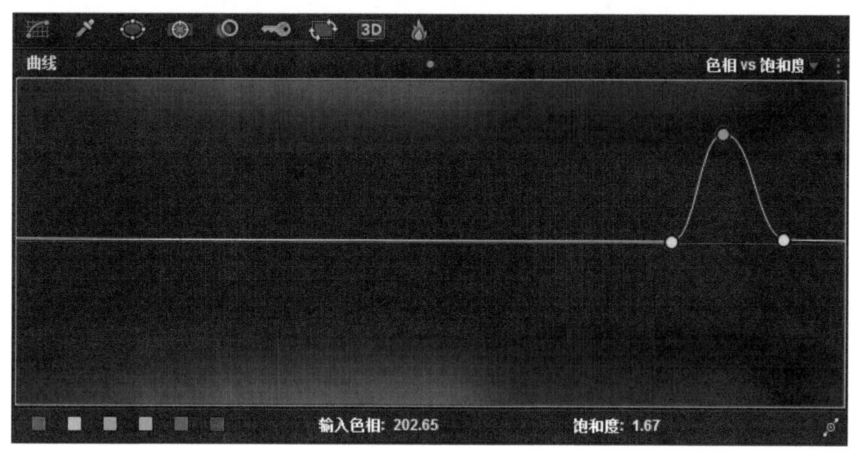

图 3.125　色相 Vs 饱和度曲线

以上的曲线强调了紫色的花卉，限定器工具在处理这些不规则的小花时显得“力不从心”，选区的调整耗时耗力，二级曲线却可以轻松应对。

第4章　二级调色功能介绍及案例

4.1　二级调色原因

初级调色是针对整个图像进行色彩调整，校准曝光和色温，在同一个场景中匹配镜头。如果需要单独处理画面的某一特定局部，就需要用到二级调色。实际在 Resolve 中并没有明确区分哪些属于一级调整，哪些属于二级调整。根据习惯调色师会在节点编辑窗口的第一个节点上处理图像的整体效果，称为初级调色。然后再建立新的节点，限定选区调整人物肤色、场景局部的色彩，或者利用 Power window、遮罩、Key 和跟踪，针对图像中的特定形状进行校色。这种对图像中限定区域进行的调整称为二级调色。初级调色和二级调色都在**调色**页面中完成。

需要特殊说明的是，DaVinci Resolve 11 是达芬奇调色系统的第一个多语言版，其中包括中文、英文和日文。由于是第一次汉化，中文版的翻译还不能尽善尽美，一级调色中的词汇大致准确，对习惯了英文版的调色师影响不大。但是二级调色面板的翻译欠考究，部分释义和原意相差甚远。经过慎重考虑，本章选用英文版的截图，以更好的传递调色思路和信息。与 Adobe 多语言版不同的是，达芬奇不同语言版本的切换并不需要重新安装软件，在偏好设置中更改后重新启动软件即可。

常用的二级调色工具如下。

1. Soft Clip

Soft Clip（弃失羽化）曲线如图 4.1 所示。

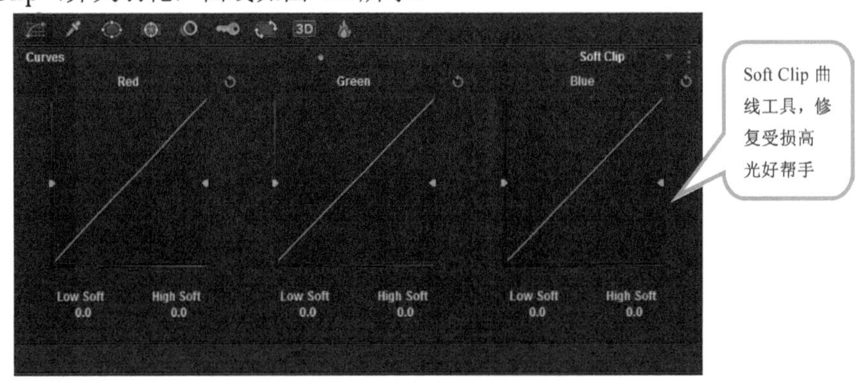

图 4.1　Soft Clip（弃失羽化）曲线

图 4.2 所示的案例中由于使用聚光灯（硬光）照明，老式电话机和人物的袖口都有比较严重的反光，之前介绍的调色工具处理这种问题往往“力不从心”。

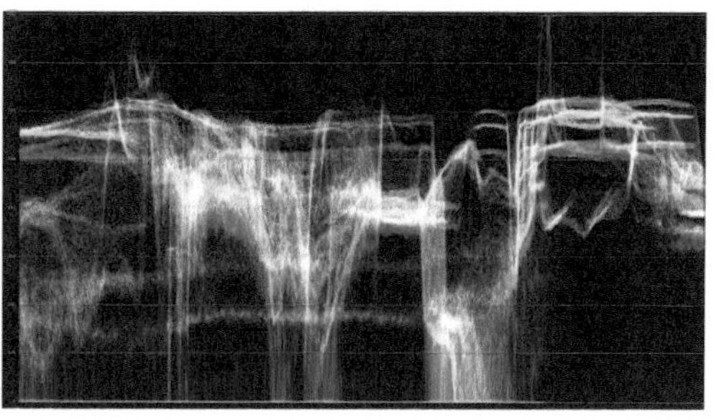

图 4.2　高光部分白切割

处理这种反光是 Soft Clip 曲线工具的强项，它只针对极高光部分而不影响其他画面。如图 4.3 所示为调整曲线的右侧滑块，改善画面的白切割。

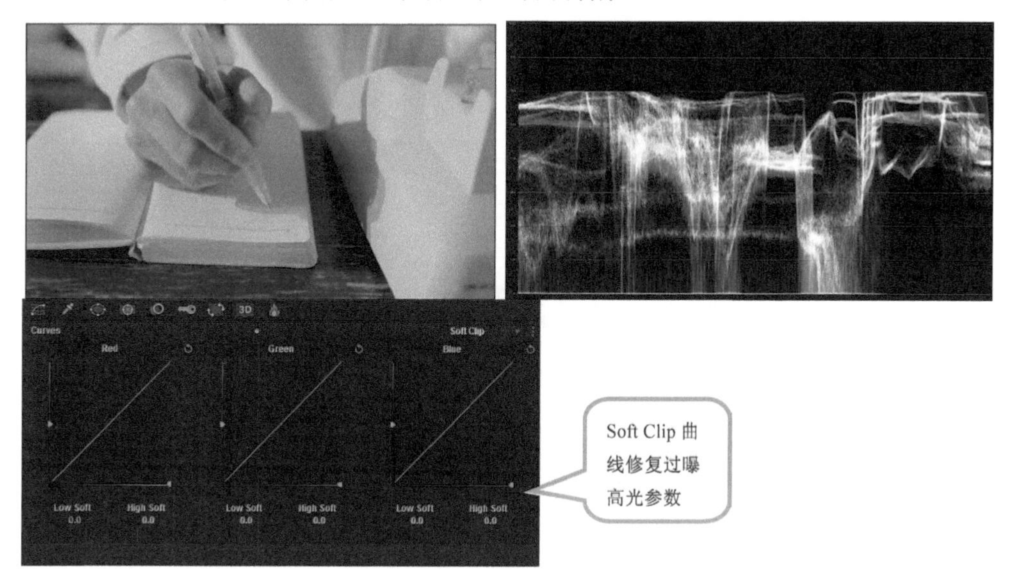

图 4.3　调整后的效果、波形图和参数

2. Hue Vs 系列

Hue Vs Hue 曲线工具用于改变色相，如图 4.4 所示，此系列曲线还有 Hue Vs Sat 色相对饱和度，用于改变特定色彩的饱和度，如图 4.5 所示；Hue Vs Lum 色相对亮度，用于改变特定色彩的亮度。

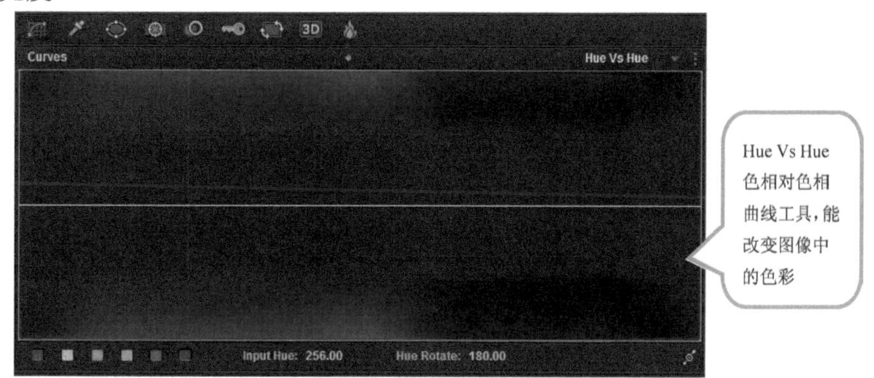

图 4.4　Hue Vs 系列曲线

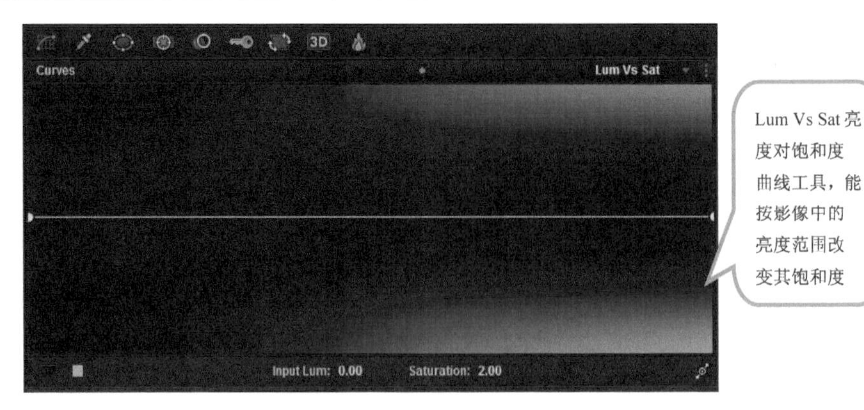

图 4.5　Lum Vs Sat 曲线

3. HSL Qualifier 限选工具

HSL Qualifier 限选工具如图 4.6 所示。

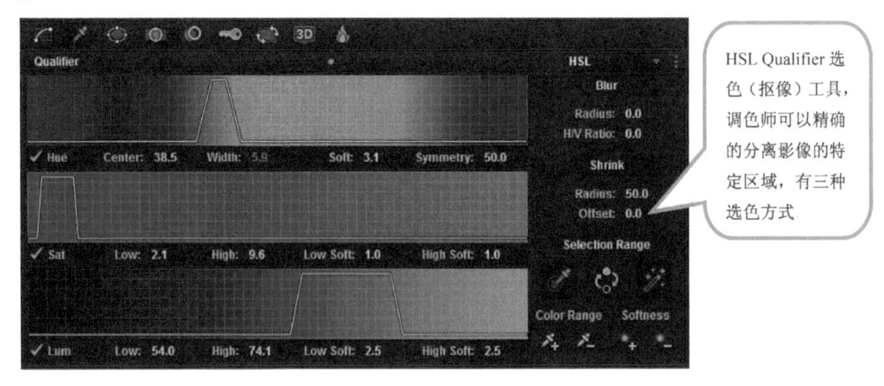

图 4.6　限选工具

4. Power Window

Power Window 页面如图 4.7 所示。

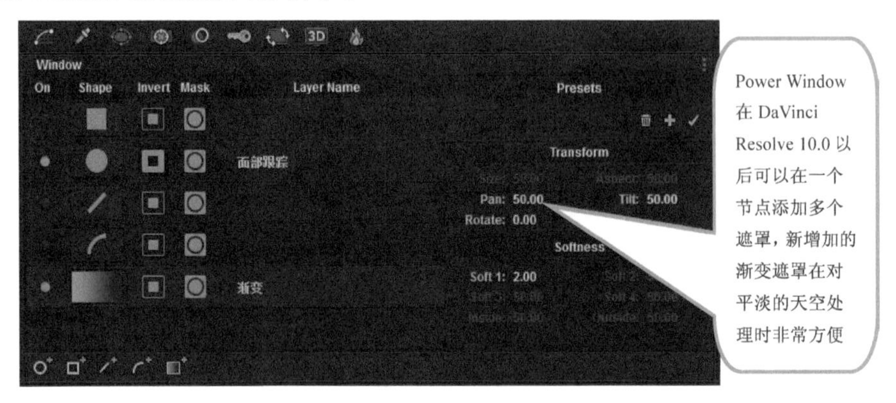

图 4.7　Power Window

5. Key

Key 工具如图 4.8 所示。

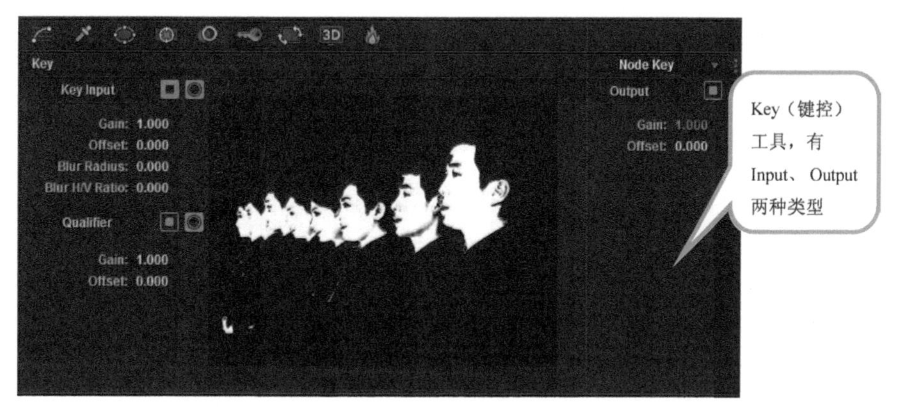

图 4.8　Key（键控）工具

6. 跟踪工具

跟踪工具如图 4.9 所示。

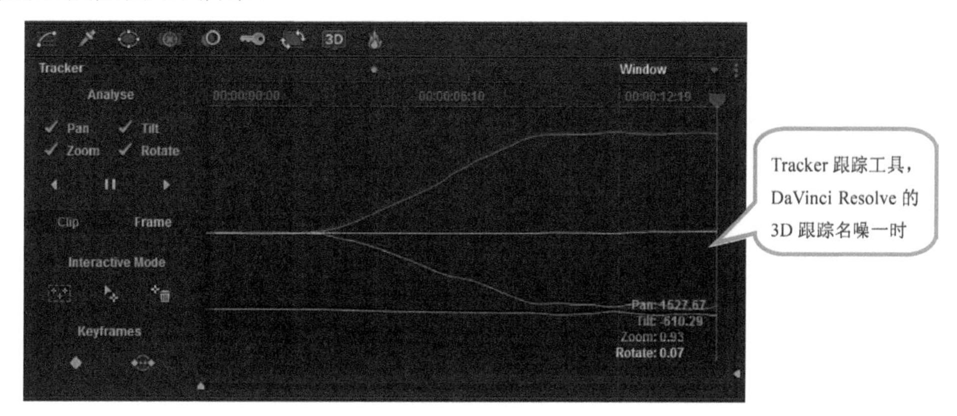

图 4.9　跟踪工具

初级调色和二级调色与节点的顺序并不存在严格的对应关系，二级调色往往需要多个节点来完成。如图像中的天空、人物肤色、树木、绿地等都分别建立限定节点进行细致的微调，使镜头具有独特的色彩观感，创造调色师自己的影像风格。

二级调色有如下三种不同的类型。

（1）HSL Qualifier 选色工具限定选区调色。

（2）Power Window+Tracker 限定选区跟踪调色。

（3）Hue Vs Hue.Sat.Lum 曲线调色。

在下面的章节中我们通过案例来分析它们的特点。

4.2 HSL Qualifier 选色工具限定选区调色

4.2.1　利用 Qualifier 节点修饰肤色

在观众日益追求视觉美感的大众传播时代，大多数影视剧中的角色都要在镜头前进行一番修饰，这个工作一般是由化妆师来完成造型，通过照明来强化其效果。但是对于调色师来说，后期的处理仍然存在广阔的二次创作的天地。在 DaVinci Resolve 中就可以巧妙地利用色键建立通道，修饰角色的肌肤，制造“数字面孔”。

要使画面中人物的肤色看起来更加健康，可以利用二级调色工具，涉及 HSL Qualifier 选色、Blur、Mist 制造柔光效果。

图 4.10 所示的镜头是用佳能的 C300 C-Log 拍摄的，在调色时用 Apple Cinema Display 显示器作为监看，需要把画面映射到 Rec.709 色域。

图 4.10　原始影像

先在节点窗口创建两个串行节点[①]，在第一个节点上先进行初级调色，包括应用 LUT，调整 Gamma 和 Lift 制造明快的反差。图 4.11 是初级调色后的效果。

图 4.11　初级调色后的效果

在第二个节点上调整 HSL Qualifier，使用吸管工具拾取画面中的肤色部分，反复调整色相、饱和度和亮度三个参数以达到最佳效果。在调整过程中可以通过快捷键 Shift+H 查看遮罩（图 4.12）。

① 节点结构请查阅第 6 章。

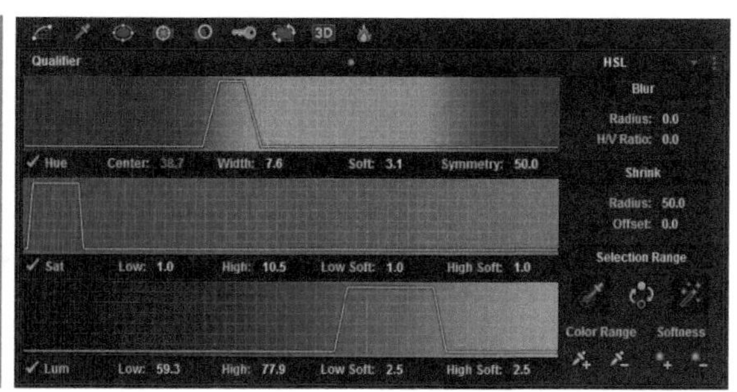

图 4.12　遮罩和参数

切换到 Blur 工具，参考如图 4.13 所示的参数设置。

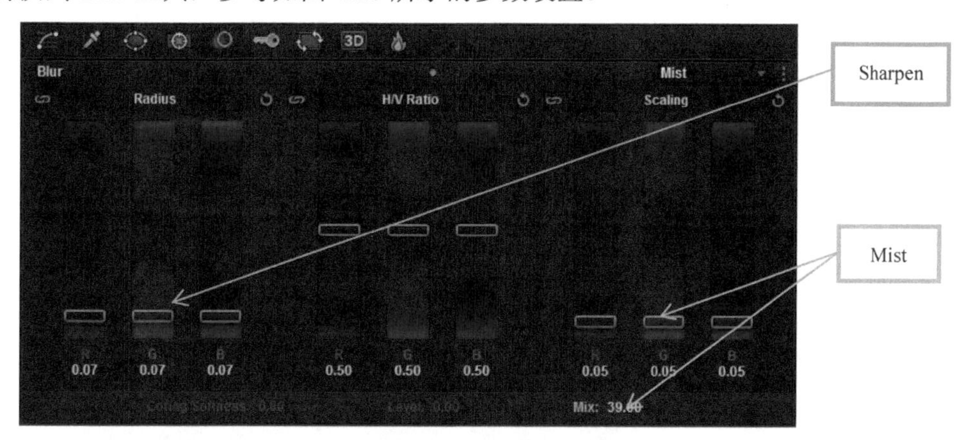

图 4.13　最终的效果

在这个示例中，调整的思路实际上是利用色彩漫射的规律，从而使人物的肌肤变得非常健康柔和，弥补了人物的一些缺陷。但是漫射的关键在于，巧妙地利用色键（HSL Qualifier）制造通道漫射肤色的同时，隔离脸部的其他部分，尤其是人物的眼睛、眉毛、嘴巴和发丝，保证其清晰度。这样既修饰了人物的肤色，同时又最大限度地保证了画面的真实感受。

Blur 工具实际上是反其道而用之，先锐化再雾化的效果要好于直接柔化。两者的区别在于先锐化再雾化既能柔化肌肤，又能制造类似柔焦镜头漫射光的效果，使肌肤健康有光泽。

当然，提到修饰肤色，对待男性角色和女性角色的思路应该是迥然不同的，像动作片中硬汉的粗粝风格就要开发新的思路。

4.2.2 Qualifier 突出人物

影视照明中人物光线与环境光线的关系存在三种样式：以人物光为主、以环境光为主和人物光与环境光高度统一。建立在不同影视观念基础上的三种样式形成了三种光效体系，第一种是戏剧光效体系，常使用类型化的光效处理人物，注重人物的造型美和性格类型刻画；第二种是纪实光效体系，讲究光线的来源有依据，追求真实的现实生活，充满现实生活气息，但同时普遍存在艺术魅力不足的遗憾；第三种是造型光效体系，注重把真实的再现和艺术的表现有机的结合起来。

调色师在处理“人物”的时候，要了解剧情内在的规定性，吃透导演和摄影师在照明光效上的设计。图 4.14 所示的案例表现的是“那些年”、“致青春”一类的题材，在“人物”的处理上表达的是角色身上的“青春律动”。在调色处理上的关键是赋予角色活力，即便是在剧中人自己制造的“强说愁”气氛中（图 4.15）。

图 4.14 原始影像

图 4.15 调整后的效果

突出人物的方法是提亮人物的面部，赋予肌肤“血色”，使人物从背景中分离出来，增强空间感和立体感。

第一步，建立第一个节点，先调整画面反差，并适当增加饱和度。

第二步，建立第二个节点，考虑到场景的颜色比较靠近肤色，所以再应用 HSL Qualifier 的同时结合 Power Window+Tracker，精准地控制遮罩的范围（图 4.16）。

图 4.16　Power Window+Tracker

选择 Window 工具，用手绘的方式画出“女生左”和“女生右”两个 Window，分别用快捷键 Ctr+T 跟踪。注意两个 Window 大小要合适，以框住脸部和手部，同时在人物动作或镜头运动时不出框为宜（图 4.17 和图 4.18）。

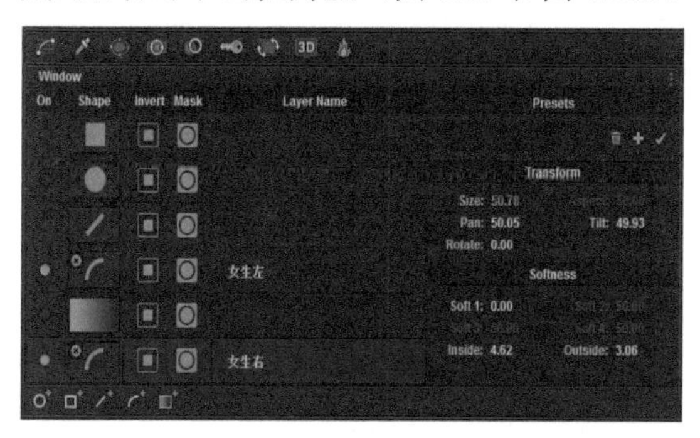

图 4.17　带跟踪路径的 Power Window

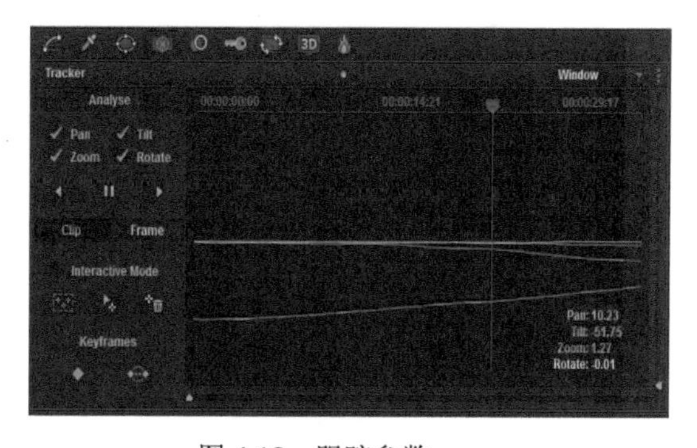

图 4.18　跟踪参数

第三步，在第二个节点 Power window 的基础上应用 HSL Qualifier 进一步分离肤色，Blur Radius（去噪半径）数值设置为 56 左右，以避免出现影调分离，如图 4.19 所示，应用 HSL Qualifier 时注意 Blur Radius 的使用。

第四步，初级调色面板适当调整 Lift/Gamma/Gain，效果如图 4.20 所示，提亮肤色并赋予“血色”，每一步的效果对比如图 4.21 所示。

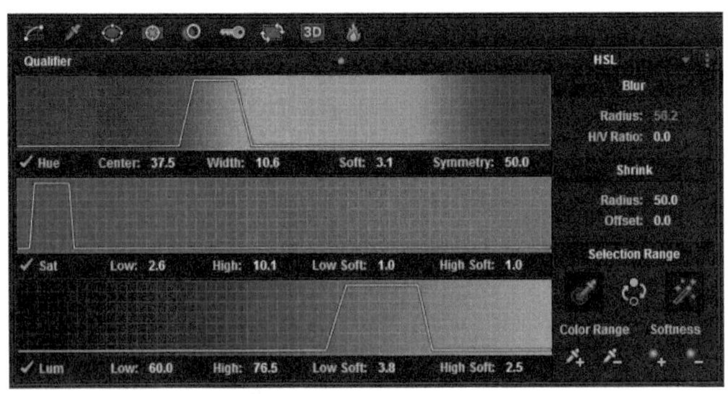

图 4.19　HSL Qualifier 参数

图 4.20　最终的效果和色轮参数

(a) 原始

(b) 初级调色后

(c) 提亮肤色并赋予“血色”

图 4.21　每一步的效果对比

通过以上几个步骤，基本完成了对影像的处理。当然，在每一个子流程中还包含更为丰富的处理技巧和操作规范，在下一节我们将详细介绍，逐步深化我们对调色工具的使用和影像的艺术处理。

4.3 Qualifier 选色工具详解

初级调色通过阴影、中间调和高光影响整个画面，赋予图像以整体的色彩风格。一般来说，把主要拍摄对象调整完毕，画面其他部分也会得到相应的校正。但有时比较强烈的色彩倾向会产生一些“错误”，如人物的肤色、草地和天空等。还有一种情况是前期拍摄的时候没有很好的匹配不同光源的色温，低色温的人工光源和高色温的自然光线混用，初级调色不可能兼顾两者，二级调色在这些情况下就变得势在必行。

当然，二级调色的功效绝不“仅限于此”，它的强大和可能性让每个调色师惊叹。惊艳的效果背后是调色师对软件的精通和富于创造性创意的完美结合，缺一不可。虽然可以用一句话来总结二级调色的流程：限定分离，然后单独处理，最后合成。但是大部分情况下，它的千变万化真有点让人既无可奈何又喜出望外。

先说第一步限定分离。DaVinci Resolve 中的限选称为 Qualifier，它和 Key 工具紧密相关。限选指的是利用色相、饱和度和亮度三者相互结合限定调整的范围。有效的限定选区需要有较强的画面分析的能力，对颜色高度敏感并能熟悉的应用这些工具。

限定选区的三种方法如下。

（1）分离某一颜色或亮度范围，或两者的结合。

（2）通过图形来限定画面区域。

（3）结合以上两种方法。

基本的思路都是创建一个遮罩，将后面的调整限定在画面的特定区域内。

三个基本步骤如下。

第一步，明确所要完成的任务，分析画面。

第二步，判断如何限定画面调整范围，且不影响无须调整的区域。

第三步，在限定的区域内或区域外完成调整。

4.3.1 The Qualifier 面板介绍

1. HSL 限选控制面板

色彩可用 Hue 色调（色相）、Sat 饱和度（纯度）和 Lum 亮度（明度）来描述，也就是色彩三要素。人眼看到的任一彩色光都是这三个特性的综合效果。图 4.22 所示为限选控制面板，在**调色**页面中的限选窗口，HSL 是默认的限选模式。当然还可以通过展开窗口右上角的下拉菜单选择 RGB 或者 LUM 模式。LUM 即亮度模式，在某些情况下非常实用，它是专门针对图像中特殊的亮度范围进行限选的利器。调色师非常喜欢用这个工具来改变图像高光和阴影部的色温，制造影调上的反差。

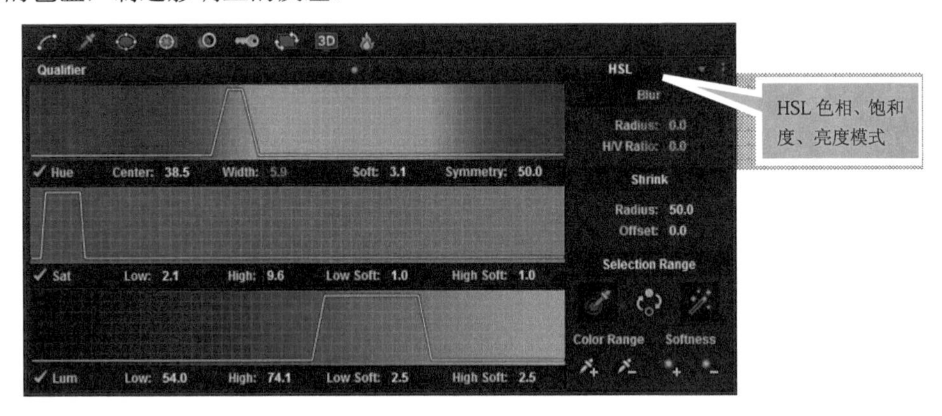

图 4.22　限选控制面板

Hue 功能：Center 调整色相的中心位置，Width 调整色相的范围，Soft 柔化选区边缘，制造类似梯形的限选曲线，Symmetry 则改变这种曲线的左右对称（图 4.23）。

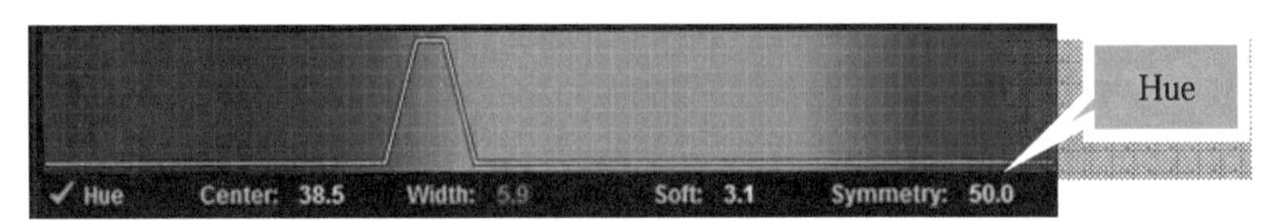

图 4.23　Hue

Sat 和 Lum 功能：Low/High 参数确定作用于 Sat/Lum 饱和度和亮度的范围，Low Soft/High Soft 定义柔化的程度，以使过度柔和自然（图 4.24）。

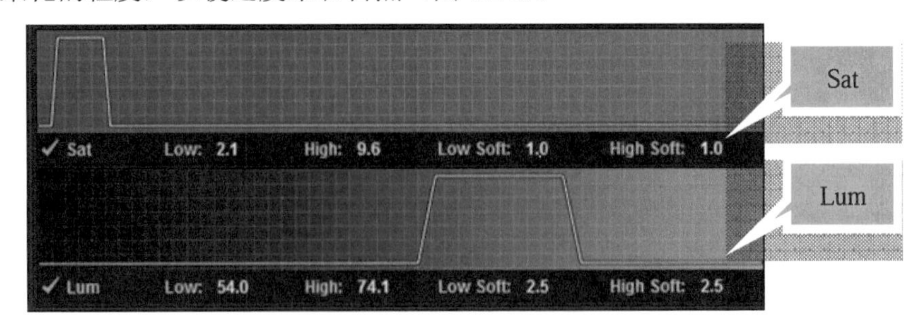

图 4.24　Sat 和 Lum

2. RGB 限选控制面板

如果按照流程顺序，RGB 应该排在 HSL 下游。在用吸管工具进行初步的分离之后，RGB 限选控制面板中对三个原色通道的独立控制，可以更精确的处理图像中那些不易处理的部分。尝试放大或者是缩小每一个通道的作用范围，RGB 限选工具可以帮助调色师快速的分离色彩连续的区域，RGB 限选控制面板如图 4.25 所示。

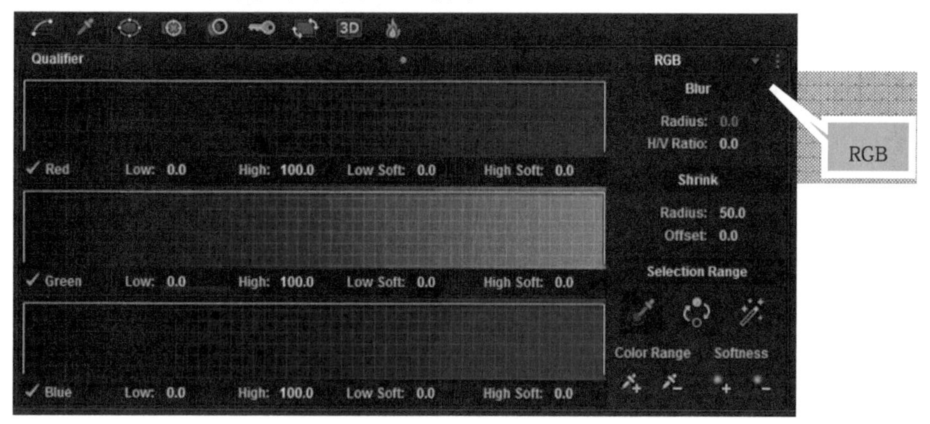

图 4.25　RGB 限选控制面板

Low/High 参数确定作用于分量通道的范围，Low Soft/High Soft 定义柔化的程度，以使过度柔和自然。

3. LUM 限选控制面板

简单的说，LUM 限选面板关闭了色相和饱和度，单独通过亮度控制限选的范围(图 4.26)。只要在 HSL 中进行过限选的操作，在 LUM 中会产生同样的限选曲线。实际上，在 HSL 中操作 Lum 和在 LUM 中操作 Lum 是完全一样的。只不过是在 LUM 中，DaVinci 关闭了 Hue 和 Sat 的预览，屏蔽了在对亮度处理时色相和饱和度对调色师的干扰。在分离高光、中间调或阴影时，这个方法非常有效。例如，给图像中不同的影调区域赋予不同的色调，改变色彩反差，图 4.27 中案例的具体操作详见第 9 章。

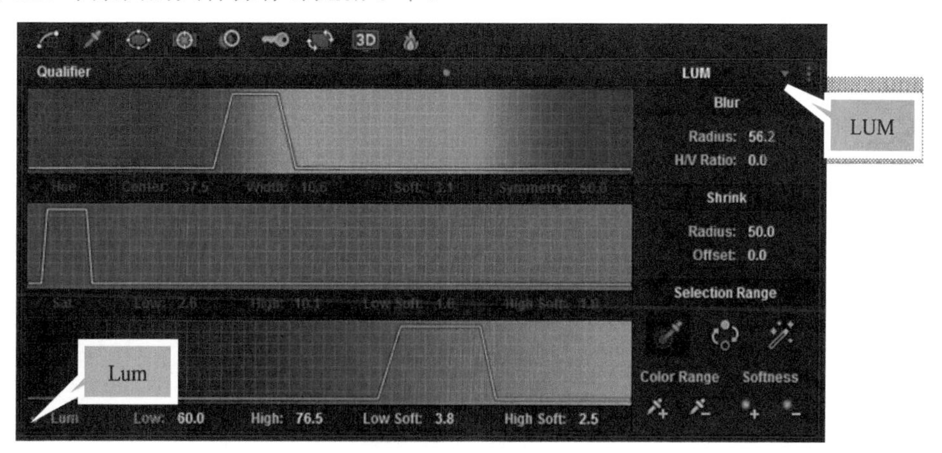

图 4.26　LUM 限选控制面板

图 4.27　Lum 限定亮度范围赋予画面色调上的反差

用滴管采样工具拾取颜色，图 4.28 所示的工具软件设置为默认首选工具，在应用其他两类吸管工具前必须先应用它。单击可以选择一个单一的像素值并以它为标准选取整个图像中相似的部分，如果保持点按鼠标左键并滑动，可以就吸管滑动的路径把一定范围的图像都加入的选区中。

Color Range 用于在基础的选区上增加或者缩减选区范围，如图 4.29 所示。

Softness 可以让选区内外的过度转换更柔和或者更锐利，如图 4.30 所示。

Blur&Shrink 是 Qualifier 限选面板强大的辅助工具，可以帮助调色师获得干净的选区，如图 4.31 所示。图 4.32 中的镜头是在学校足球场的看台拍摄的，红色的座位非常的抢眼，最好改变一下它们的颜色，让整个场景显得更协调。在选取颜色的时候，调色师最担心的是颜色不纯或者是和主体相近。显然在这个镜头中人物身上有红色的图案，人物的肤色尤其是嘴唇都含有红色的成分。

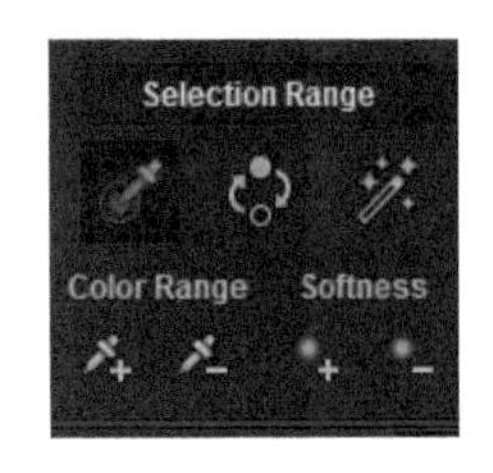

图 4.28　滴管工具

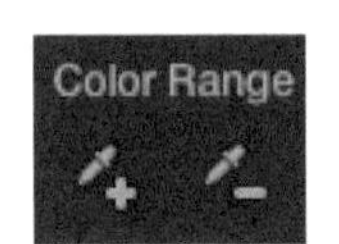

图 4.29　Color Range

图 4.30　Softness

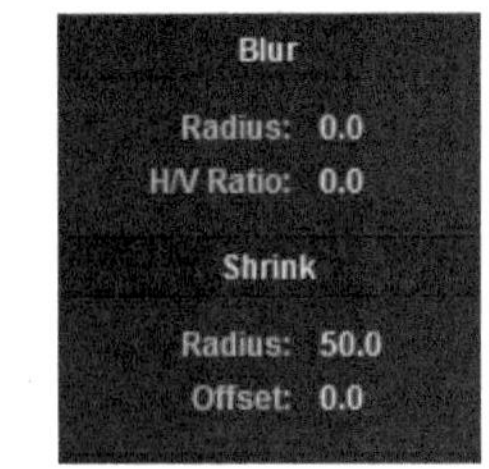

图 4.31　Blur&Shrink

图 4.32　原始图像

打开 Qualifier 界面，用吸管拾取座位的颜色，然后在初级调色窗口中改变其色相。果然，人物的唇部和衣服上红色的图案也被纳入了选区（图 4.33）。

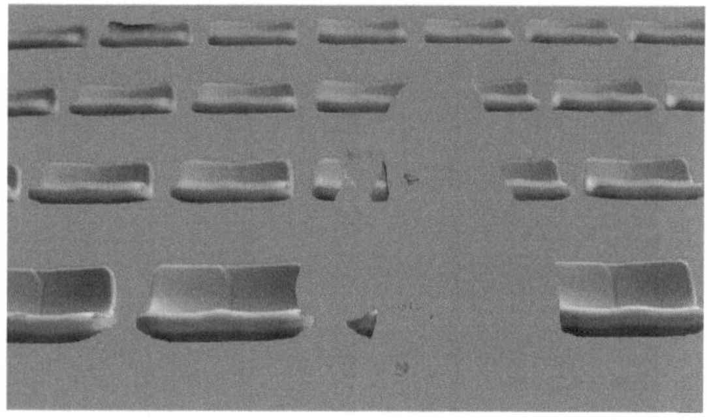

图 4.33 初步分离选区后的效果

适当调整 Blur 和 Shrink 的值，剔除这两个区域，参数设置如图 4.34 所示，更精确的选区如图 4.35 所示。

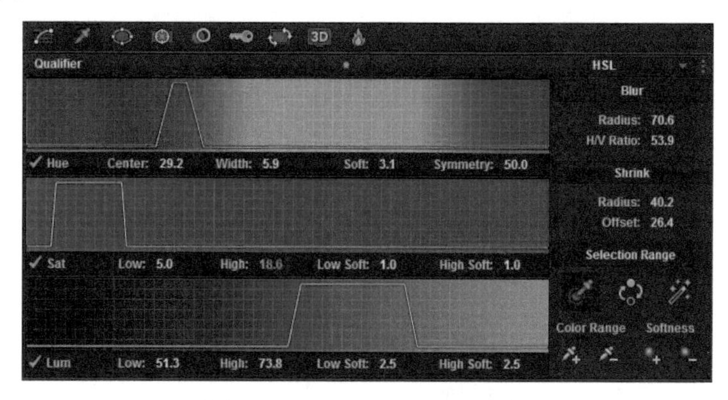

图 4.34 Blur 和 Shrink 的参数

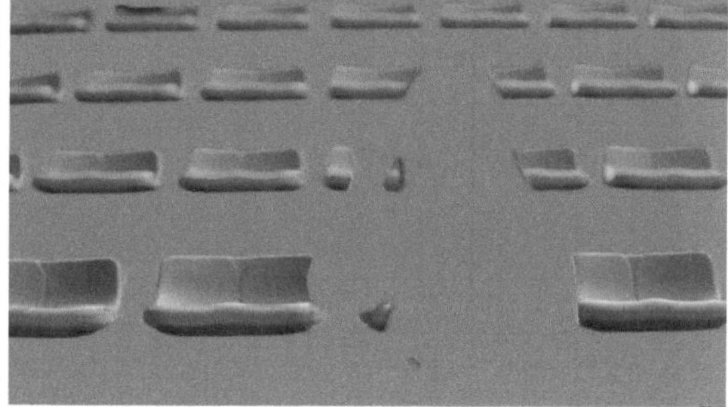

图 4.35 更精确的选区

DaVinci 亚太区总监早在几年前就提出软件中文版的概念，但是迟迟没有实施，原因无外乎有些工具很难用汉语文字简单替换。Blur&Shrink 就是这样的一对“工具”，我们可以简单理解为模糊和收缩，Blur 是为了让选区和非选区边缘过渡地更平滑，而 Shrink 能提高或者降低选区的“苛刻”程度，以包含或者排除限选的范围。

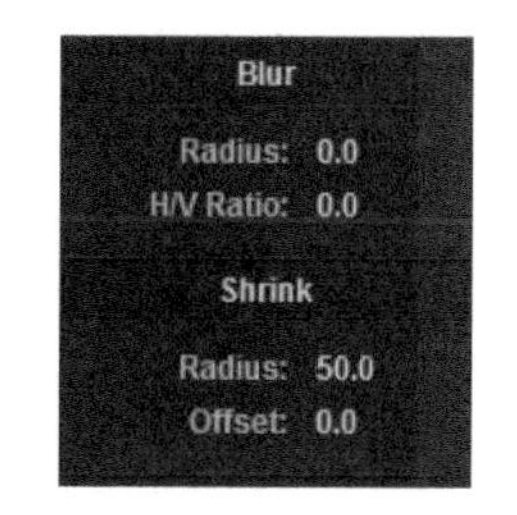

图 4.36 Blue&Shrink

Blur&Shrink 具体的参数包括 Radius、H/V Ratio、Offset，如图 4.36 所示。Radius 半径的大小可以增强或减弱其“功效”；H/V Ratio 负值会纵向施加 Blur，正值会横向施加 Blur；Offset 用于补偿 Shrink Radius 处理过度的操作。

4.3.2 两种高亮模式辅助调色师限定选区

使用快捷键 Shift+H 打开 Flat-Gray 模式，被分离出来的区域以原始的色彩显示，其他部分被灰色蒙版覆盖，调色师可以实时查看限选的范围（图 4.37）。

使用快捷键 Alt+Shift+H 打开高反差模式 High-Contrast，黑白两极对比进一步确认限选范围（图 4.38）。

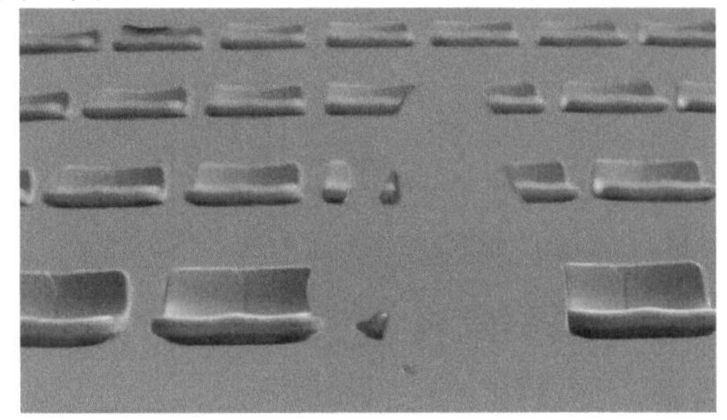

图 4.37 Flat-Gray 模式

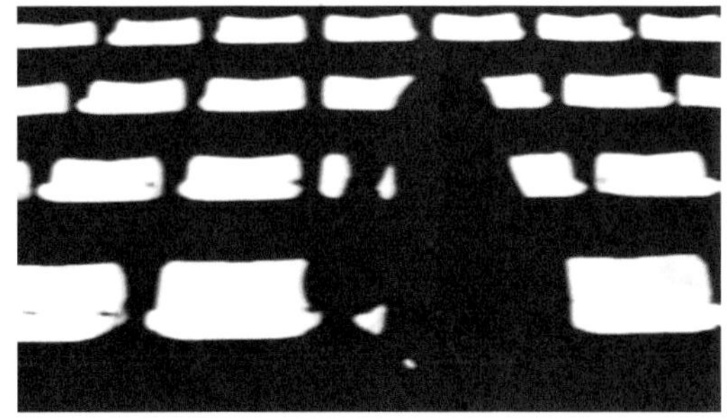

图 4.38 High-Contrast 模式

4.4 Power Window+Tracker 限定选区调色

1. 日景调夜景（Day-for-Night）

前期拍摄时或者是由于时间的原因，或者是由于没有充足的预算资金给夜景的拍摄提供照明，摄制组常常用白天拍摄的场景来模拟夜景的戏，并配合后期调色完成场景的转换。

那么真实的夜景应该具备哪些要素，先来看一下如图 4.39 所示的真实夜戏的案例。

图 4.39 《借刀杀人》中的镜头

《借刀杀人》中的镜头包括车内、司机和杀手。车窗外的街灯作为假定性光源照射进车内，角色脸上光比很大。大光比是夜戏人物照明比较明显的视觉特征。背景并不是一团死黑，而是有一些远处闪烁的光斑和朦胧的街道。

在前期拍摄中，日拍夜长期以来形成了一套既定的摄影规范和照明技巧，包括以下六个方面。

（1）冷色调。源自人眼对短波波长光线的敏感，记忆色中夜晚是冷色调。

（2）场景低反差。利用中灰滤镜有意的制造低反差和低饱和度的色彩。

（3）欠曝光。通常会减少1.5～2挡的曝光压暗场景。

（4）小景深。真正的夜景拍摄由于光照微弱，摄影机常用大光孔拍摄，不会有大景深的表现。

（5）背景大部分处于阴影区。整体的照明设计方案中，背景大部分处于阴影区。考虑到当时的环境，前景中主体的照明也要恰如其分。

（6）模拟月光。如果是夜外，拍摄时还常用银色反光板制造“月光”效果。

即使是在黄昏拍摄，摄制组也会尽量避免受到天光的影响。对于天空的处理，摄影师会用灰渐变滤光镜和偏光镜削减天空的亮度。

具备了以上几个要素，便能基本满足观众的感官真实的要求。日景拍夜景的要点在于谨慎的平衡，深沉的影调和足够的暗部细节之间的关系，避免画面过于粗糙和过于平淡。

了解了前期拍摄时摄影组的创作诉求，后期调色的目标也就变得明确清晰：第一，让前期拍摄时的照明设计充分表达；第二，对因条件限制没做到位的情况进行校正，甚至“推倒重来”。

2. 用示波器做夜景分析

（1）典型的夜外场景如图4.40所示。

图4.40　夜外场景和波形

（2）典型的夜内（楼道）场景如图4.41所示。

（3）典型的夜内（室内）场景如图4.42所示。

为什么大部分夜戏都是冷色调的？这还要从人类眼睛的特性说起。

前面的章节中提到过，在微弱的光线下，用来感应色彩的感光锥变得不敏感，负责感应亮度的感光杆起主要作用。所以人们在夜晚可以分辨物体的形状，却难以准确的区分不同的色彩。感光锥还有一个特点，在弱光下对波长较短的蓝紫色光相对更敏感。这就是人们对夜景的主观感受是冷色调而不是暖色调的科学依据。

图 4.41　夜内（楼道）

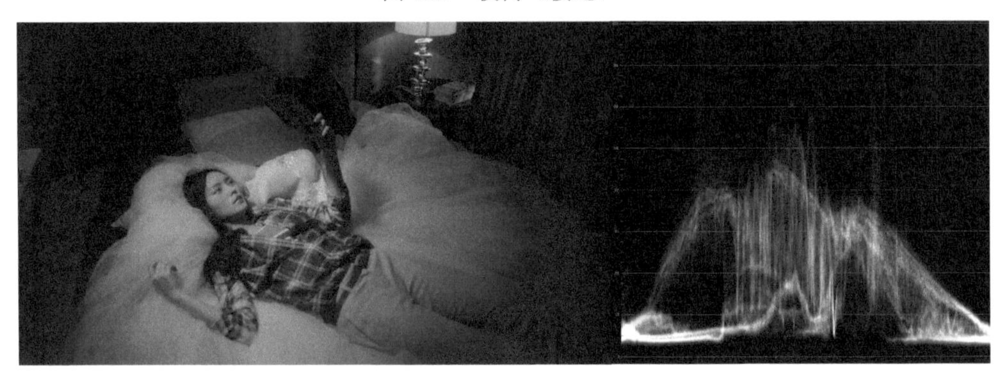

图 4.42　夜内（室内）

另外，有科学家做过实验，月光也并不是“蓝色”的。人人都知道，月亮本身并不发光，它反射回地球的太阳光色温是 4000K 左右，偏暖。正是因为月光微弱，人眼在微弱的光线下识别色彩会出现“偏色”，所以才有了“蓝月光”的传说。

实际上“夜晚”有许多种，城市的夜晚、乡村的夜晚、洒满月光的田野、土黄色高压钠灯照明的城市街道、城市住宅的室内、LED 灯光照明的室内高尔夫等，图 4.43 所示为《轮回》中的夜晚场景。这些场景光线差别极大，不能一概而论。调色师要根据故事的发生地点，设计合理的假定光源，制造出符合观众主观观感的夜景色调。

图 4.43　《轮回》中的夜晚

夜景的特质概括如下。

（1）天空墨蓝（如果画面中有天空，而且不是大阴天），但不是一团漆黑，云层有层次、星星有光辉。

（2）明亮的高光，像画面中的光源，波形应该比较突出。对于比较强的光源，波形甚至会扩展到示波器顶部。

（3）主体的曝光接近正常，一般不会过度欠曝，与日景不同的是光比较大，会有较重的阴影。

（4）一团死黑在夜景中并不适用，阴影部分没有必要压到示波器底部 0 的位置，保留一些阴影的细节能让画面更饱满，层次更丰富。

（5）在画面的远方不一定完全黑掉。

3. 日内调夜内案例

在如图 4.44 所示的案例中，首先要确定光线的来源，光源的色温。例如橙黄色的台灯，窗外街道的路灯、霓虹灯、车灯，或者来自于夜空的微弱光线。根据不同的假定光源调整画面的色调。

其次要分析光源照射的范围。日景以日光作为假定光源，光照比较均匀。因为太阳对于地面的物体来说可以看做是等距离的。夜景以人造光源作为假定光源，它们离被拍摄物体的远近直接影响了物体被照明的程度。根据照度第一定律[①]，物体被照明的程度与照射距离的平方成反比。在日内调夜内的时候，要注意使用 Power Window 设置光区，调整反差。

先添加一个初级调色节点，应用 LUT，提升画面的整体对比度。压缩阴影但不要一团死黑，总之不能太极端。给中间调降一点色温，同时保留一些暖色调（图 4.45）。

图 4.44　原始的没有经过调色的镜头

图 4.45　ARRI Alexa 拍摄的 Log-C 素材，应用 LUT 后的效果

图 4.46 是完整的节点结构。

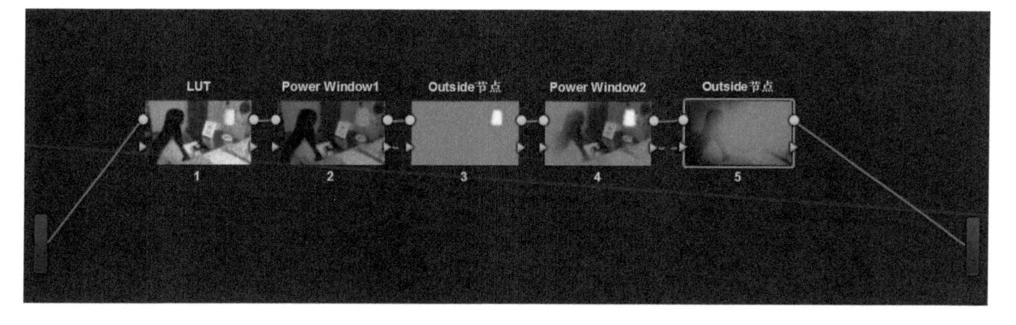

图 4.46　节点结构

① 照度第一定律：被拍摄主体被照明的程度和光源强度成正比，和光源的距离的平方成反比。

增加第一个 Power Window 节点作二级调色，“点亮”台灯，如图 4.47 所示。由于镜头是运动的，所以使用快捷键 Ctrl+T 进行跟踪。在这个节点后加上一个 Outside 节点，两个节点遮罩正好相反[①]，综合处理使台灯的亮度和周围的环境照度匹配。（图 4.47）

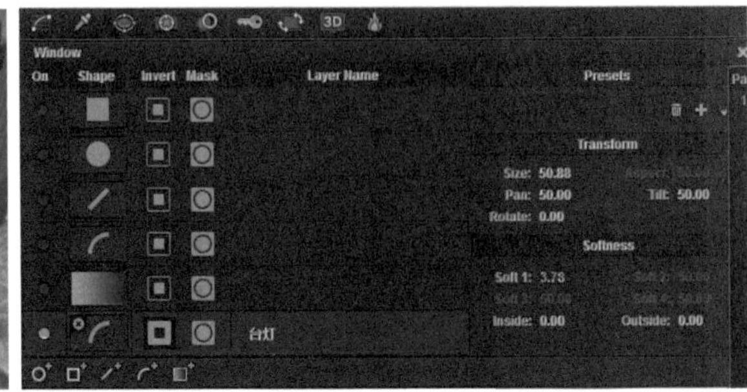

图 4.47 “点亮”台灯

增加第二个 Power Window 节点，制造“光区”模拟台灯的照射方向和范围。柔化半径稍大一点，匹配台灯随着照射距离的增加而迅速衰减的效果。再增加一个 Outside 节点，同样两个节点遮罩相反，综合调节改变反差和色调对比。“光区”外的饱和度要降低，色温升高。（图 4.48）

图 4.48 设计光区

遮罩周围压暗时，降低中间调的数值。因为中间调和阴影相互影响，这时要格外注意阴影部分的细节，有必要的话要在降低中间调的同时稍微提升一点暗部。调整前和调整后的镜头分别如图 4.49 和图 4.50 所示。

图 4.49 调整前

图 4.50 调色后

① 前后两个节点下方的小三角有一条虚线连接，遮罩通过它来传递。

4.5 “二级调色曲线”Hue Vs Hue/Sat/Lum

二级调色曲线和初级调色中的曲线截然不同，在这个曲线中，可视光谱沿着曲线横向显示，依次为红橙黄绿青蓝紫，可以针对某个光谱范围进行色相、饱和度和亮度的调整。

精确二级调色功能可专门针对某一特定颜色或画面中的特定区域进行局部处理。对于选择 HSL 还是 Hue Vs 系列曲线，调色师所要考虑的是最后的效果一定要边缘干净，过渡自然。在下面的案例中就比较适用 Hue Vs Sat 曲线，强化地面的金黄落叶。

图 4.51 所示的素材是用 BMCC 摄影机拍摄的 Film 色彩空间[①]。在 Rec.709 色域的监视器上观看，图像会呈现非常低的色彩饱和度和灰的视觉观感。先加载 Blackmagic Design 自己的 LUT 后再调色。

图 4.51 原始图像

Alt+S 增加节点，如图 4.52 所示。第一个节点用于 LUT 映射和初级调色，控制反差和色彩平衡，如图 4.53 所示；第二个节点应用 Hue Vs Sat 曲线，改变橙黄色相的饱和度，达到强化金黄落叶的视觉感受；第三个节点与第二个节点相同，继续强化橙黄色相以达到预期效果，如图 4.54 所示为第二、三个节点的曲线参数。最终的效果如图 4.56 所示，与最初场景的对比图如图 4.56 所示。

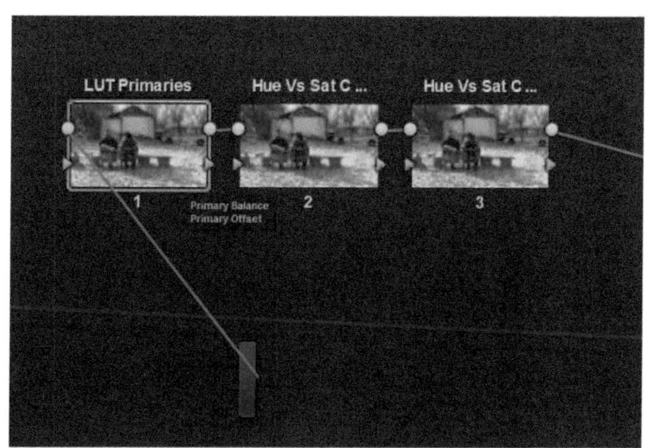

图 4.52 节点结构

① 一种 Log 模式，具有较大的动态范围，BMCC 能有接近 14 挡的宽容度。

图 4.53　第一个节点的效果

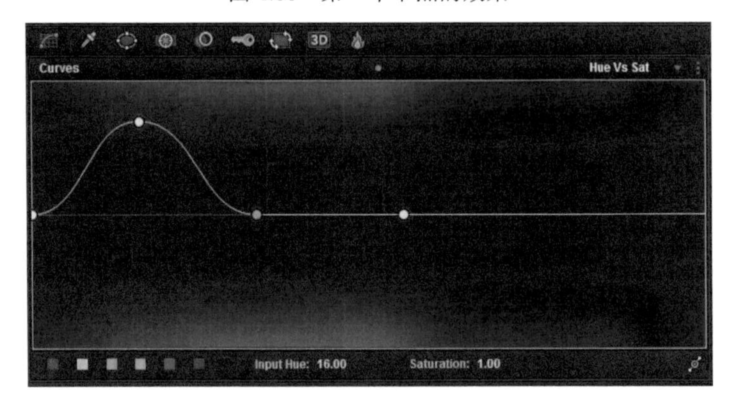

图 4.54　第二、三个节点的曲线参数

图 4.55　最后的效果

图 4.56　调整前后局部的对比

第 5 章　理想的“数字面孔”

肤色处理是达芬奇调色中最为复杂、最为棘手的难题，至今没有一个调色师敢夸口说完全掌握了各种肤色的调整方法。究其根源，大概是因为影视作品从来不以单纯的肤色正确还原为旨归。根据影片类型、剧情气氛、季节、一天中时刻、地点环境的不同，肤色的调整充满了诸多变数。不同角色本来就应该呈现出不同的“面貌”，调色师需要做的只是匹配观众想象中的“真实”，制造理想的“数字面孔”。

DSC 实验室[1]以生产数字照相机、数字摄影机的校准测试图而闻名，在其研制的 Cam Align Chroma DuMonde 12 + 4 测试图中（图 5.1），上述的肤色被压缩在四个肤色样本中。测试图中色域符合 Rec.709 规范，左侧纵向代表白色和棕色人种肤色，右侧纵向代表黄色和黑色人种肤色。

另一个 DSC 测试图用真实的模特替代了调色板，由四名多伦多瑞尔森大学的学生组成。她们的肤色分别对应上面的标准测试卡（图 5.2）。

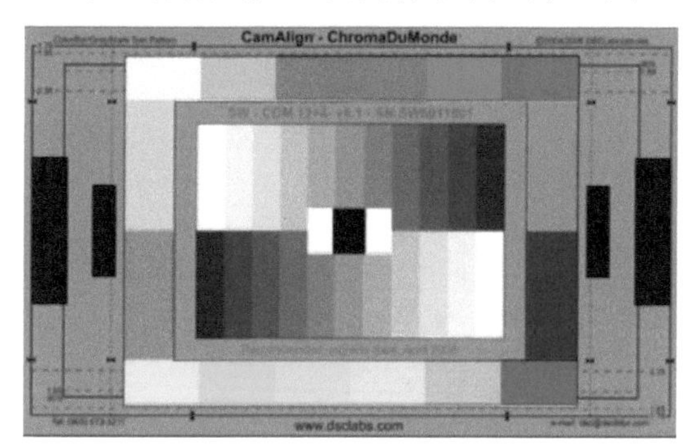

图 5.1　DSC 实验室 CamAlign ChromaDuMonde 12 + 4 测试图

图 5.2　DSC 实验室肤色测试图

测试卡只是在肤色处理方面给我们提供了高度概括的范例，在具体的调色实践中，调色师要面对的情况会复杂得多。除了种族的差别，还会涉及文化心理的影响，剧本对角色性格的设定，具体环境光线的反射，甚至包括角色在故事中健康状况的变化。

美国的 Hurkman 和 Alexis Van 在《调色工作手册》中详细讨论了“理想的肤色”，他们总结说任何一个调色师几乎一半的工作是处理肤色，肤色还经常作为判断画面色彩是否平衡的依据。为什么肤色如此重要，大概是源自于我们大量的视觉经验都与人有关，“你最近脸色

① DSC 实验室：1962 年由 David 和 Susan Corley 创建于加拿大米西索加市，以提供高精度的影视设备测试卡闻名。在过去的 10 年里，ChromaDu Monde 被称为“不可能的测试图”，已成为好莱坞的“标准”，广泛应用于数字电影和高清/标清电视节目制作。

不错”或者是“你今天脸色不太好”是熟人见面最常用的开场白。观众对健康的肤色都极其的敏感，甚至一点轻微的偏色都会引起观众的注意。面色当中太多的黄色或绿色会使角色看起来“病怏怏”，而太多的红色又会暗示角色照射了过多的日光浴。

每个人的肤色虽然千差万别，但并非无规律可循，《调色工作手册》对 210 个不同种族、不同性别、不同年龄的肤色取样拼贴论证了可接受的肤色范围（图 5.3）。

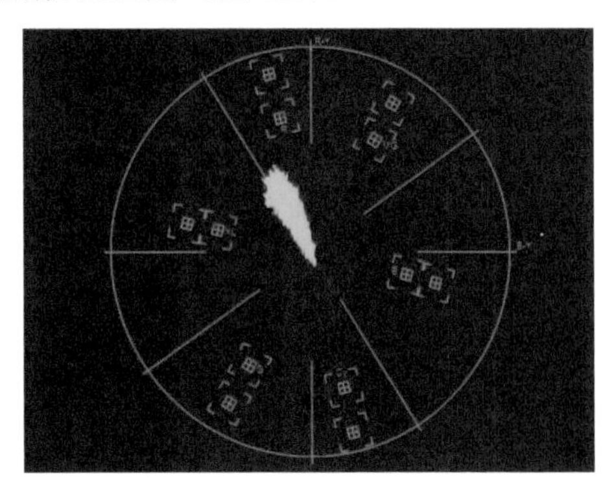

图 5.3　从矢量示波器中观察，210 个肤色样本集中在一个特定的区域

对肤色的精确分类最早源自于人类学家和皮肤病学家的研究，并在近代化妆品行业的飞速发展中被进一步细化（图 5.4）。或黑或白，或棕或黄，由于种族的不同，人的皮肤有许多不同的色调。即使是同一种族的人，肤色虽然大致相似，但仍有深浅明暗之别。

如何处理肤色？或者说调色师在处理肤色时是跟着“感觉”走，还是有特定的内在规范？则必须从影响肤色的不同要素说起。

	肤色色调	色素	SKIN TONE CHART
	亮白	苍白的 易生雀斑	18 17
	白皙	白	16 15
	适中的	白和浅褐色之间	14 13 12
	橄榄色	浅褐色和 中度褐色之间	11 10
	古铜色	中度褐色至褐色	9 8
	褐色	褐色	7 6
	深褐色	深褐色	5 4 3
	黑色	非常深的褐色 至黑色	2 1

图 5.4　化妆品行业通用的肤色卡

5.1 不同的种族对肤色的影响

肤色图表最早是用来区分不同种族的，按照“西方人类学鼻祖”、“人类之父”的德国格丁根大学教授布鲁门马赫（Johann Friedrich Blumenbach，1752—1840 年）的分类法，全世界的人类种族可以分为 5 大类。

第一类白种人：高加索人种，皮肤白色，头发栗色，包括欧洲和西亚、北非的居民，但芬兰人、拉普兰人等除外；第二类黑人：非洲人种，皮肤黑色，头发黑而弯曲，除北部非洲人外，其他非洲人皆属于这一人种；第三类黄色人种：蒙古人种，皮肤黄色，头发黑而直，包括西亚以外的亚洲人和北部的因纽特人、拉普兰人和芬兰人，但不包括马来人；第四类棕色人种：马来人种，皮肤黄褐色，头发黑而缩，包括太平洋诸岛和马来半岛居民；第五类红色人种: 美洲人种，皮肤铜色，头发黑而直，除因纽特人外，其他美洲原住居民都属于这一人种。这个划分可说是人种的地理分类。

黑种人起源于热带赤道地区，该地区在一年之内受到太阳的直射时间长，气温高，紫外线强烈。长期居住在此地的人群，经长期自然选择，逐渐形成一系列适应性特征：皮肤内黑色素含量高，以吸收阳光中的紫外线，保护皮肤内部结构免遭损害。

白种人起源于较为寒冷的地区，该地区阳光斜射，光线较为微弱，紫外线也弱，当地居民体内黑色素含量低，皮肤呈浅色。

黄种人起源于温带地区，其肤色和身体特征的适应性具有黑白两色人种的过渡性。

此后，伴随着人类学发展，关于人类种族的肤色分类更为具体细致，但是都是以布鲁门马赫的黑黄棕红为基础。直到 1975 年，哈佛大学的 Thomas B. Fitzpatrick 又根据皮肤的明亮程度提出了 6 种皮肤色调。表 5.1 所示的肤色图表能帮助我们来定义不同的肤色类型。

表 5.1　哈佛大学 Thomas B. Fitzpatrick 定义的皮肤色调类型

皮肤色调样本	类型	颜　色	色　素	肤色读数（R：G：B）
	I	白色（苍白）	苍白的皮肤，可能有雀斑，红色、棕色或者是金色的头发。蓝色、棕色、绿色或者是灰色的眼睛。 如非常苍白的高加索人，雀斑、白化病患者	255：224：196
	II	白皙或浅肤色的欧洲人	白皙的皮肤、浅色或深色的头发，眼睛通常是蓝色、绿色、棕色、淡褐色或者灰色。 如白皙的高加索人	255：220：177
	III	中等的深肤色的欧洲人（米黄色，非常普遍的皮肤色调）	浅棕色的皮肤和褐色的头发，绿色、淡褐色、褐色的眼睛，较少见深褐色的眼睛。 如较黑的高加索人	238：207：180
	IV	深色　地中海或橄榄色（米褐色）	中等的棕色皮肤，黑色或者深褐色的头发，蓝色、绿色、淡褐色、褐色和深褐色的眼睛。 如地中海、欧洲人、亚洲人、西班牙、美洲原住民	220：185：143
	V	深褐色	自然的深褐色皮肤和黑头发，通常是褐色或淡褐色（榛子色）的眼睛。 如西班牙裔（拉丁裔）、非裔美洲人、中东人	223：166：117
	VI	黑色	极深的褐色甚至黑色皮肤，黑色的头发和深褐色的眼睛。 如非洲人、非裔美洲人、中东人	91：0：0

表 5.1 省略了皮肤易晒伤程度的说明（Sunburn）,最后一列用肤色的 RGB 读数替换了人类学家 Felix Von Luschan[1]的色度表。肤色上的差别是人类长期进化的结果，也可以说是适应自然环境的结果，反映了人类学和医学的丰富性。虽说肤色上的差别不能固守基因决定论，但在影视作品创作中对肤色的处理不能脱离不同人种肤色固有的自然属性，要做到有章可循，而不是随心所欲的主观“创造”。

5.2 不同的环境光线对肤色的影响

在影视作品的创作中，从前期拍摄中的化妆、灯光和摄影机“皮肤细节”（Skin Detail）参数的调整，到后期的配光或数字调色，都在改变着肤色的“本来面貌”。作为一个调色师，究竟应该怎样对待后期的肤色处理，首先要看具体的角色、剧情的内在要求，当然还要考虑不同的环境光线对肤色的影响。

图 5.5　影片《生化危机：惩罚》（1）

图 5.6　影片《生化危机：惩罚》（2）

在影片《生化危机：惩罚》中代表人类唯一希望的生化人爱丽丝，从北冰洋冰盖下保护伞公司的秘密实验室里苏醒后，跑遍以东京、纽约、华盛顿和莫斯科四地为背景的实验区，试图逃出生化实验基地。图 5.5 和图 5.6 所示的场景是在东京实验区，面对燃烧的烈焰，角色脸部呈现出橙红色调。

夜幕笼罩下的北极冰盖，整个场景的蓝青色调赋予了人物蓝色/品色色调（图 5.7）。

图 5.7　影片《生化危机：惩罚》（3）

抛开皮肤原来的色调，受环境的影响，肤色会呈现出暖色调、冷色调和中性色调。在自然光线下，看一看自己的手腕，如果静脉呈现出隐约的绿色，这时肤色呈现出暖色调，如果静脉是蓝色的，这显示此时的肤色是比较浓的冷色调。影片在拍摄前有整体影调色调的构思，作为一种造型手段，色调在影片中起着传达信息、烘托气氛、表达情绪和刻画人物的作用。作为“置身其中”的人物，肤色受到整体色彩基调的影响会偏色失真，但这恰恰又符合自然的真实。考虑到在真实的环境中人眼有自动适应不同色温的能力，进行肤色的后期处理时，需充分考虑环境光线的影响（时间、地点、剧情中的人工光源），在此基础上合理调教肤色色温。

为了更精确的定义肤色色调，美国纽约国际摄影中心的 Jim Beecher 根据不同种族的皮肤特点设计了更贴近数字调色规范的肤色样本图（图 5.8）。

---

① Felix Von Luschan（1854—1924 年）是一位奥地利医生，人类学家，探险家，考古学家。

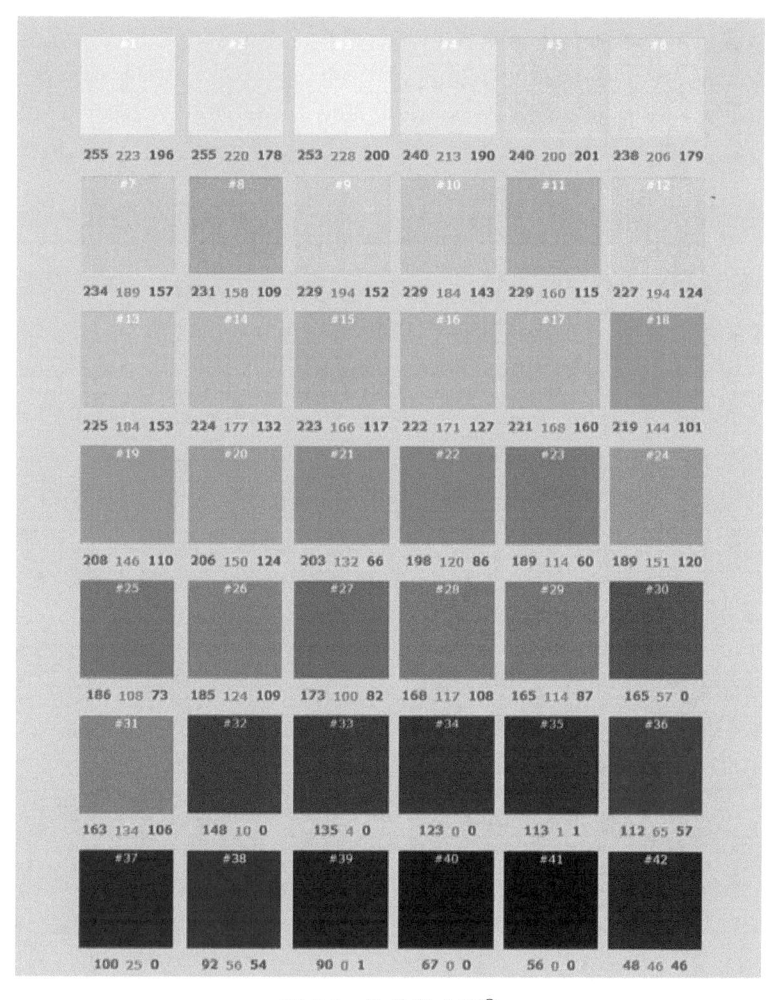

图 5.8 肤色样本图[①]

在这张肤色卡中有 42 种不同的样本，排列规则按照三原色中红色的数量由高到低排列。第一个样本红色分量达到了最大值 255，最后一个样本最低，值为 48。除了 5 号样本和 39 号样本，其他的所有样木红绿蓝三个分量都具有阶梯性，蓝色样木数值在同一样本中最少，绿色稍高于蓝色，红色最高。为了展现 RGB 的比例，Jim Beecher 还制作了一张柱状图，肤色中红绿蓝三原色量值依次递减的特性通过柱状图表示的更为直观，方便调色师和调色软件中的分量波形相对照（由于篇幅关系，未在此处引用）。

5.3 观众的接受心理对肤色的影响

人对色彩的偏好是在对色彩有一定程度的认识和理解的基础上逐渐形成的，不同的性别、性格，不同的生活经历、文化修养和社会环境互相作用，形成了色彩偏好的复杂性。很难通过简单的归纳判断总结出一套放之四海而皆准的“普适法则”，只能从以下几个方面做大致概括。

① 美国纽约国际摄影中心 Jim Beecher 根据不同种族皮肤特点设计的肤色样本图。

从性别方面看，在众多颜色中，男性更喜欢蓝色，女性更喜欢粉色。美国《现代生物学》刊载研究报告称，男女的确对颜色有偏好，研究人员推测这与基因有关，是人与生俱来的一种本能。英国纽卡斯尔大学的研究小组通过实验发现，男性最喜欢淡蓝色，女性最喜欢近于淡紫色的粉色。即使是来自不同的国度，在选择颜色时都体现出性别差异，男性主要喜欢蓝色，而女性喜欢粉色，不过对蓝色也较有好感。色彩研究专家赫尔伯特教授认为，无论颜色喜好存在性别差异的潜在原因是什么，实验结果说明这应该是生理原因而非文化的影响。在影视作品中，我们经常可以看到场景布置、服装配色等利用男女不同的色彩偏好来进行设计。在以男性为主体的场合通常是沉寂清冷的色彩，而在以女性为主体的场景则更多是温暖鲜艳的色彩。受此心理的影响，影视作品男性肤色多以中性、古铜色中冷色调为主，尤其是在战争题材的影视作品中更是如此如影片《虎胆龙威》中场景的色调（图 5.9）。即使是暖色调，也极少出现肤色图表中#18 以上的色调。

大量的视觉积累已经赋予了中冷色调肤色以强烈的文化内涵，如坚毅、沉稳、饱经沧桑或老谋深算、心狠手辣。女性和孩童与男性正好相反，其肤色以牙白、妃色等中暖色调为主，蕴含柔弱、娇嫩、单纯等内涵，如图 5.10 所示的《那些年我们一起追过的女孩》中的色调即为暖色调为主。

图 5.9　影片《虎胆龙威》

图 5.10　影片《那些年我们一起追过的女孩》

从年龄看，随着年龄的增长、生理发育的成熟，一个人所偏爱的色彩也逐渐由热烈转向沉静。孩童总是会和天真、娇嫩、红润等主观的视觉心理感受紧密联系在一起。而中老年人随着胶原蛋白的流失，肤色逐渐失去红润的光泽，灰暗成了苍老的代名词。

从人的性格来看，那些性格活泼、精力旺盛、具有拼搏精神的有志青年的肤色要能体现出热烈欢快的色彩。这种色彩并不是一种或两种单一色彩的简单组合，而是丰富颜色的过度。宁静、清新、待人和蔼、心地善良就较多的表现为沉静、冷静的色彩，即便是对于女性也是如此，色彩组合单一而纯净。狂躁、阴郁、处心积虑就多表现为躁动、高饱和度的色彩。

5.4　如何用达芬奇处理肤色

5.4.1　从曝光入手

在原始素材正确导入达芬奇后，应用恰当的 LUT 映射还原图像的“本来面目”。借助达芬奇的拾色器，在人物面部高光、中间调和阴影部分别取样，查看色彩中的红、绿、蓝三信道在面部肤色中的比例。与上面的肤色标准卡进行比对，计算出两者之间偏差的具体数据。依靠 Lift、Gamma、Gain 或者色相曲线、饱和度曲线进行调整，得到目标结果。

从曝光入手，根据拍摄场景的不同，并没有一个绝对的标准来均衡所有的曝光。一般来说，外景亮度高一些，内景的亮度要低一些。只要满足突出主体、渲染环境气氛这两条原则，曝光就是合适的。根据 A・亚当斯的分区曝光理论，白种人皮肤的阴影部位于 4 区，黑人的中间影调位于 5 区，白种人皮肤的平均亮度在 6 区，皮肤较白的位于 7 区，白种人皮肤的高光部分位于 8 区（图 5.11）。

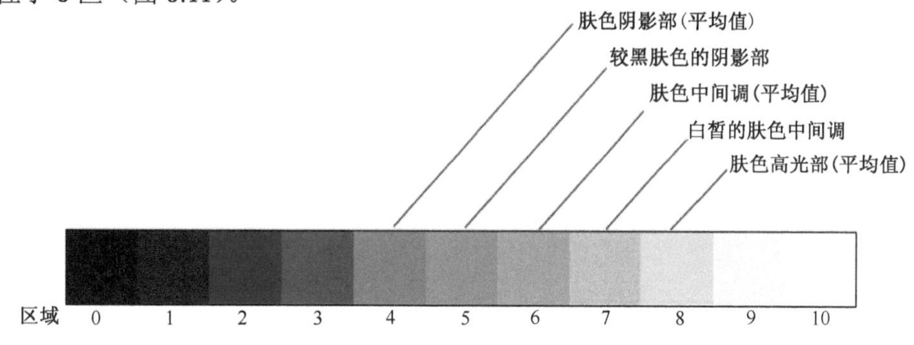

图 5.11　不同的肤色对应的 A・亚当斯的曝光分区

这种亮度的标准最适用于纪实题材或用纪实手法拍摄的影视作品。以上是外景日照条件下的区域划分，如果是在清晨傍晚，或者是阴天，抑或是内景，则可根据具体照明环境做相应的处理。

把 A・亚当斯的分区转换为波形示波器的波形电平,高光部分的波形在 60%～90%范围内。之所以有 30%的浮动范围，一方面可以避免生硬，同时另一方面又可以保证丰富的细节层次。纪实题材通常强调自然真实、对比柔和。而故事片创作多强调戏剧效果，大光比，对比强烈。

中间调部分的波形位于 40%～70%范围，视皮肤的肤色不同而有差异。较黑的皮肤如黑人，和较白的皮肤如白人，肤色的中间调部分分别位于波形的两极（黑皮肤位于 40%，白皮肤位于 70%）。同时中间调部分的差异还源于环境光线对人物的影响，在明亮和昏暗的环境中，中间调部分同样呈现出两极化的趋势。

阴影部分的波形位于 10%～50%。阴影是摄影造型的重要元素，戏剧化的光效常常大胆的运用大片阴影来强调造型效果，而纪实题材则比较节制。

图 5.12 是普通的室外场景，拥有良好的反差，但是场景中细节众多，单纯看波形图很难对肤色的影调进行评估。

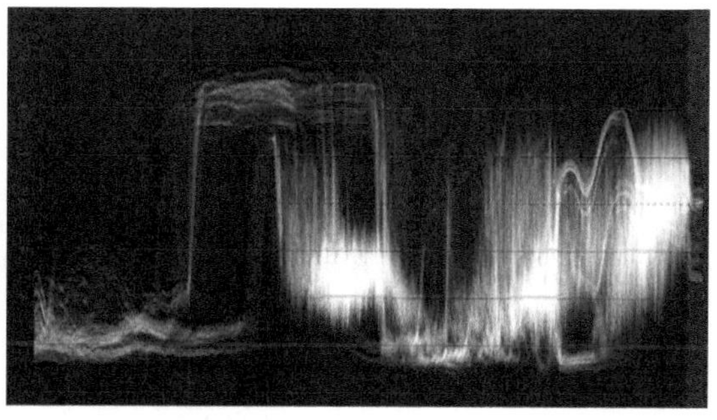

图 5.12　从整体波形中评估肤色难度较大

借助 DaVinci Resolve 的 Power Window，精确地限定人物的面部肤色，波形图只显示被分离的肤色影调，高光部分波形在 70%～80%，中间调部分波形集中在 50%～70%，阴影部分波形在 30%～50%（图 5.13）。

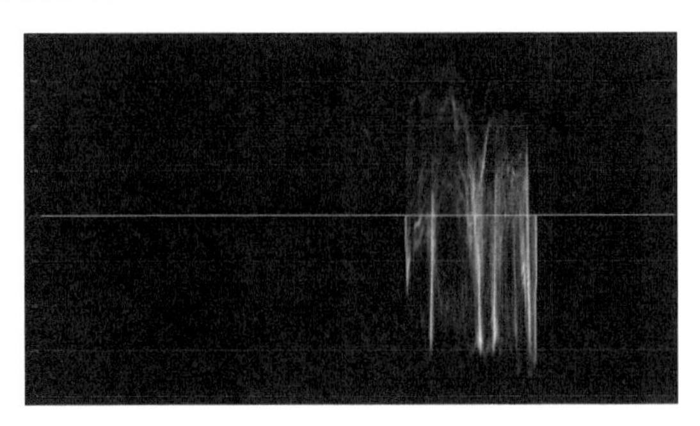

图 5.13　借助 Power Window 可以准确地评估肤色

不同题材的创作都有自己的内在规律，都在试图建立最有利于表现自己主题的“观感”。以上“规范化、标准化”的调整并不一定能让调色师得到一个最终的、理想的结果，但却是调色工作的起点。以此为参考，调色师在创作时才可能有“法”可依，有“章”可循，这也正是调色师科学评估调色效果的根据。

5.4.2　DaVinci Resolve 中的“古铜色”（晒黑的肤色）

亲近阳光被认为是健康的标志，晒就一身古铜色的皮肤，看上去活力四射（图 5.14）。时尚总是在两个极端同步向前，在亚洲人朝着美白的方向进发的时候，同样有许多人逆着潮流追求“美黑”的古铜肤色。有些明星最爱日光浴，曾经有人有一星期晒够 30 小时的纪录。日光中的紫外线会加速黑色素的沉积，导致肤色变深。

古铜色又称为小麦色或健康色，在 DaVinci Resolve 中借助矢量示波器，古铜色的肤色饱和度要比普通的肤色提升 30%，波形示波器则正好相反，波形要相对压缩 10%左右。

Hue（色相）控制是 DaVinci Resolve 的肤色调节的利器，它可以在金色到微红范围内调节皮肤的古铜色调。普遍出现在时尚摄影和电影中的处理方法是：晒黑的皮肤一般增加 30%饱和度，在亮度上要低于平均曝光，并且加深阴影。

一个色温得到正确还原的场景，肤色应该回落在矢量示波器的 I-bar 附近 20 度范围内。图 5.15 是借助矢量示波器调整肤色的参考。

图 5.14　影片《敢死队 2》

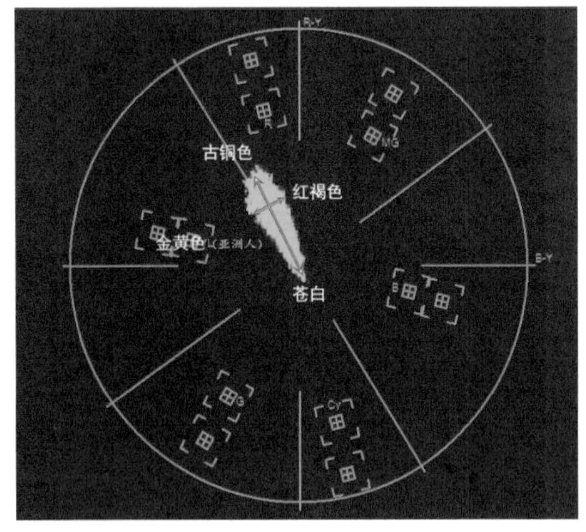

图 5.15　用矢量示波器做肤色参考

5.4.3 用一级调色校正肤色

图 5.16 所示的镜头曝光正常，反差也比较理想，但是拍摄时人物处在阴影中，天空中折射大量的短波光谱使人物肤色呈现出淡淡的冷色调。

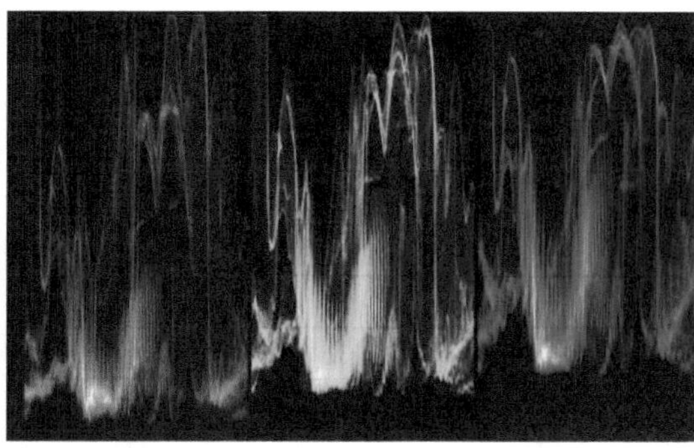

图 5.16　原始素材和它的波形图

使用达芬奇的曲线工具，用拾色器精确定位人物面颊亮度值在曲线上的位置，然后调节蓝绿通道（图 5.17）。

最终的调整结果是人物面部肤色恢复了“血色”，看起来更健康和自然（图 5.18）。

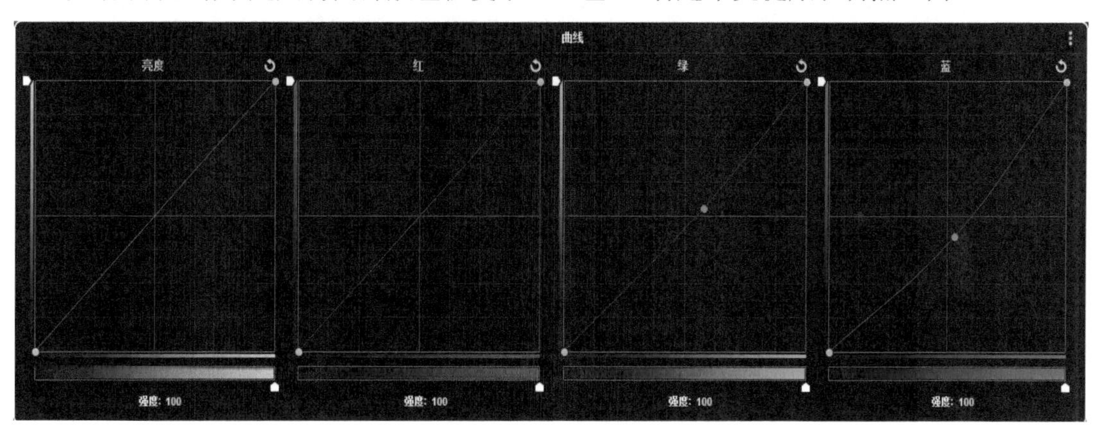

图 5.17　曲线调整参数

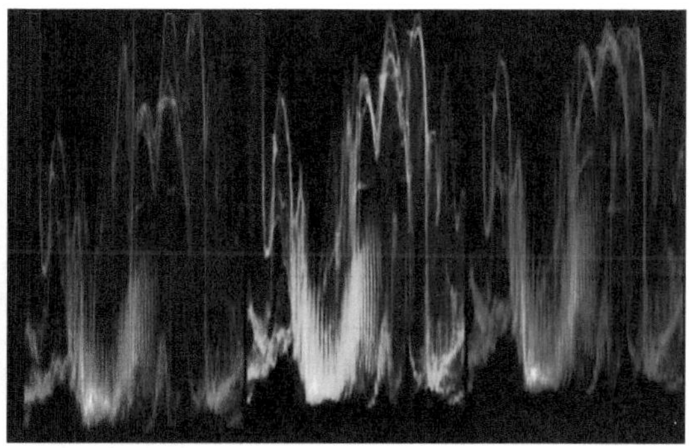

图 5.18　调整后的图像和波形图

5.4.4 用二级调色校正肤色

帮助演员完成故事，化妆师起着至关重要的作用。需要不同的粉底对演员的皮肤进行颜色修正，以满足特定叙事的需要。调色师在后期调色中也扮演着同样的角色，通过增加黄/红暖色调改变苍白的气色，赋予肌肤健康活力（图 5.19）。

图 5.19 调色前后的对比

色相 Vs 色相调整曲线，用吸管工具吸取面部肤色，建立定位点。把定位点处橙黄色调向红色色调少量偏移（图 5.20）。

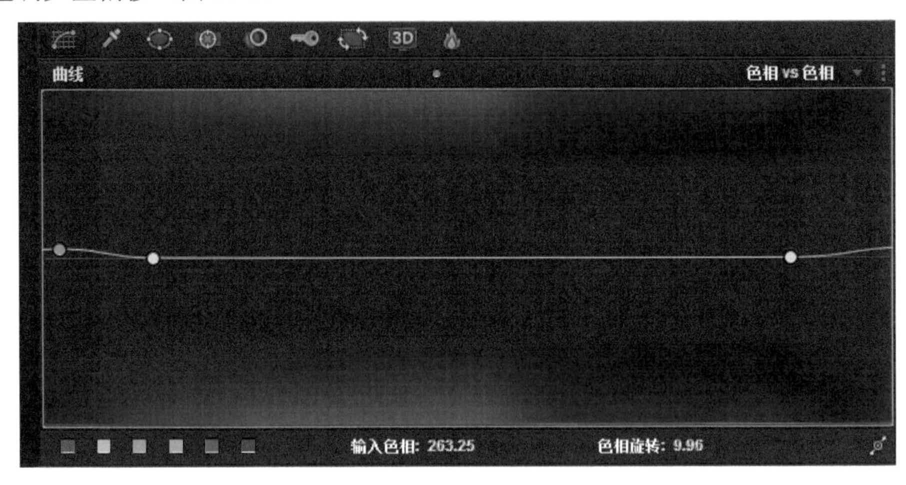

图 5.20 参数

5.4.5 在极端的调色案例中保护肤色

在观众心中深深的根植着“记忆色”，这些“记忆色”决定了观众在面对不同的影像时对色彩的期待，如风和日丽的暖色调和阴天的蓝青色调等。偏离这些观众根据日常的生活经验、融合了丰富个人情感的色调，要么会损害影像真实的情感表达，要么会因为制造了有别于日常经验的观感，而升华了观众的体验，因此需要谨慎对待。涉及不同场景中肤色的再现，目前业界比较规范的做法是尽量正确的还原色彩，在极端的调色案例中对肤色予以保护。DaVinci Resolve 的 HSL 限选工具是一个强大的色度键，它可以对图像进行取样，实施特定的调整，例如，可以把人物和背景进行分离单独调整等。如图 5.21～图 5.24 所示分别为用 HSL 调整的结果。

图 5.21 原始素材

图 5.22 用达芬奇 HSL 限选工具分离肤色

图 5.23 在制造环境气氛的同时肤色得以保护

图 5.24 没有使用 HSL 保护肤色直接调整的结果

Stu Maschwitz①在《Save Our Skins》②中呼吁拯救我们的皮肤（针对好莱坞电影），这个观点同样适用于国内影视业界。由基努·李维斯担任制片人的《追踪电影未来》（《Side.by.Side》），采访了许多好莱坞大导演，如大卫·芬奇、马丁·斯科塞斯、詹姆斯·卡梅隆和乔治·卢卡斯等，在他们欣喜于数字调色取代传统胶片配光所带来的巨大创作自由时，这种技术却以惊人的规模被滥用。对“电影感”的片面认识和追求，导致银屏上充斥着相当数量的不符合艺术真实的作品，如日景中肤色的蓝/青色调，场景中的绿色调③。

虽然艺术创作是以多样化的风格为诉求的，但这种多样化一定是符合艺术真实的多样化，一定是有根据的造型创造。

---

① Stu Maschwitz 是 The Orphanage 公司的首席技术官。该公司是一家视觉特效和电影制作公司，位于旧金山。Maschwitz 曾在乔治·卢卡斯的“工业光魔”公司担任过 4 年的视觉特效艺术家，在此期间，他参与了诸如《龙卷风》和《黑衣人》这样的电影的制作。在 The Orphanage，他指导了大量的商业广告，并监督了包括《罪恶之城》和《魔力玩具盒》在内的电影特效工作。

② http://www.prolost.com。

③ 数字调色为了追求胶片感而刻意模仿的画面风格，而这种风格却是当时胶片及冲印缺陷的副产品。

第 6 章　节点和 LUT

6.1　节点分类和操作

调色页面右上角的节点编辑窗口中，时间线上的每一个镜头初始都有一个节点，方便调色师进行一级校色工作。当然调色师可以根据创作的需要建立多重节点，每一个节点中又可以包含多重调整，如图 6.1 所示。强大的节点树使节点编辑拥有了无限创造的可能。

图 6.1 “调色”页面中的节点窗口

6.1.1　节点的分类

节点树中的节点分为六类（图 6.2），校色节点**校正器**（Corrector）、**平行**（Parallel）节点、**图层混合器**（Layer Mixer）节点、**键混器**（Key Mixer）节点、**分离器**（Splitter）节点和**结合器**（Combiner）节点。如果调色师可以精心的安排这些节点，就能够对影像实施精准的控制，它是调色师最“致命”的武器，只有创造性的去使用节点才能把 DaVinci Resolve 的巨大潜能完全发挥出来。

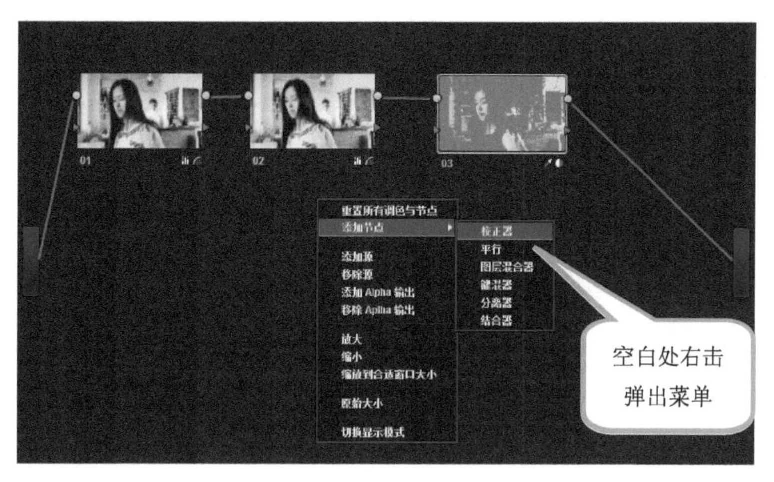

图 6.2 添加节点

6.1.2 基本操作

每一个串行排列节点或者平行排列的非合成节点都称为校准节点，在这种节点上既可以实施一级校正也可以实施二级校色，这取决于是否在这个节点上启用了**限选器**（the Qualifier）、**窗口**（Windows）、**遮罩控制**（Matte Controls）这些二级校色工具。因此，每一个校准节点都有两个输入端和输出端，黄色的圆点用以传递、管理 RGB 通道，灰色的小三角用以传递 Key 通道。当有通道在节点之间传递时，链接在一起的小三角会变成蓝色。为了在众多节点中准确区分每个节点的功能，可以在节点上右击进行重命名（图 6.3）。

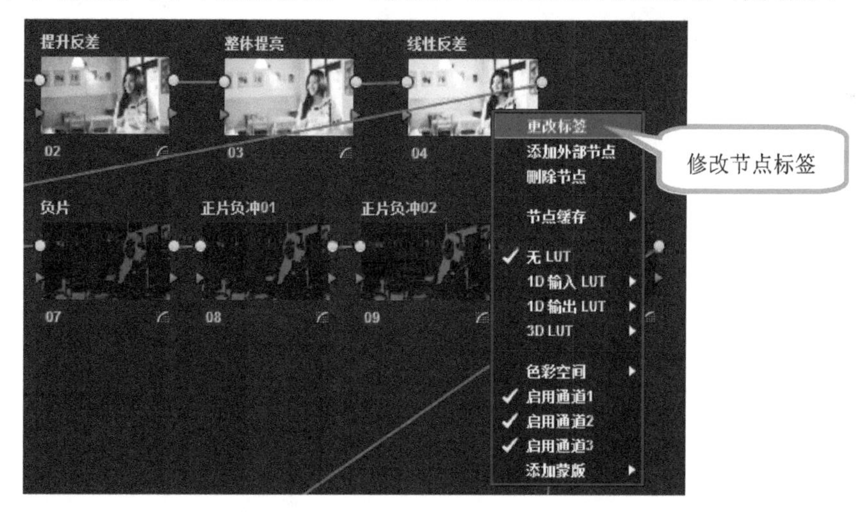

图 6.3 更改节点标签可以更有效的管理节点树

节点和节点之间用 Link 连接，鼠标选中后 Link 会变成黄色，按 Delete 键可将其删除。鼠标在不同节点输入/输出端间划线可以重新建立它们的连接。在节点编辑窗口的最左侧称为输入条（Source Bar），最右侧是输出条（Output Bar），视频素材从 Source Bar 开始，经过中部节点树的“节节”调整，最后由 Output Bar 输出最终结果。图 6.4 和图 6.5 是不同的节点树形结构。

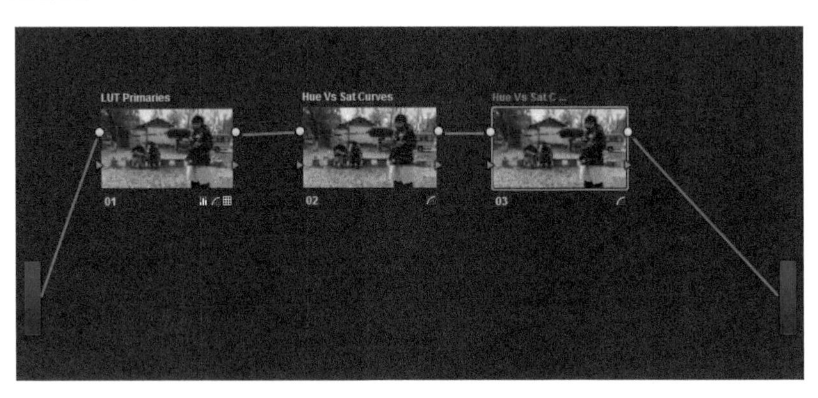

图 6.4　串行节点树

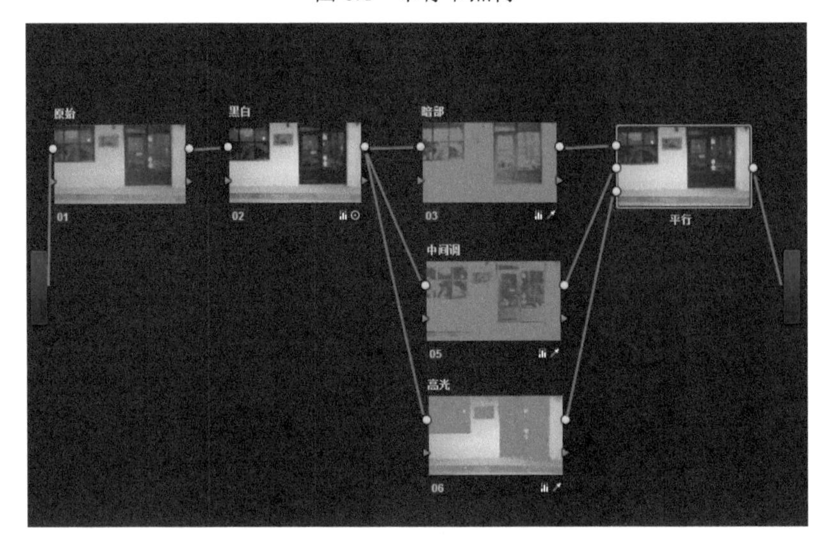

图 6.5　平行节点树

1. 加入节点

加入节点有两种方式，可以通过主菜单增加节点（图 6.6），当然更高效的一定是通过快捷键来增加节点。以下是常用的快捷键。

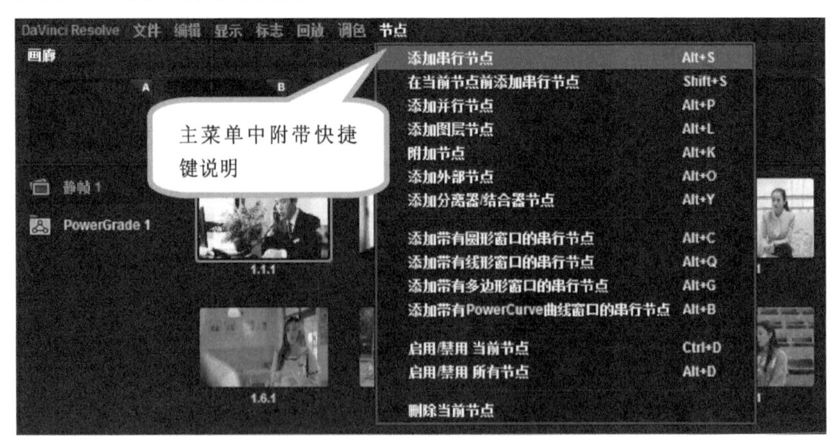

图 6.6　通过菜单增加节点

Alt+S：在当前的节点后加入一个串行节点。

Alt+Shift+S：在当前的节点前加入一个串行节点。

Alt+P：以平行的方式在当前位置加入一组平行节点，一般包括一个**校正器**节点和一个**平行**节点。

Alt+L：以层的方式在当前位置加入一组层节点，一般包括一个**校正器**节点和一个**图层混合器**节点。

还可以在节点编辑窗口的空白处右击，选择【添加节点】|【校正器】可以建立一个独立的节点（图 6.7），在与其他节点建立连接之前，此节点不会作用于当前视频片段。建立连接的方法很简单，把这个独立的节点拖入节点群组中相应的位置即可。

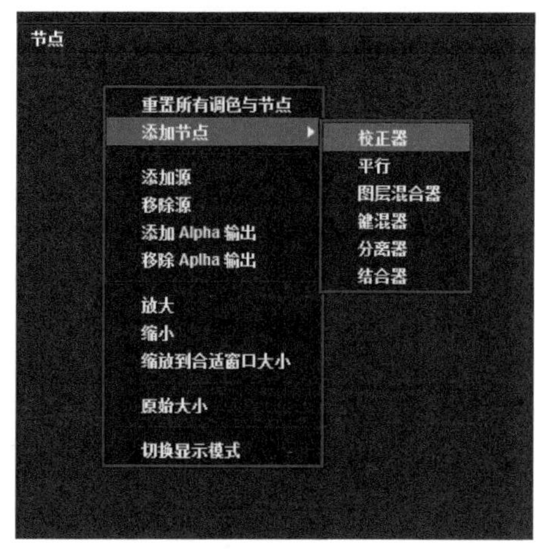

图 6.7 在节点窗口通过右键菜单添加节点

2. 加入带遮罩的节点

可以通过以下的快捷键加入带遮罩的节点。

Alt+C：在当前节点后增加一个节点，此节点附带 Circular Power Window 遮罩。

Alt+Q：在当前节点后增加一个节点，此节点附带 Linear Power Window 遮罩。

Alt+G：在当前节点后增加一个节点，此节点附带 Polygonal Power Window 遮罩。

Alt+B：在当前节点后增加一个节点，此节点附带 Power Curve Window 遮罩。

3. 激活和关闭节点

双击选中节点（节点窗口边框变为橙色，表示此节点处于可编辑状态），Control+D 可关闭或重新激活该节点，Alt+D 可关闭或重新激活所有节点。

4. RGB 输入和输出

每个节点上部左右两个黄色圆点用来连接 RGB 通道的输入和输出，一个节点只有两个黄色圆点都得到连接在节点树中才是有效的，才能够显示当前正在施加的效果的缩略图。

5. Key 输入和输出

节点底部两侧的灰色三角是用来给 Key 通道提供通路的连接点，这些通道包括**限选器**或者是**窗口**和**遮罩**。当连接一个节点的 Key 输出给另外一个节点的输入时，第一个节点的效果属性就等于复制给了第二个节点。调色师也可以使用**键混器**节点模式连接 Key 输出得到丰富多样的效果。

6. 输入条和输出条

节点树一定要连接 Source Bar 和 Output Bar 形成一个环路才能对正在调整的片段施加控制。

7. 节点重置

在主界面的菜单中，有如下三种重置节点的选项（图 6.8）。

（1）重置选中的调色节点。
（2）重置所有调色节点但是保留节点结构。
（3）删除所有节点恢复到初始状态（默认保留一个空白的**校正器**节点）。

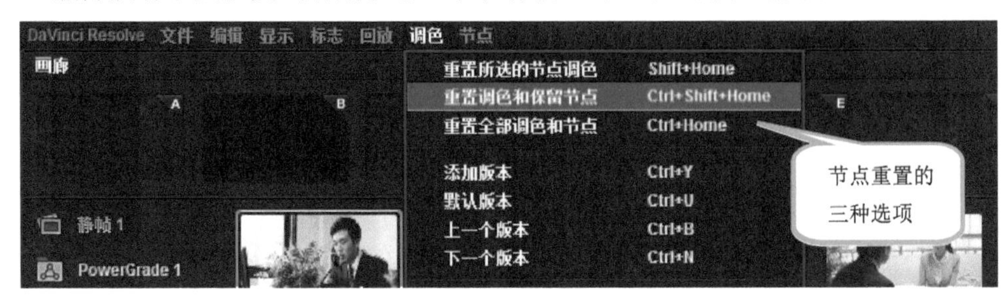

图 6.8　重置节点选项

8. 删除节点连接和重新连接节点

用鼠标指针单击线段即可选中节点之间的连线，按 Backspace 键即可删除。要连接两个节点，只要单击选中节点右侧（输出）橙色圆点或者灰色小三角然后拖曳到想要连接的节点的左侧（输入）橙色圆点或者灰色小三角，连线由虚线变为实线时释放鼠标即可完成连接。

注意：一个输出端可以连接任意多个输入端，但是一个输入端只能连接一个输出端（当节点有多个输入端时例外，如平行节点）。如果当前的连接会给节点树带来死循环，连接也不能够被建立。

拖曳一个独立的节点到其他两个节点的连接线上，当拖拽窗口出现“+”时释放鼠标，这个节点被加入的当前位置。

9. 整理节点编辑窗口

在节点编辑窗口被激活后，按住 Alt 键同时滚动鼠标滚轮可以放大和缩小窗口的显示大小，在窗口的空白处可以用鼠标左键拖拽以改变整个节点树的位置，还可以用鼠标直接拖拽单个节点以改变其在整个节点树中的位置。

10. 激活和查看节点状态

双击节点即可激活节点，鼠标在任意节点上方悬停都可以出现一个精确的列表，显示当前节点应用了哪些效果。

6.2 节点树结构

达芬奇采用节点式图像处理。每个节点可以是一个独立的色彩校正、窗口或者特效。节点类似于层，但是它的功能更为强大，因为可以更改节点直接连接方式。顺序连接或平行连接就可以把校色处理/特效/混合处理（Mixer）/键处理（Keyer）/自定义曲线结合起来，从而制作出摄人心魄的画面风格。

另外还有更令人兴奋的制作选项，例如，每一节点都可进行 RGBY 处理，这样就可以分开亮度信道和三个原色信道，单独对它们进行操作。

6.2.1 串行节点结构

串行节点结构是 DaVinci Resolve 中最简单的一种节点结构，调色师的大部分工作实际上正是借助于串行节点完成的。从 Source Bar 开始至 Output Bar 节点首尾相连，呈现出简单的线性结构（图 6.9）。

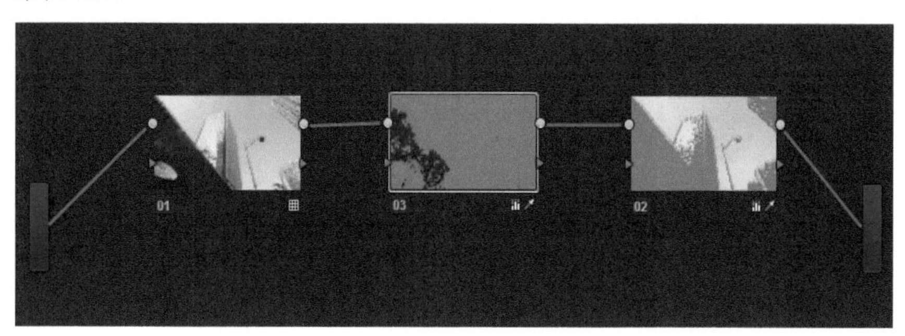

图 6.9 简单的串行节点结构

节点之间的关系始终遵循第一级节点的调整结果输入第二级，综合后输入第三级，层层传递，也就是说节点的先后次序决定了调整的顺序。

6.2.2 平行节点结构

在节点树的某一层有多个节点，它们之间是平行的关系，允许调色师在同一层施加多个调整。平行节点结构最核心的功能是多个调整互相独立，在输出到平行节点之前不会相互影响。平行节点结构解决了串行节点结构层层传递，牵一发而动全身的不足，给调色师以更大的发挥空间。建立平行节点的方法如下。

第一步，Alt+S 加入一个新的串行节点，如图 6.10 所示。

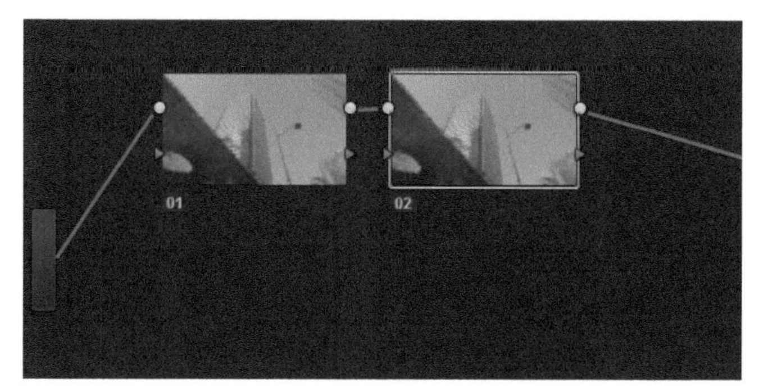

图 6.10 在默认的节点后加入新的节点

第二步，Alt+P 给节点 2 加入一个平行节点，如图 6.11 所示。

注意：这时软件会产生两个节点，一个是节点 4（它的属性是 Corrector），另一个是平行节点，用于混合节点 2 和节点 4 的调色效果。

第三步，再添加一个独立的节点，如图 6.12 所示，注意不要使用快捷键，而是在节点编辑窗口的空白处右击，选择**校正器**。快捷键方式增加的节点会直接添加到节点树中，而右键的方式可以保证其独立性。

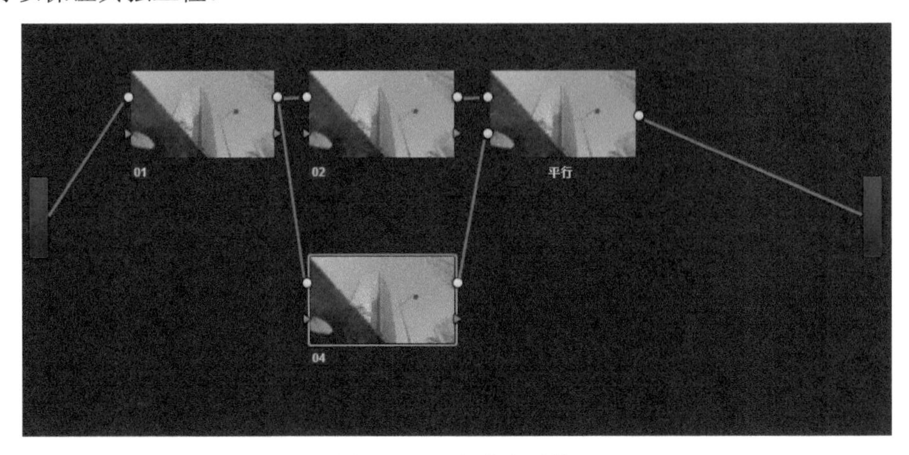

图 6.11　平行节点结构

注意：双击节点 4 将其激活，快捷键 Alt+P 也可以给节点树增加一个平行的节点，平行节点混合器会自动增加一个输入端。此处手动建立连接的目的是让大家了解平行节点的多种建立方式。

在平行**节点**上右击，选择【添加节点】|【校正器】。

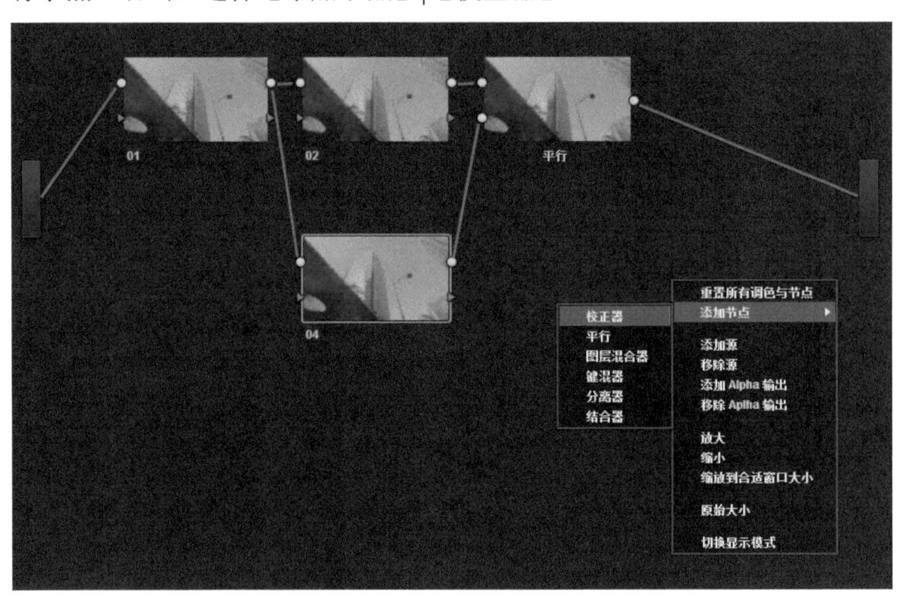

图 6.12　添加一个独立的节点

在平行节点上右击，如图 6.13 所示，添加一个输入端。手动连接这个输入端和刚才新建立的独立节点 5。然后把当前图像中的天空、树木、暗部都单独用限定器分离出来进行调整，最终在平行节点中合成。

平行的节点之间不存在先后和上下层的关系，不管如何排列，合成的结果都是一样的，如图 6.14 所示为初始图像和完成后的对比。图 6.15 中红绿蓝三个色块的叠加显示了平行的节点间效果相互混合的效果，区别于层混合节点的覆盖模式。

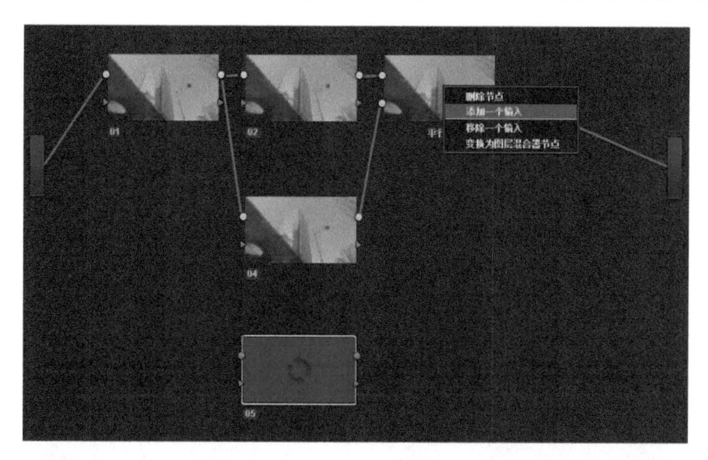

图 6.13　给平行混合器添加一个输入端并手动连接

图 6.14　初始图像和完成后的对比

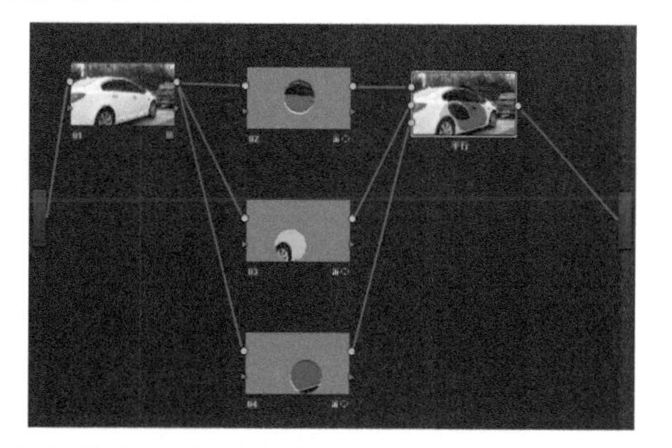

图 6.15　平行节点中 RGB 三原色和合成说明不存在上下层的关系

6.2.3 层节点结构

与平行节点结构的建立流程相同，快捷键 Alt+L 可以在当前节点位置添加层节点。虽然操作方式相似，但是层节点结构与平行节点结构有两点本质的区别，层混合节点中的底层节点会被优先处理，会部分覆盖上层节点的效果，如图 6.16 所示，层节点中 RGB 三原色的覆盖说明存在上下层的关系。

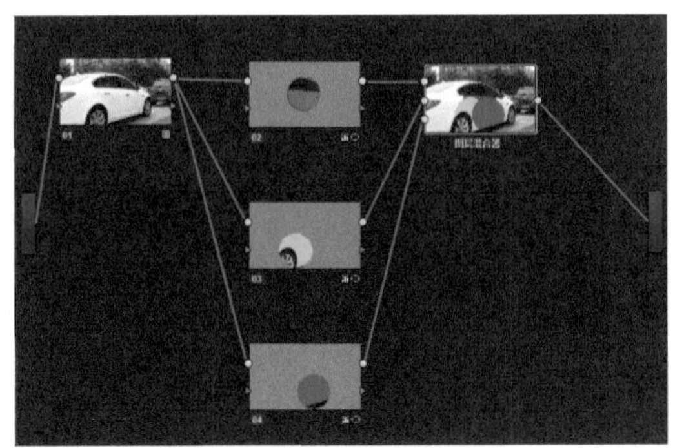

图 6.16 层节点中 RGB 三原色的覆盖说明存在上下层的关系

底层的节点在层混合节点结构中具有优先级，红绿蓝三种色调并没有混合。层节点结构常用于需要交叠的多层调整案例中。

在第 4 章第 2.2 节关于限选器突出人物的案例中，用到了三个串行节点（图 6.17），通过提亮人物的面部，赋予肌肤“血色”，使人物从背景中分离出来，增强了空间感和立体感，如图 6.18 所示。

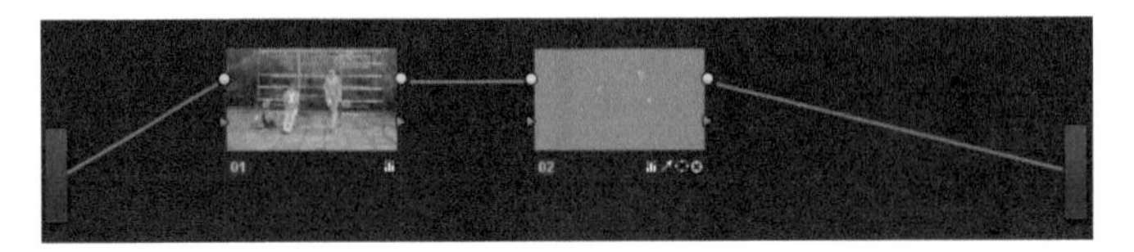

图 6.17 串行节点

图 6.18 用串行节点调整前后的画面对比

但是放在整个片子中，调子有些偏离，需要进一步改变场景的色调。如果对第一个节点进行处理，也就是说在提亮肤色前改变色调，那么限选器就会崩溃。如果在后面新增加节点，调整会影响整个画面，之前的肤色处理等于是做了无用功。在这种情况下，层节点结构的优势就凸显出来了。

第一步，建立一个独立的校正器节点和一个图层混合器节点，本章的 6.2.2 节中详细介绍了创建独立节点的方法。然后按照如图 6.19 所示的操作删掉节点之间的连接线，并在图层混合器节点上右击添加一个输入。

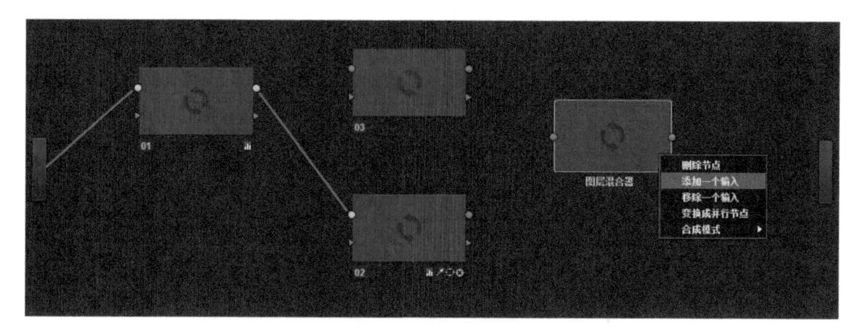

图 6.19　层节点的结构

第二步，如图 6.20 所示，重新连接节点 1 和 3、3 和图层混合器，然后连接节点 2 和图层混合器、图层混合器和输出条，构建层节点结构完成。

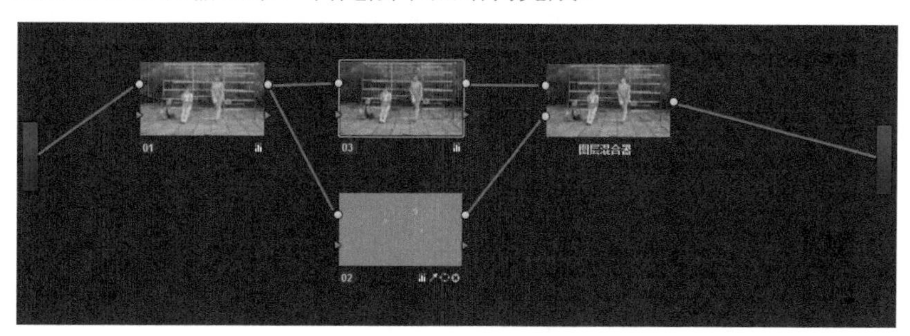

图 6.20　完成后的结构

第三步，对节点 3 进行调整，改变画面整体色调。由于层节点的下层覆盖上层的特性，肤色的调整得以保留（图 6.21）。

图 6.21　串行节点的效果和层节点的效果对比

调色师在图层混合器节点上合成层节点时，可以选择多种模式干预控制最后的合成效果，创造丰富的视觉特效。

合成模式（Composite Modes）是非编软件中用复杂的数学运算混合不同视频片段的一种特效。当在 DaVinci Resolve 中搭建了层节点结构时，在图层混合器节点上单击鼠标右键可以更改合成模式。有多种合成模式可供选择，如图 6.22 所示。

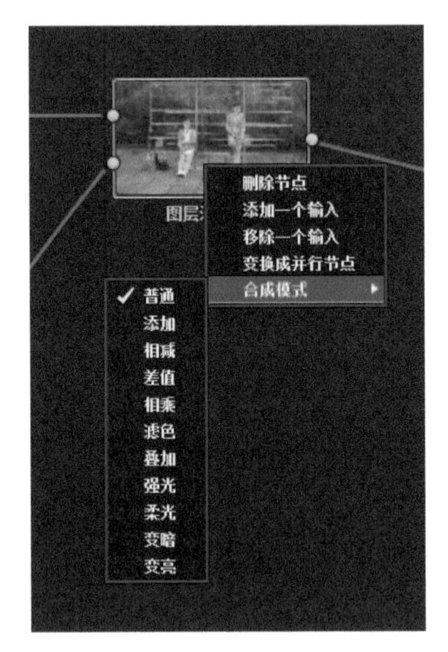

图 6.22　多种合成模式

在 DaVinci Resolve 9.0 及之前的版本中，这些合成模式只有在 Confirm 中添加后，才能在 COLOR 页面的节点编辑窗口中应用到 Layer Mixer 节点上。【添加】和【叠加】模式可以用于创造光晕效果，【相减】和【差值】模式可以创造超现实的效果。

6.2.4　键混合节点

传统键控技巧的缺点在于只能对单一选区进行控制，运用多节点抠图可以极大拓展键控的“能量”，创造出复杂的选区。键混合节点可以合成多个节点的键通道，使复杂的通道变得简便易行。

键混合节点还是能够合成色键通道和窗口通道的唯一节点模式。

下面的案例创造复杂的节点树建立特定的遮罩，单独对图像中的特定元素进行处理。把人物分离出来，背景施加单色调。图 6.23 是原始的图像，图 6.24 是多个键值综合处理后的效果，图 6.25 是键混合节点结构。

图 6.23　原始图像

图 6.24　多个键值综合处理的效果

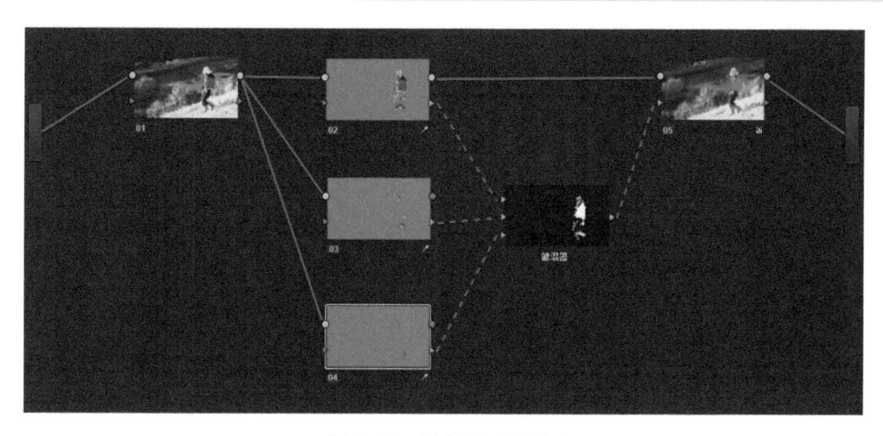

图 6.25 键混合节点树

传统的键值通常只能处理单一色彩，而利用 DaVinci Resolve 的键混合节点树，理论上可以处理任意色彩。节点缩略图两侧的橙色圆点传递图像信息，而蓝色小三角传递通道信息，**键混器**的作用就是把节点 2、3、4 的遮罩合并。节点 5 的遮罩与键混器正好相反，直接把它的饱和度调整为 0 就可以对背景消色。

6.3 节点和 LUT

6.3.1 在 DaVinci Resolve 中应用 LUT 的方法

1. 给时间线上的素材全部应用一种 LUT

图 6.26 所示为可以在项目设置中给时间线（Timeline）应用合适的 LUT。

图 6.26 项目设置窗口的查找表（LUT）设置

也可以在调色页面的节点窗口“时间线”模式下给整条时间线应用 LUT（图 6.27）。

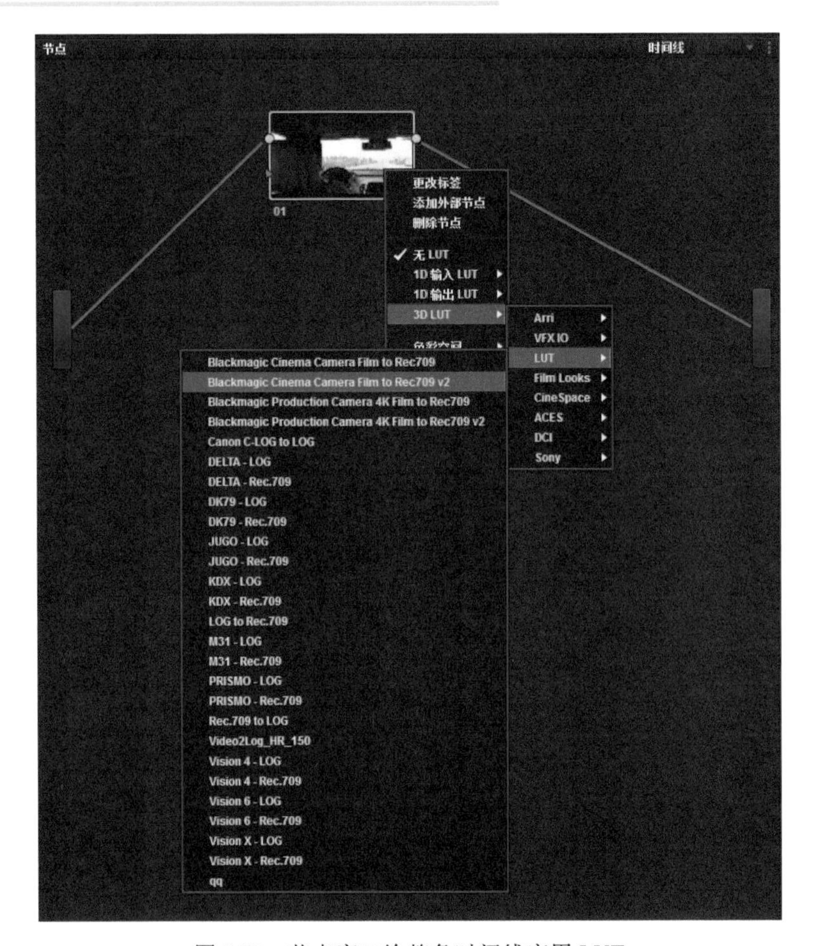

图 6.27 节点窗口给整条时间线应用 LUT

时间线模式和剪辑模式可以在节点窗口右上角的下拉菜单中切换，如图 6.28。在剪辑模式下被选中的节点用橙色边框点亮，而在时间线模式下被选中的节点用绿色边框点亮。

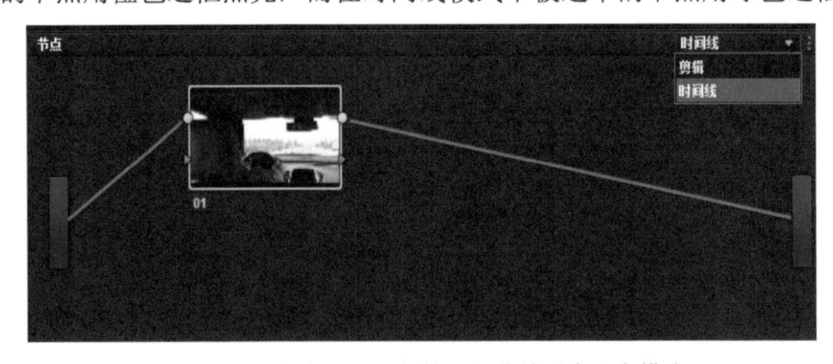

图 6.28 节点窗口右上角的下拉菜单用来改变模式

2. 在 COLOR 页面中给单独的片段应用 LUT

激活节点编辑窗口，确认是在“剪辑”模式下，右击任何节点，然后从【1D Input LUT】、【1D Output LUT】或者【3D LUT】这些子菜单的选项中选择一种 LUT 模式。看起来与给“时间线”应用 LUT 是一模一样的，只是节点边框是橙色而不是绿色，应用的 LUT 只作用于该节点而不是整条时间线。

6.3.2 LUT 和“胶片感”

如果调色工作室没有数字放映机（DCI P3 色域），影片的调色工作流程中就需要借助普通的监视器（Rec.709 色域）+洗印胶片用 LUT 来完成调色。这种 LUT 的作用就是校准标准色标与某胶片记录仪和特定冲洗环境之间的差距，用胶片记录仪将这些色标输出后测量出原底负片的密度，系统会根据这些密度值生成一个 3D LUT。该 LUT 可以加载到调色软件中，进行色彩空间转化，使监视器更加接近胶片拷贝的效果。它实际上模拟了胶片的密度及色反应，能够在洗印胶片之前在高清监视器上给调色师一个准确的预览。在洗印之前，把 LUT 去掉，然后再输出工程文件。如果 LUT 准确并发挥了它的作用，最后做出来的胶片洗印应该是与在监视器上看到的非常接近。图 6.29 还原了用高清监视器作为监看设备对影片进行调色的整个过程，可以作为调色师处理类似项目时的参考。

图 6.29　应用 LUT 映射的调色过程示意图

如果不加载 LUT，调色师在 Rec.709 色域的监视器上看到的色彩与胶片拷贝完全不同，在此基础上的调色可以说是“失之毫厘，谬以千里”。

受这种影片调色工作流程的启发，国外的一些调色师开始尝试把这些本来是校正调色过程的 LUT 应用到了数字影像的后期调色流程中，LUT 成为了数字影像获得“胶片感”的强大工具。数字影像是技术进步的产物，它在用图像还原客观物质世界的道路上完成了划时代的跨越。但是追求“胶片感”也并不意味着某种退步，一方面，胶片的影响绝不会因为传统设备、记录介质的取代而迅速消失；另一方面，胶片发展的历史实际上是不断与观众互动、艺术创作规范不断概括和总结的历史。数字影像一方面基于自身的特点和规律不断发展完善，一方面通过模仿“胶片感”融合传统工艺的成就，最终实现自我超越。

- **Fujifilm 3510**　• **Fujifilm 3513**　• **Kodak 2383**　• **Kodak 2393**

以上是富士和柯达公司常用于院线投放的印片用的拷贝型号，第三方正是把这些拷贝色彩色调的特点制作成了系列胶片风格的 LUT，用数字影像仿真“胶片感”，如图 6.30 所示。每一个 LUT 都包括三个调式 CUSPclip、Constlclip、Constlmap，它们之间的风格存在微妙差异，主要体现在反差和色彩映射关系上。

使用 LUT 可能是模拟“胶片感”最快、最简单的方法，它对色彩的映射和反差的调整一次完成。遗憾的是正是因为简单，调色师缺少对 LUT 深度的控制，在实际操作中并没有太多可供调整的变量。

印片用 LUT 的安装很简单，只需要复制到以下目录：在 Mac 上，这些 LUT 需要放在 Macintosh HD > Library > Application Support > Blackmagic Design > Davinci Resolve > LUT > CineSpace；而在 PC 上就把它们放在 C:\ ProgramData \ Blackmagic Design \DaVinci Resolve \ Support \ LUT \ CineSpace。

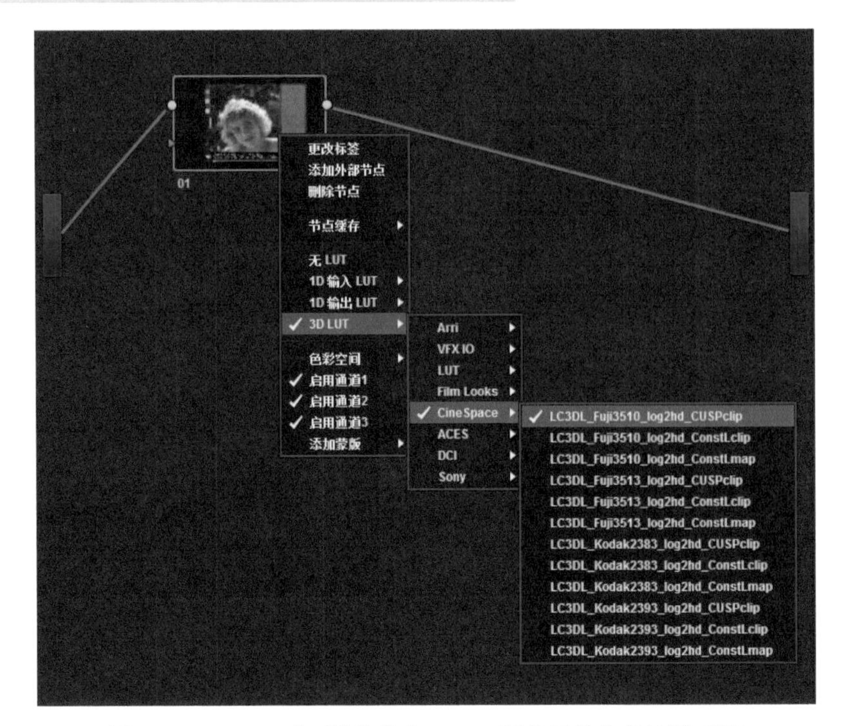

图 6.30　LC3DL 系列胶片仿真 LUT，通常又称为印片用 LUT

在应用这些 LUT 之前，要把视频素材设置成 Log 模式（前提是原素材的记录格式要采用 Log 模式），然后在设置页面展开 3D Output Lookup Table 下拉菜单进行设置，如图 6.31 所示。

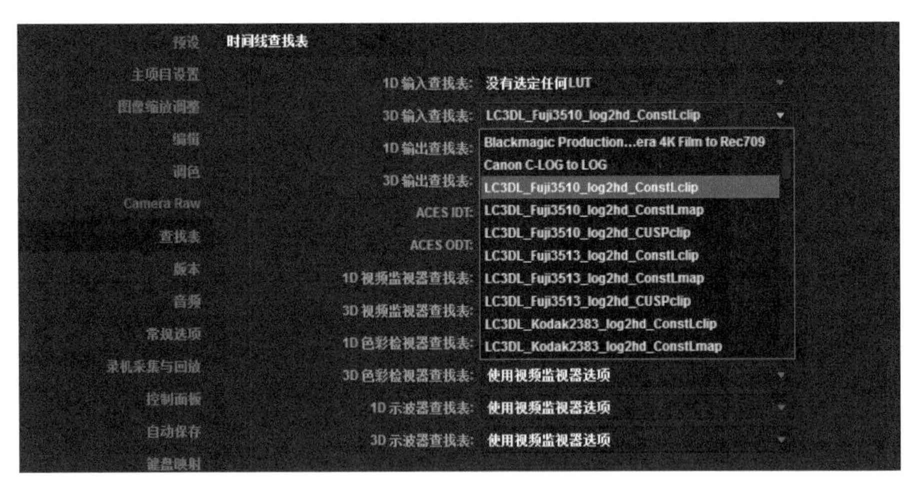

图 6.31　DaVinci Resolve 中的项目设置页面

在应用了 LUT 之后，素材的反差可能会超出示波器限幅，色彩饱和度失真，所以需要在确保白平衡正确的基础上通过 Lift、Gamma、Gain 创造符合剧情的观感，如图 6.32 和图 6.33 所示的应用印片用 LUT 前后的不同效果。

上面提到了 Log 模式的素材可以通过 DaVinci Resolve 内嵌或者是摄影机厂商提供的 LUT 把图像直接映射到 Rec.709，那为什么还要用这些印片用 LUT，或者说印片用 LUT 的特色何在？试比较一下如图 6.34 所示的两种映射结果。

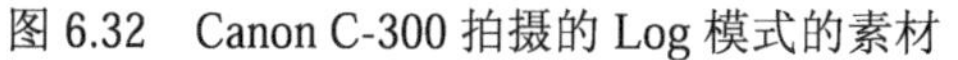

图 6.32 Canon C-300 拍摄的 Log 模式的素材

图 6.33 应用了印片用 LUT 后的结果

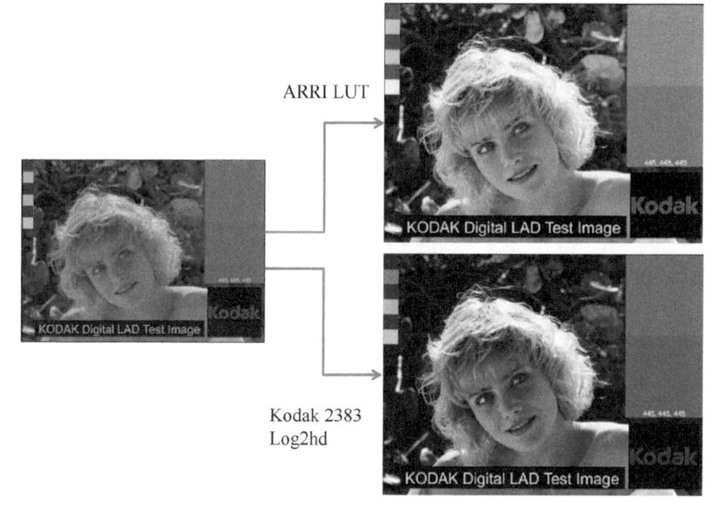

图 6.34 不同的 LUT 效果对比

图 6.34 右上角是 DaVinci Resolve 内嵌的 ARRI LUT 加载后的效果，右下角是 Kodak 2383 Log2hd 加载后的效果。数字影像鲜艳甜腻的特点在 ARRI LUT 的催化下非常突出，而印片用 LUT 作用下的图像虽略显灰暗但还原真实，进一步进行分级调色后会有不错的表现。通过对比发现，印片用 LUT 强调的是阴影、高光、色彩饱和及肤色的处理。

当然，印片用 LUT 也不是万能的，它存在先天缺陷，在某些情况下，加载印片用 LUT 会大幅降低原始图像的质量，色彩层次减少，有时候会有强烈颗粒感和非常明显的风格化效果。如果调色师最终的诉求是纹理细腻的画面、丰富自然的层次，那么印片用 LUT 并不适用。

当今的世界正朝着全面数字影像时代迈进，胶片日渐式微，但胶片的影响绝不会因为传统设备、记录介质的取代而消失。胶片发展实际上是艺术创作规律不断概括和总结的历史，承载着大量观众观影的心理积淀。数字影像一方面基于自身的特点和规律不断发展完善，一方面通过模仿“胶片感”融合传统工艺的成就，最终实现自我超越，这也许才是人们做如此种种尝试的意义所在。

6.4 节点和降噪

现代科学技术日新月异，数字摄影机的宽容度已经超越胶片达到 14 F Stops（14 级光圈）。但是 Log 的算法通常意味着对暗部的极大压缩，如果前期拍摄的时候曝光不足，后期调色阶段提升 Gamma 和 Gain 会增加暗部的噪讯，严重情况下还会出现色调分离。DaVinci Resolve 正式版提供了功能强大的降噪工具，但并不是说直接使用就可以得到满意的效果。特别是对于噪讯比较严重的画面，参数太大会严重牺牲画面的锐度，以至于清晰度不能满足观看要求。

长期以来，噪讯并不是所有类型的影视作品的天敌。纪实作品由于创作规律的制约，有时会有严重的颗粒感，久而久之反而形成了一种创作风格。如《拯救大兵瑞恩》中粗糙的画面就是有意模仿纪录片的颗粒感，营造真实的战场残酷气氛。仔细分析这类风格的影视作品，噪讯基本上是由黑白颗粒构成，彩色颗粒是应该极力避免的。

图 6.35 是微电影《对鸟》中一个曝光不足的镜头，波形位于示波器的底部。

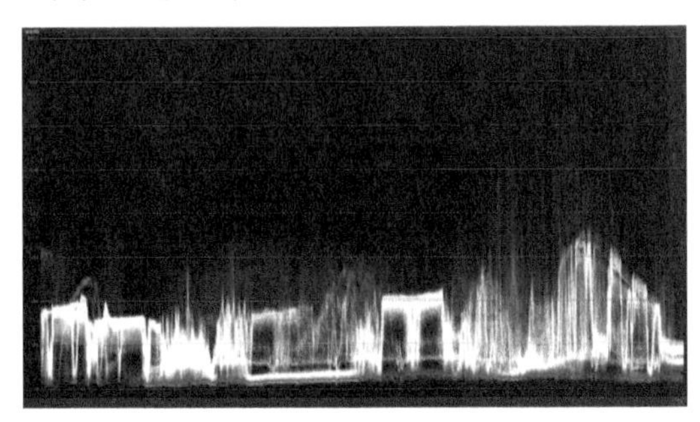

图 6.35　原始影像和它的波形

它是使用 BMCC 数字摄影机拍摄的，如图 6.36 所示，映射到相应的 LUT 并提升反差后，产生了大量彩色噪点。图 6.37 所示为对局部进行放大后噪点“惨不忍睹”。

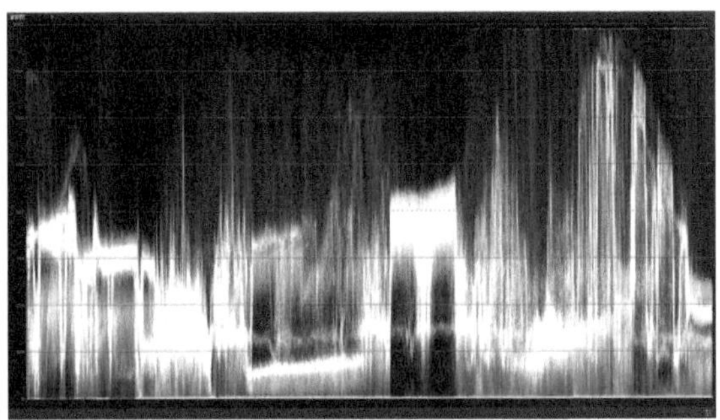

图 6.36　LUT 映射后并反差提升，产生大量彩色噪点

图 6.37　局部放大

降噪的思路是分离亮度和色度通道，单独对色度通道进行降噪。在不改变画面锐度的前提下，减少甚至消除彩色噪点。如果反过来应用，也就是不改变色度通道，只是针对亮度通道进行锐化，能在提高清晰度的同时保持画面良好的观感。

下面我们来分析一下节点结构，尤其要注意在图层混合节点（Layer Mixer）中的合成模式。之前提到这是一段 BMCC 拍摄的素材，第 1 个节点是 LUT 映射节点，把 BMCC 的 Film 色域空间映射到 Rec.709 色域空间；由于前期拍摄时曝光不足，在第 2 个节点调整反差；节点 3 和 5 是图层混合节点中的两个组成部分，3 去掉了色度信号，5 去掉了亮度信号。如果不做任何调整，在 Add 模式下（红圈内）最终的输出影像不会发生任何改变。最后一步是在色度节点 5 上进行降噪，数值为 58，彩色噪点完全变成了黑白噪点，如图 6.38～图 6.41 所示。画面整体的色彩饱和度仅有轻微损失，调色师可根据实际情况对色彩进行评估，适当降低降噪的参数。

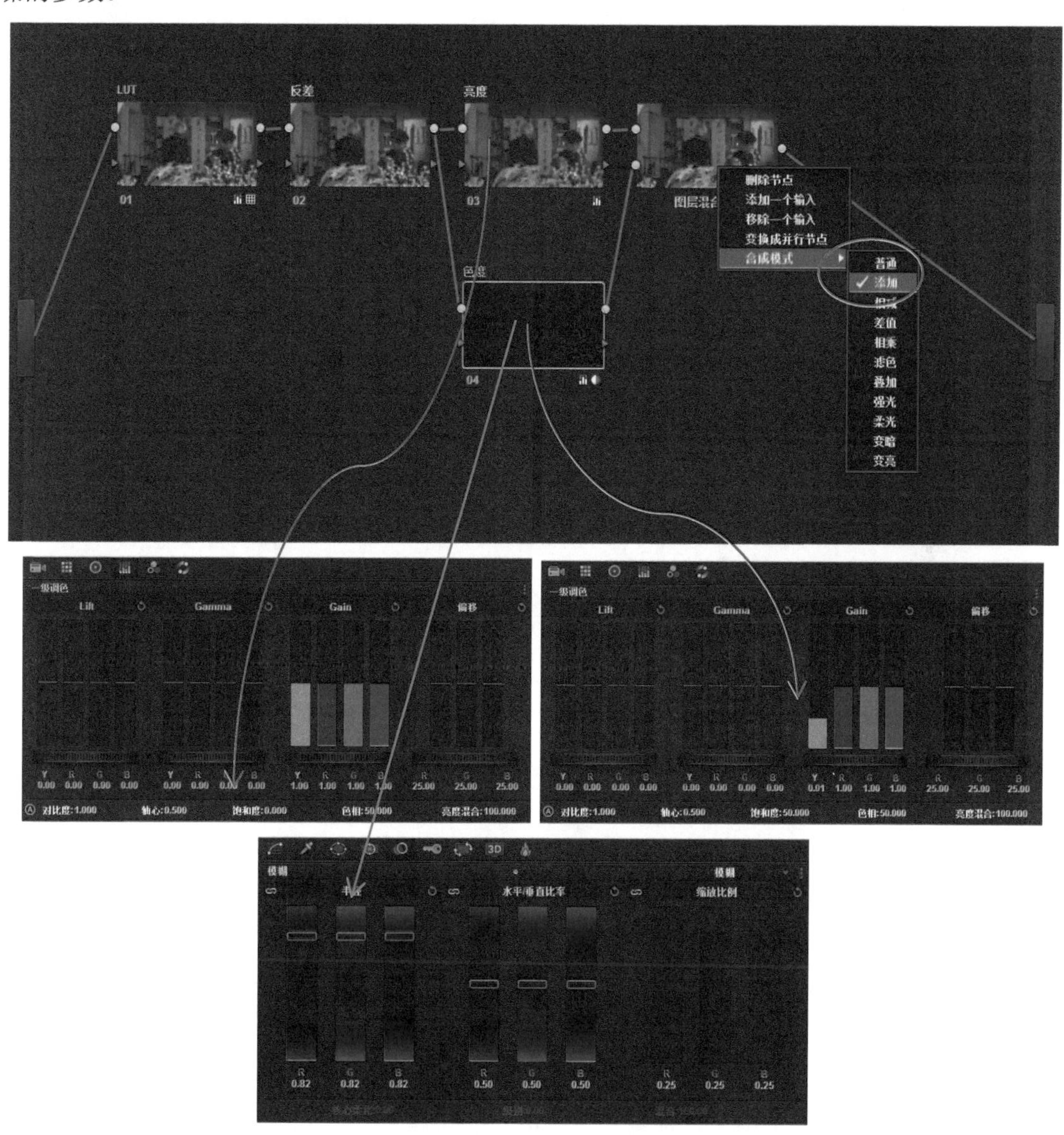

图 6.38 降噪节点结构和调整参数

图 6.39　色度降噪后的效果

图 6.40　降噪后局部放大效果

图 6.41　降噪前和降噪后局部放大后的对比

对画面全局直接降噪的方法在大多数情况下并不适用。全局降噪一般情况下就意味着牺牲清晰度，得不偿失。上面的案例如果直接采用全局降噪会得到如图 6.42 和图 6.43 所示的画面效果。

图 6.42 全局降噪的效果

图 6.43 全局降噪后和色度降噪后局部画面对比

上面的节点结构在 DaVinci Resolve 10 之前是色度降噪的必然选择，DaVinci Resolve 10 和 11 以后 Blackmagic 的工程师追寻调色师的思路，增加了更为简便快捷的工具。在降噪模块中增加了亮度阈值和色度阈值的分量控制，但是 Lite 版本降噪功能是关闭的，使用简化版的调色师仍需沿用以上节点结构手动分离亮度和色度分量，利用 Blur 工具实现降噪。图 6.44～图 6.46 是降噪功能的具体说明。

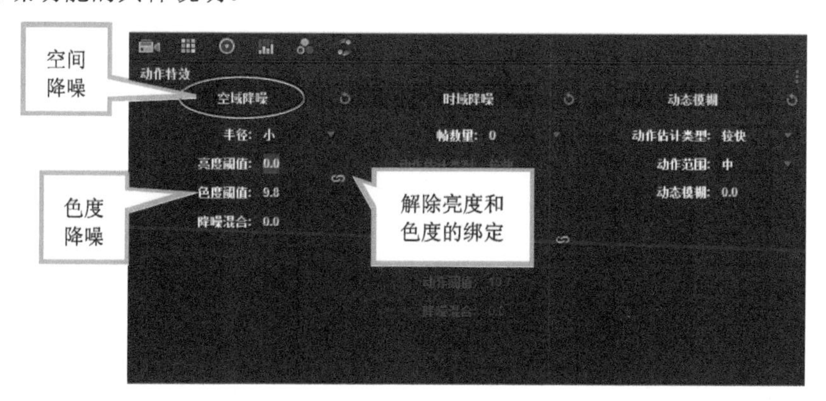

图 6.44 完整版的 DaVinci Resolve 11 提供降噪功能

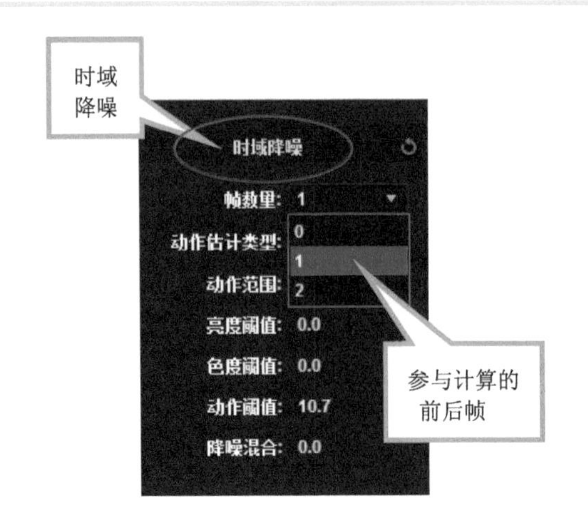

图 6.45　基于时间的降噪

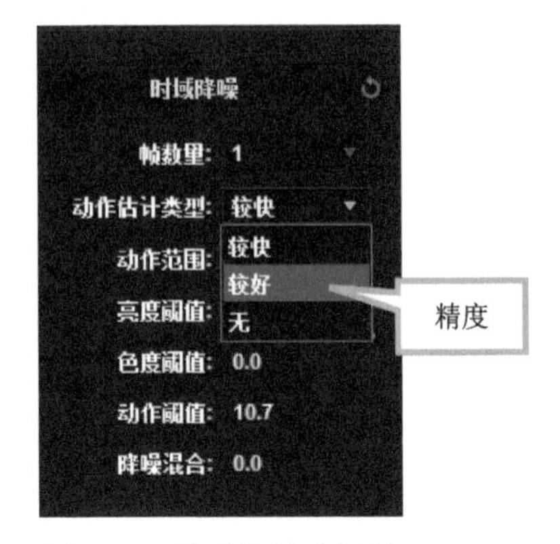

图 6.46　降噪的精度调整

关于降噪的另类应用：胶片时代，大反差且粗犷的画面影调有两种实现方法，一种是采用高感光度的胶片，另一种是在冲洗阶段采用迫冲（Pushing，又称为增感）的方法，用增加显影时间或者显影液温度的方法冲洗曝光不足的负片，可以提高反差和增加颗粒。迫冲原来是应付胶卷感光度不足而采取的不得已之举，然而随着西方五六十年代后，后现代主义的出现，利用迫冲效果的高反差、粗颗粒和狂野制造独特的画面，成为了一种强烈风格化的表达方式。通过以上的案例可以看到，在 DaVinci Resolve 中利用色度降噪也可以模拟迫冲的效果。

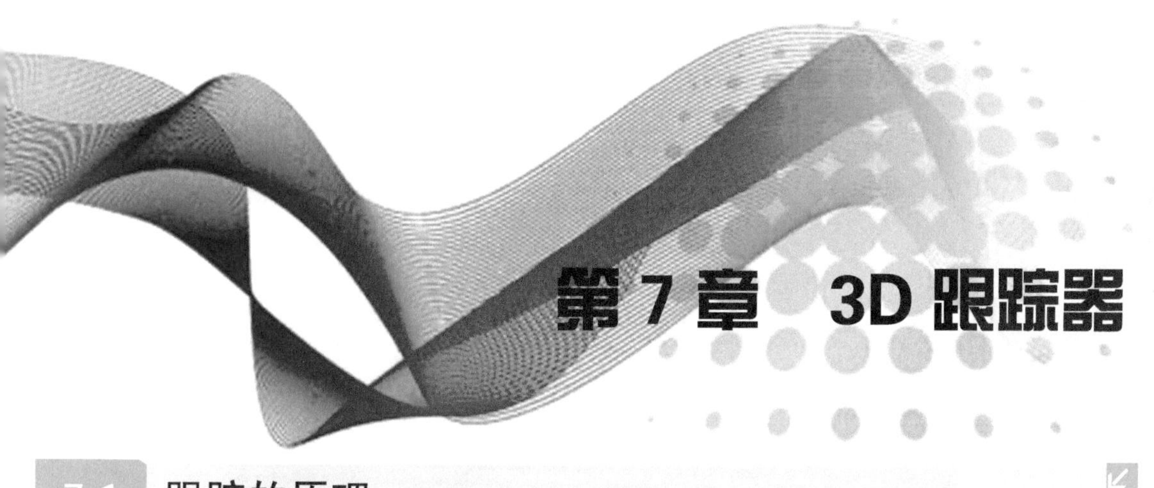

第 7 章　3D 跟踪器

7.1　跟踪的原理

Motion Tracking（运动跟踪或动态跟踪）是影视后期制作中应用非常广泛的技术。实现运动跟踪的基本原理是：在一个运动视频素材中，定义一个需要进行运动跟踪的时间段，在时间段中定义一个需要跟踪的区域，通过将该指定区域中的像素与整个时间段中每个后续帧的像素相匹配，来实现运动跟踪。

传统的跟踪需要设置特征中心点、设定特征范围和搜寻范围（图 7.1）。之后特效软件或插件需耗费大量时间生成关键帧，计算生成运动轨迹。

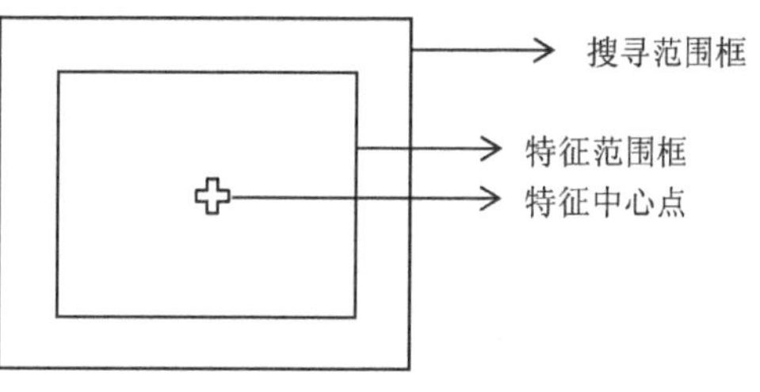

图 7.1　运动跟踪原理示意图

而 DaVinci Resolve 的 3D 物体跟踪器，官方自己是这样评价的："只要在一个镜头中放入一个 Power Window，再打开 3D 跟踪器并按下 Ctrl+T 快捷键，3D 物体跟踪器就会自动跟踪物体的运动、位置和尺寸，即使在跟踪某人脸部时，这个人将脸扭向一边，也可以方便地实施跟踪。3D 物体跟踪使用 1～99 个跟踪点，因此能够完美的实时跟踪锁定"。

行进中的车轮是高速转动的，并不是实施跟踪的理想位置。图 7.2 的意图在于分析 3D 跟踪器跟踪点的产生规律，结果显示车轮中心相对运动速度慢的位置跟踪点较为集中。

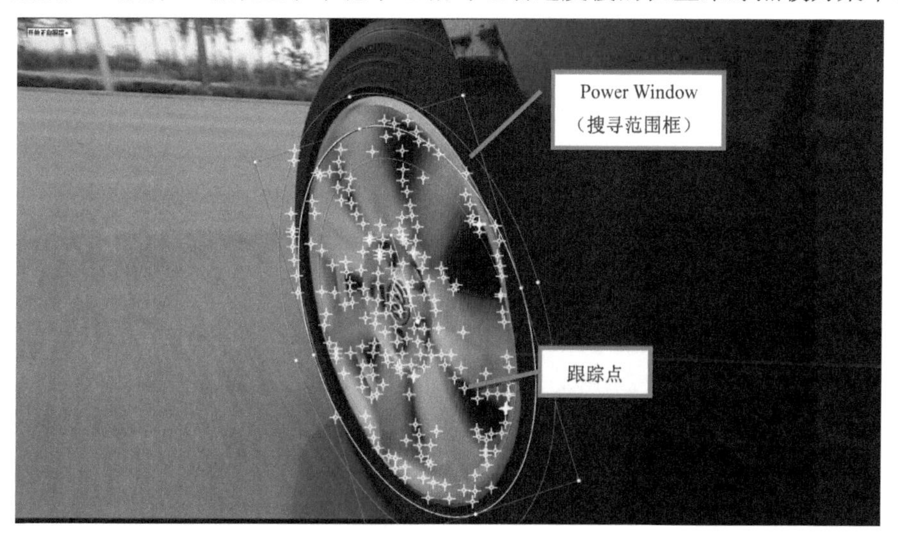

图 7.2　简单设置一个 Power Window 就能方便的实施跟踪

在 3D 跟踪器控制界面有许多控制选项，能让跟踪工作更精确（图 7.3）。

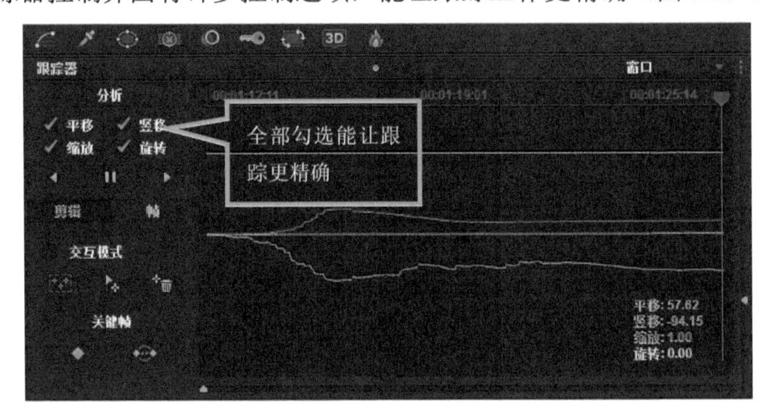

图 7.3　DaVinci Resolve 的 3D 跟踪器控制界面

7.2 世界顶级 3D 跟踪器

比较苹果的 Color、Adobe 的 After Effect 等后期制作调色软件，Resolve 的跟踪器的操作的确“异乎寻常”的简单。不需要设置跟踪点和特征范围，并且还有能够完美匹配任何形状的 Power Window。

图 7.4 所示的案例为跟踪女主人公的脸部，在跟踪器控制界面右上角的下拉菜单中可以选中【显示轨迹】查看跟踪路径（图 7.5 和图 7.6）。

图 7.4　圆形的 Power Window 最适合匹配人脸

跟踪器界面在调色页面底部中间的位置，它集合了跟踪和图像稳定两项功能。选取好画面需要跟踪的部分，在分析（Analyse）标签下可以设定跟踪器的工作参数，包括 Pan 平移、Tilt 倾斜、Zoom 缩放和 Rotate 旋转，系统默认是全选。再向下是图像回放控制菜单，在当前播放头位置可以实现向前跟踪和向后跟踪，以及在跟踪时暂停。向前跟踪的快捷键是 Ctrl+T，意思是从当前播放头位置一直跟踪到这一片段的最后一帧；向后跟踪的快捷键是 Alt+T，意思是从当前播放头位置一直向后跟踪到片段的第一帧。跟踪停止的快捷键是 Ctrl+Alt+T，意思是中断跟踪进程，当跟踪的片段比较长而且变化复杂，在中途轨迹出现错误时可以用此快捷键即刻中断当前的操作，而没有必要花费大量时间等待进程完成。

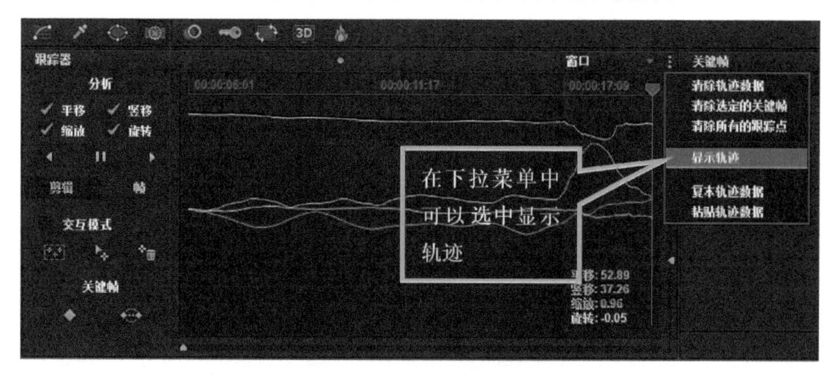

图 7.5 跟踪器窗口右上角的下拉菜单

图 7.6 跟踪器的轨迹可以实时显示

大多数追踪很容易使用这三种命令完成，规范的操作如下。

（1）移动播放头到需要开始跟踪的帧画面（一般是从图像片段的首帧开始）。

（2）设置一个 Power Window，调整它的形状以最好的包围需要跟踪的部分，这部分同时也是要分区处理的区域。

（3）启动跟踪。使用快捷键 Ctrl+T，Resolve 自动打开预览页面并在 Power Window 的图形中植入了大量白色的跟踪点。

Resolve 分析这些跟踪点，紧紧抓住这些像素的运动向量。跟踪结束后，设置的 Power Window 和人物的脸部运动智能匹配，不但匹配运动轨迹，而且包括缩放、旋转等大部分变量都能得到有效记录。最后，把调色效果持续应用于人物脸部这一特定区域范围。在应用调色效果后，还可以进一步调整 Power Window 的形状范围，运动轨迹不会发生改变。

当然，就现在的视频特效技术的发展水平来说，还没有一种软件能够完美匹配所有的运动，DaVinci Resolve 虽然强大，但是还达不到完美融合的程度。后面的部分我们借助关键帧人工干预跟踪器，让 Resolve 对得起“世界最强大的 3D 跟踪器”这个称号。

7.3 跟踪和动态关键帧的综合应用

根据叙事需要，调色工作在第一个节点应用某种特定的风格之后，往往需要增加肤色修正节点。例如在如图 7.7 所示的场景中，冷色调的副产品是女演员的肤色也染上了令人不舒服的蓝青色，这时需要对其进行适当的修正。考虑到场景的真实性，并不是要完全的正确还原脸部的肤色，而是做适当的改善让肤色看起来更健康。

图 7.7　原始的素材和整体冷色调的调色效果

我们在第二个节点后增加一个新的节点（图 7.8），然后进行二级校正，通过二级分离来恢复肤色。

图 7.8　节点结构

（1）如果直接在第二个节点上直接应用 Qualifier，在拾取面部时会出现麻烦，如图 7.9 所示。

图 7.9　画面色彩崩溃

串行节点的操作都是以上一节点的输出为基础进行调整的，所以要建立一个平行节点跳过节点 2（图 7.10），在节点 4 上直接拾取肤色（图 7.11）。

图 7.10　平行节点结构

图 7.11　对节点 4 应用 Qualifier

（2）平行节点绕过了之前施加风格的节点，然后我们用吸管工具拾取她的肤色，效果大为改善。图 7.12 是应用快捷键 Shift+H 显示限定范围，对限定器的效果进行检查。

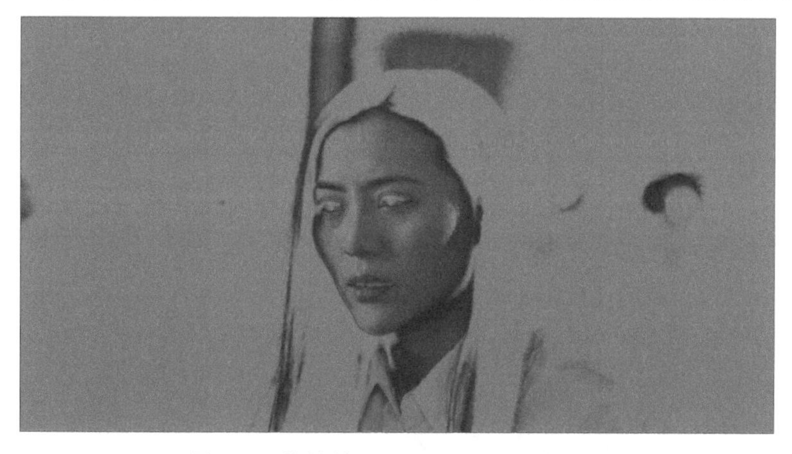

图 7.12　快捷键 Shift+H 显示限定的范围

（3）但是还是有些多余的部分被选中，下面对色键进行进一步的处理。先调整色相 Hue，再调整亮度 Luma，之后调整饱和度，再给 Key 加一些 Blur。效果进一步得到改善，但是衣服和部分背景仍然有问题。这时应该使用 Power Window。打开 Curve 手动画曲线窗口（图 7.13）。

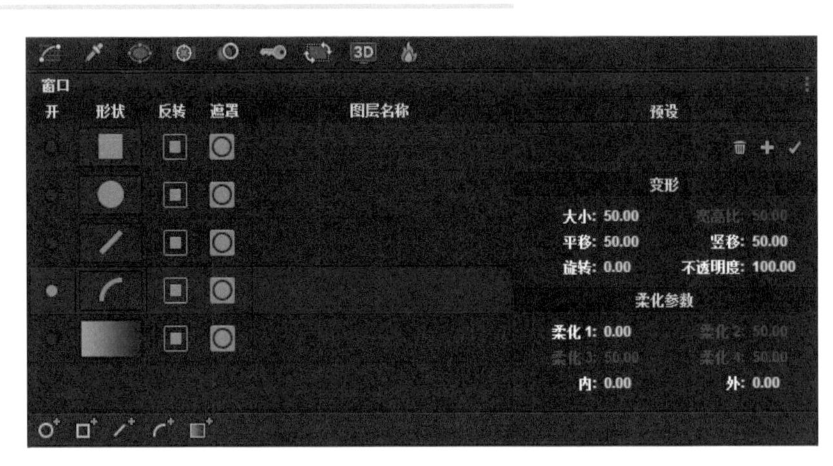

图 7.13　Power Window 窗口界面

（4）沿着皮肤画一圈，Power Window 之外的区域被完全排除干净了（图 7.14）。它是对 HLS 限选工具非常有效的补充。

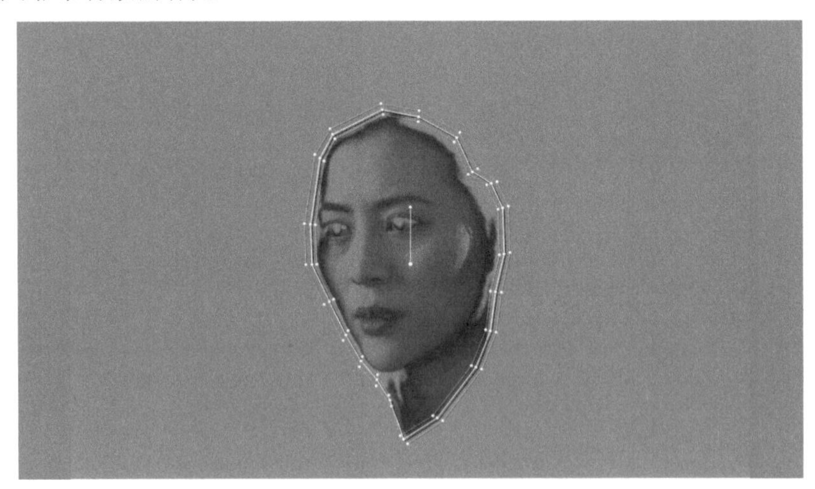

图 7.14　Power Window 和 Qualifier 综合应用

（5）快捷键 Shift+H 关闭 Highlight，进行调色，中间调加一点暖色。对比一下前后的效果，肤色较之调整前更加健康（图 7.15）。

图 7.15　调整前后的对比

（6）当我们播放画面的时候，Power Window 是不动的，人物运动时就套不准了，可能会出现偏离，如图 7.16 所示。

图 7.16 面部运动后 Power Window 偏离

（7）切换显示 Power Window，回到画面的起始位置（或回到刚才建立 Power Window 时的位置），执行上一节讲过的跟踪，如图 7.17 所示。如果手动勾画 Window 的时候不是在首帧或者尾帧，用快捷键 Alt+T 进行反向跟踪，用快捷键 Ctrl+T 进行正向跟踪。

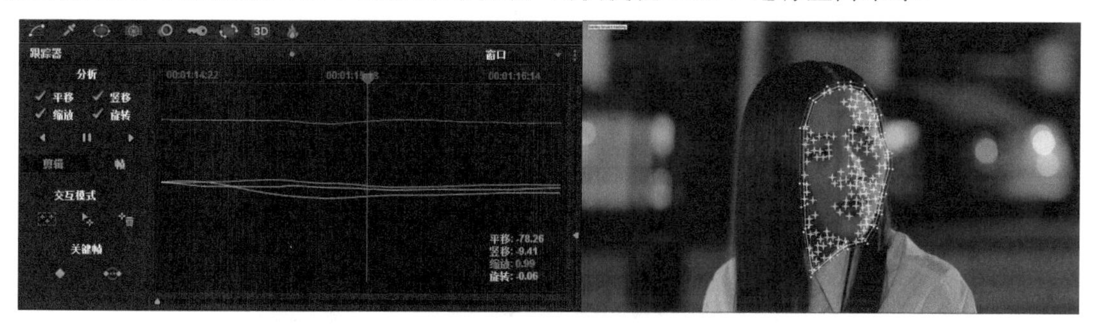

图 7.17 应用跟踪

（8）一切似乎都很完美，Power Window 跟随着人物头部转动。但在开始的位置，由于人物头部的角度，Power Window 原有的形状是无论如何也套不住的（图 7.18）。

图 7.18 跟踪器只跟踪了位置并没有改变形状

下面要做的是在开始的位置改变 Power Window 的形状，仅仅是开始，而不是全部，所以一定要运用动态关键帧。

调色页面右下角的关键帧窗口，点亮曲线 Power Curve 旁边的菱形块激活关键帧，这意味着只对 Power Window 添加关键帧。只要在监视窗口调整 Power Window，就会自动生成关键帧。注意校正器后的数字 4 代表第 4 个节点，因为是在第 4 个节点上进行的调整，所以将如图 7.19 所示的关键帧施加在校正器 4 上。

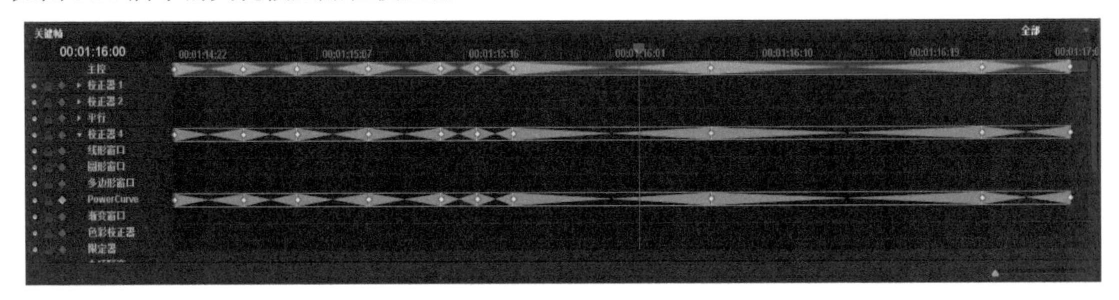

图 7.19　需要根据调整的精度建立多个关键帧

调整后查看，形状得到了完美匹配（图 7.20）。

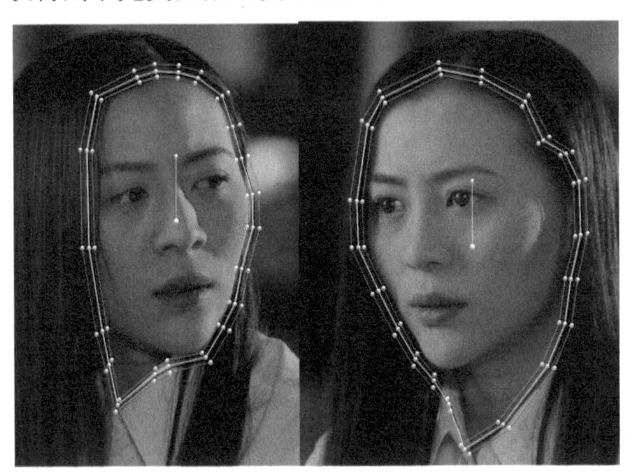

图 7.20　形状得到了匹配

（9）关闭 Power window 查看最后结果，如图 7.21 所示，完全察觉不到调整的痕迹。

图 7.21　建立关键帧前后的效果对比

7.4 图像稳定器

图像抖动是一个“致命”的问题，通常在前期拍摄时就会被重新拍摄。但有些情况在拍摄时很难处理，如在人行天桥上拍摄，行人的走动会造成支撑设备和摄影机震动，后期制作中棘手的任务之一就是稳定那些因抖动而可能作废的镜头。

Resolve 如何辨别究竟是因为摄影机的震动、晃动造成的图像抖动，还是图像内部元素（被拍摄对象）自身的正常运动。其实原理很简单，摄影机的震动会造成整个画面内所有元素的抖动，而且运动的方向和幅度基本一致，而图像内部元素的运动则是相对的。Resolve 强大的浮点运算能够快速的做出区分，保留图像内部物体正常的运动，只对摄影机的震动等进行校正。

图像稳定的操作包括三个步骤：第一步对片段进行“分析”，第二步对稳定器进行参数设定，第三步执行。

DaVinci Resolve 的稳定器操作简单，但要严格遵循以下操作步骤。

（1）打开跟踪器面板，从右上角下拉菜单中选择【Stabilizer】稳定器选项。

（2）在【分析】复选框 （Pan, Tilt, Zoom, Rotate）的面板上，取消那些不希望校正的坐标的选中，如图 7.22 所示。

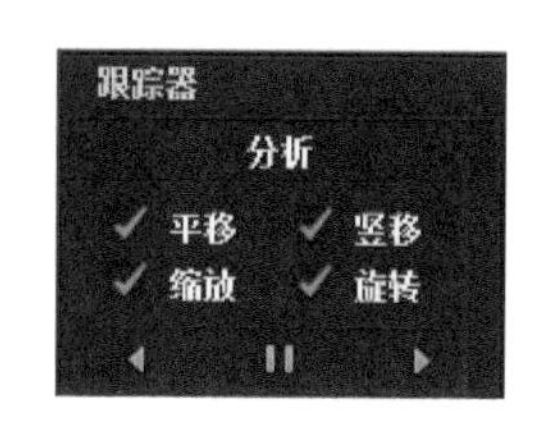

图 7.22 选中需要进行运动分析的选项

自动产生的跟踪点用于分析各部分的运动，但有时有些跟踪点会干扰稳定器，需要人工干预，如图 7.23 所示。

图 7.23 自动产生的跟踪点有时产生干扰

（3）单击【先前跟踪】按钮向前跟踪，或者把播放头定位在片段结尾，单击【向后跟踪】按钮向后跟踪。这一步是只是分析片段，“稳定器”尚未工作。

图 7.24 【交互模式】复选框

（4）手动干预分析过程，选中【交互模式】（Interactive Mode）复选框（图 7.24），通过限定选区来设置跟踪点，排除干扰稳定器的部分，如图 7.25 所示。

（5）增加“强”（Strong） 和 “柔顺”（Smooth）参数以调整稳定效果，如图 7.26 所示。

图 7.25 手动设置跟踪区域

图 7.26 稳定器选项

（6）选择边缘处理参数。图像稳定器的工作方式是有代价的，它的原理是将那些因为抖动位移的像素重新“对齐”，代价是画面会受到裁剪。选中【缩放】（Zoom）复选框对图像进行放大处理，以避免出现黑边。

（7）调整好以上参数设置后，单击【稳定】（Stabilize）按钮。

（8）回放片段并检查稳定后的效果，如果不理想，可以调整“强”（Strong）和“弱”（Smooth）的数值，重新执行稳定器。

第 8 章　色彩管理和 ACES 工作流程

数字电影诞生于 20 世纪 80 年代，最初是作为传统特技的补充使影片更加完美。乔治·卢卡斯，这位好莱坞的巨匠早在 1977 年就开始尝试开发数字后期制作技术，2002 年 5 月他的《星球大战 II：克隆人的进攻》在全球实现数字放映，而且在前期的拍摄中，乔治·卢卡斯第一次抛开传统的胶片摄影机，全面采用了数字拍摄设备 Sony F900。时至今日 4K 数字电影的大门已经敞开，世界正在朝着全面数字影像时代迈进。

彩色胶片出现后，配光成为传统电影制作流程中不可或缺的一环，保证了拍摄素材的色调统一和影片最终的视觉效果（图 8.1）。作为彩色胶片的生产厂商，柯达和富士针对不同的拷贝型号制定了标准化的配光工艺流程，形成了一套成熟的规范体系。在这种体系下制造出的大银幕胶片感，一直为观众津津乐道，成了后来胶片和数字两大阵营论战的理论高地。

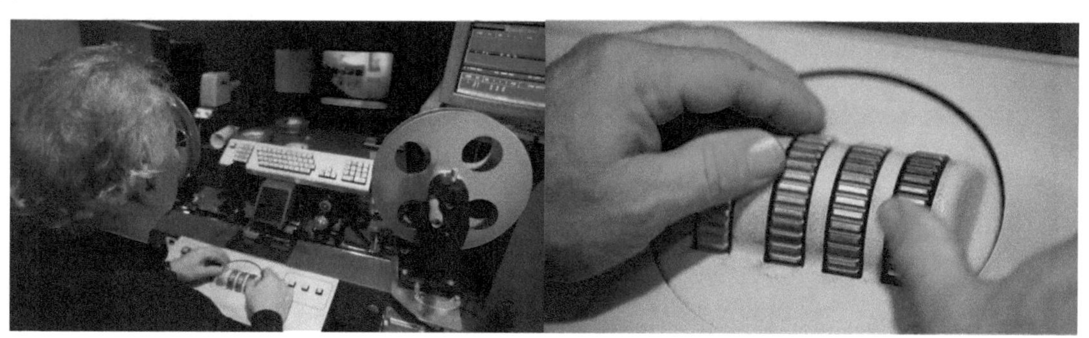

图 8.1　胶片色彩管理的重要环节——配光

由于化学工艺烦琐复杂，胶片的配光工艺成熟后极具稳定性。但是这种“稳定”也遭到了许多大导演的诟病，“胶片时代的配光基本上是靠脑袋想，然后用嘴说。这非常难[①]”；“胶片配光是个令人沮丧的过程，在片子播放的时候不停地说，还要能跟上剪辑的速度，还有些专业词汇，不停的把脚注写下来，让人感觉很疯狂[②]”。数字技术用很短的时间以摩尔定律的加速度，很快在工艺流程上突破了电影后期制作的“防线”，2000 年后，数字中间片开始全面介入电影制作，后期配光技术也彻底被数字调色技术取代，色彩的处理空间变得无限广阔。如第一部采用中间片技术的《逃狱三王》（图 8.2），在色彩的处理上可以说有石破天惊之举，疯狂的棕黄色调极大刺激了观众的神经。

① 安德烈·巴克维亚，摄影师，代表作《非法入侵》《生死时速》《魔鬼代言人》。

② 斯蒂文·索德伯格，摄影师、导演，代表作《11 罗汉》《切格瓦拉》《传染病》。

图 8.2 《逃狱三王》中疯狂的棕黄色调

数字技术的优点在于“没有做不到，只有想不到”，一边是全世界知名的胶片摄影机生产厂商不断推出价格昂贵、性能优异的数字电影摄影机，如 Panavision 的创世、Sony 的 F65；另一边是为迎接“全民视频”时代的到来，大量的民用级产品迅速普及，如 Canon 的 C 系列和 5D 系列、Sony FS 系列、Panasonic 的 GH 系列、BMD 的几乎全系列，价格低廉且分辨率都在 2K 以上，甚至达到 4K。“小型”的设备也经常参与“大制作”，SI-2K MINI 就曾经助力《贫民窟的百万富翁》，如图 8.3 所示，因为其便携性大大提升了镜头的运动拍摄。图 8.4 所示为专门用于大电影的“创世”。

图 8.3 助力《贫民窟的百万富翁》的 SI-2K MINI

图 8.4 专门用于大电影的“创世”

数字技术已经崛起，其潜力无可匹敌。但同时新事物初始阶段总会体现出双刃性，数字影像技术也不例外，大量新设备、新色彩空间、新编码的出现，导致不同的设备、编码格式、各种色彩的表示法之间的对应和转换越来越复杂，科学的色彩管理系统和规范的制定迫在眉睫。2002 年美国好莱坞数字影院创导组织（DCI）投入 480 万美元巨资，调查论证数字电影的规范，2004 年又追加了 120 万，最终在 2005 年发布了《数字影院系统规范》V1.0 版。截止到 2007 年 3 月共发布了 148 个勘误和校正，DCI 将《数字影院系统规范》V1.0 版加入了这 148 个勘误和校正形成了《数字影院系统规范》V1.1 版，并于 2007 年 4 月 12 日公布。虽然还没到最佳的时机，但行业太需要这样一个东西，《数字影院系统规范》制定的艰难历程说明，在数字技术如此开放并高速发展的时代设计一个范本是一项多么考验“创造能力”的工作。虽然有些东西实在是框不住的，要不断勘误补充，但不管怎么说，最终放映标准的确定的确给色彩管理规范的建立奠定了根基。

为了进行更有效的质量控制，在《数字影院系统规范》的基础上，结合 HD 高清电视、视频网络应用等，主流的制作公司和标准协会制定了色彩管理规范并开发了色彩管理软件（如 cineSpace、OpenColorIO），在实际操作层面这些管理方案成为沟通显示器和大银幕，制造“电影感”的重要工具。

8.1　色彩管理的涵义

在影视作品后期制作过程中,创作者一直在追求色彩的可预测性和一致性。尽管不同的设备对色彩再现有可能不同,创作者仍然希望看到色彩在不同的技术设备上呈现一致性。例如，同样的 RGB 值送给两个不同的显示器或监视器,得到的色彩可能很不一样。为了得到相似的结果，需要给不同的设备输送不同的值。这时候就需要一种方法,能够将在一种设备上显示所需色彩的值转换成在另一台设备上再现同一色彩的值。这个方法就是色彩管理。简单地说,色彩管理就是要解决如何用一个设备去模拟另一个设备的显示,达到所见即所得。

传统电影制作依靠摄影师和配光师的经验进行色彩的控制, 配光时可以进行的调整控制很少,且工艺烦琐。数字摄影机的出现极大地拓展了前期摄影的创作自由,使摄影师的创作可以延续到后期制作中,可以借助监视器进一步进行色彩分级创作,提升了创作的质量,也提高了工作效率。

数字配光时，处理的是数字文件，如果直接通过 Rec.709 色彩空间的监视器来监看，与数字摄影机拍摄的原始效果会有很大出入。在此基础上调色可以说是“失之毫厘，谬以千里”。如果最终播放的平台不是电视媒体，色彩的还原必定是一片混乱。要很好地利用数字配光手段, 就需要很好的控制色彩传递, 使色彩传递准确，并能够预见性地看到最后的结果。

数字配光调色中的色彩管理首先要解决不同的显示设备之间的色彩匹配，其次要熟悉各种数字摄影机不同的色彩空间设置，最后精通调色软件的色彩管理工艺流程，打通从前期拍摄到后期调色输出的“任督二脉”，研究其原理和功能, 掌握色彩转换的特性和规律, 才能获取高品质的电影影像。

8.2　色彩管理的对象

8.2.1　显示器的色彩管理

在色彩管理流程中的显示系统色彩管理主要分两个方面: 一方面是标准化, 另一方面是特性化。

标准化的目的在于通过显示器硬件或计算机软件的调节将影响显示色彩的关键参数调节到某一标准或达到特定的要求, 为不同显示系统之间达到相同的显示效果创造条件。例如，显示分辨率、色彩位深、白点色温（或色度）、白点亮度、黑场亮度、Gamma 值等。表 8.1 中列出的是参考国际标准并结合数字影像调色实践的一些参考数据，可以让调色师更好地了解屏幕校色的要点。具体应用专业设备对显示器进行校准的详细说明参见本书“附录 B”。

特性化的目的在于不同显示设备之间的色彩匹配。不同设备色彩空间不同, 为了用一个色彩空间的颜色来模拟和表现另一个色彩空间的颜色，需要根据要求采用合理的映射方法，即色彩匹配方式，这一部分内容将在“8.2.3 调色软件色彩空间设置”中讨论。

表 8.1　屏幕校色应注意的主要内容

屏幕校色应注意的主要内容	
显示器白点色温	D65、D50 标准的色温
显示器白点亮度	80～120cd/m^2
Gamma 值	2.2
显示器黑场亮度	可实现的最小亮度
环境光色温	5000～6500K
环境光亮度	64～32Lux
环境光（外围）	无强光反射
周围环境	中性色表面，反射率低于 60%

8.2.2　数字摄影机的色彩管理

对于数字摄影机传感器而言，它能采集所有的可见光。但对于显示器而言，它所能表现的色彩是有限制的，显示器无法表现它自身色彩空间以外的颜色，因此拍摄前必须设置数字摄影机所用的色彩空间，以便于将色彩进行编码。现在比较常用的有 Log、Rec.709、DCI P3 及 Gamma 标准。

■ Log

Log 是一种对数信号，有宽广的色彩空间，能给后期调色提供非常大的余地。它在图像中最大限度地保留了色彩信息。但是 Log 是一种中间的色彩格式而且并不适合现行的显示标准。在普通的显示器上，用 Log 模式记录的图像看起来发灰（Flat）而且饱和度太低。当处理 Log 图像时，需要用 LUT 来匹配显示设备。

■ Rec.709

Rec.709 是符合传统电视制作流程标准的一种输出格式（色域空间的模式）。Rec.709 是 the International Telecommunication Union's ITU-R Recommendation BT.709 的简称。 因为 Rec.709 是用来显示图像的视频监视器的国际标准，所以显示器监看 Rec.709 模式的图像，或者是影片的投放平台（电视台或网络），一般采用这种模式。但为了提高前期拍摄的动态范围，尽可能多的保留亮度和颜色信息，前期拍摄时会先采用 Log 模式，进入后期流程再映射到 Rec.709 模式。

■ DCI P3

DCI P3 又称为 SMPTE 431-2 标准，它是数字投影仪及大量 LCD 显示器的标准。它在编码和颜色映射上与 Rec.709 类似，有非常相似的色调，但比 Rec.709 有更宽广的色域，这种设计是为了尽量接近印片用胶片的色域。如果影片主要的播放平台是数字影院，DCI P3 是一种理想的选择,但拍摄现场要有兼容该色域的监视器或者使用 LUTs 映射才能正确监看。

由于考虑到会有 DCI-P3 色域空间不能覆盖的高饱和度物体，有些数字摄影机（如 Canon C500）通过将色域空间拓宽到感应器特性的极限，记录更宽的色域空间（图 8.5）。目前由于基于电影色域空间的投影机和显示器还没有普及，电影色域空间需要通过 IDT 将信号转换为

ACES（学院色彩编码系统）色域空间才能使用。ACES 代理信号[①]数据通过监看端子输出。通过连接支持“RRT”和“ODT”功能的监视器即可看到最终画面。有关 IDT、RRT、ODT 的内容将在下一部分进行介绍。

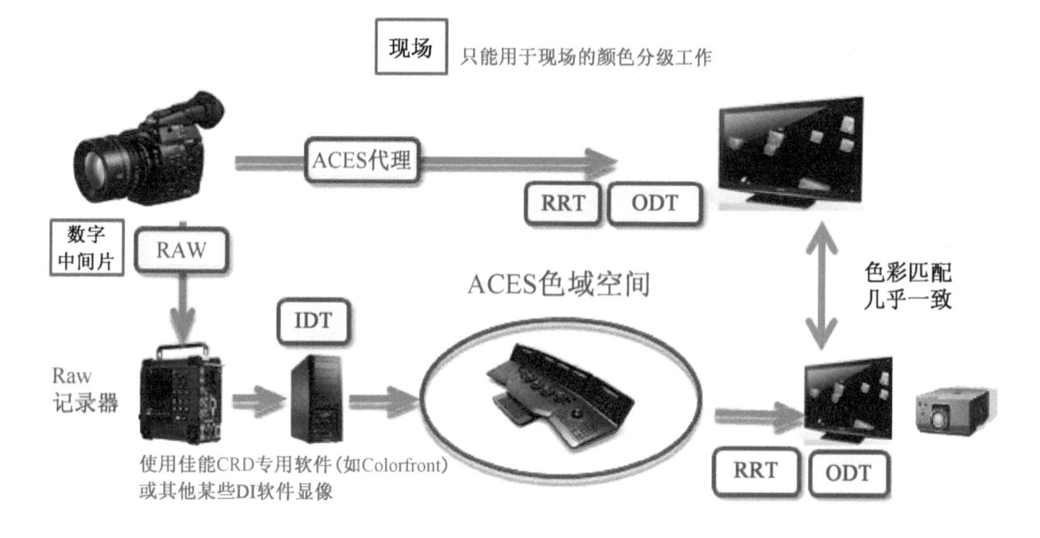

IDT(输入设备转换)：将摄影机自有的色域空间转换为ACES色域空间
RRT(参考渲染转换)：模拟止片转换Transform inorder to emulate Print Film
ODT(输出设备转换)：将ACES色域空间转换为输出设备自有的色域空间(如投影机，显示器等)

图 8.5 佳能 C500 数字摄影机的色域空间设置和色彩管理流程

图 8.6 是 Rec.709、DCI-P3、DCI-P3+和 Cinema Gamut 的色域空间，以及它们的白点和 RGB 三原色的坐标。

① 什么是 ACES 代理?以 SDI 的传输标准传送记录 ACES 数据是不可能的，因为 OpenEXR（16bit 线性）的数据量太大了。美国电影艺术与科学学院（Academy of Motion Picture Arts and Sciences）提出了以 log gamma（10 bit 或 12 bit）的方式通过 SDI 传输标准传送信号的方法，旨在在拍摄现场进行监看和分色。并仅适用于在拍摄现场进行分色。

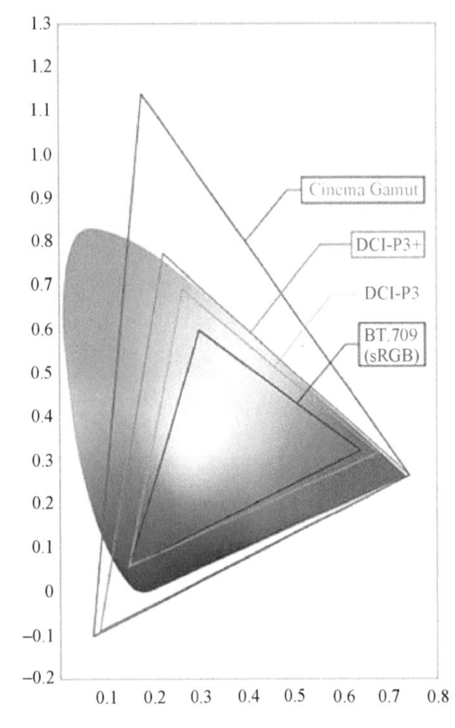

BT. 709

	x	y
White	0.3127	0.3290
R	0.6400	0.3300
G	0.3000	0.6000
B	0.1500	0.0600

DCI-P3

	x	y
White	0.3140	0.3510
R	0.6800	0.3200
G	0.2650	0.6900
B	0.1500	0.0600

DCI-P3+

	x	y
White	0.3140	0.3510
R	0.7400	0.2700
G	0.2200	0.7800
B	0.0900	−0.0900

Cinema Gamut

	x	y
White	0.3127	0.3290
R	0.7400	0.2700
G	0.1700	1.1400
B	0.0800	−0.1000

图 8.6　不同色域空间的范围

8.2.3　调色软件色彩空间设置

无论影像数据怎样千变万化，最终要显示出人眼能看到的颜色。这个过程离不开软件对这些数据的定义和还原，这就是调色软件对色彩空间的设置。本章开篇提到过，数字影像的制作环境是如此丰富，导致不同的设备、编码格式、各种色彩的表示法之间的对应和转换越来越复杂。前期摄影机如何选择拍摄时的色彩空间，该用什么监视器监看，需要如何转换；后期制作对应的是哪种色彩空间，是用广播级的标准监视器还是直接用电脑的显示器；最后成片输出到什么平台，需不需要再进行色彩空间的转换……的确都是些让人头疼的问题。

针对这种现状，DaVinci Resolve 提供了强大的工具和设置，几乎兼容目前主流的所有色彩空间，并推荐了科学的工艺流程。其中 ACES[①]流程是质量控制最好、效率最高的一个解决方案。

ACES 是由 AMPAS[②]制定的色彩管理标准，其目的是通过在视频制作工作流程中，采用一个标准化色彩空间来简化复杂的色彩管理工作流程，提高效率。通过 DaVinci Resolve，不同的色彩空间可以转换为 ACES 的统一标准，因为 ACES 广泛的色彩和高动态范围不会损失任何细节[③]。ACES 还可以在使用不同的颜色特征的输入和输出的显示设备上，制造出相同的色彩显示。

① Academy Color Encoding Specification 的缩写，译为学院色彩编码系统。

② AMPAS 是电影艺术与科学学院的简称。

③ ACES 色域设计大到足以涵盖所有可见光，有惊人的 25 挡光圈的曝光宽容度。它是一种面向未来、兼顾图像采集和发布的色彩空间。

图8.7是ACES标准制作工作流程和DaVinci Resolve中的ACES色彩管理流程，供调色师参考。

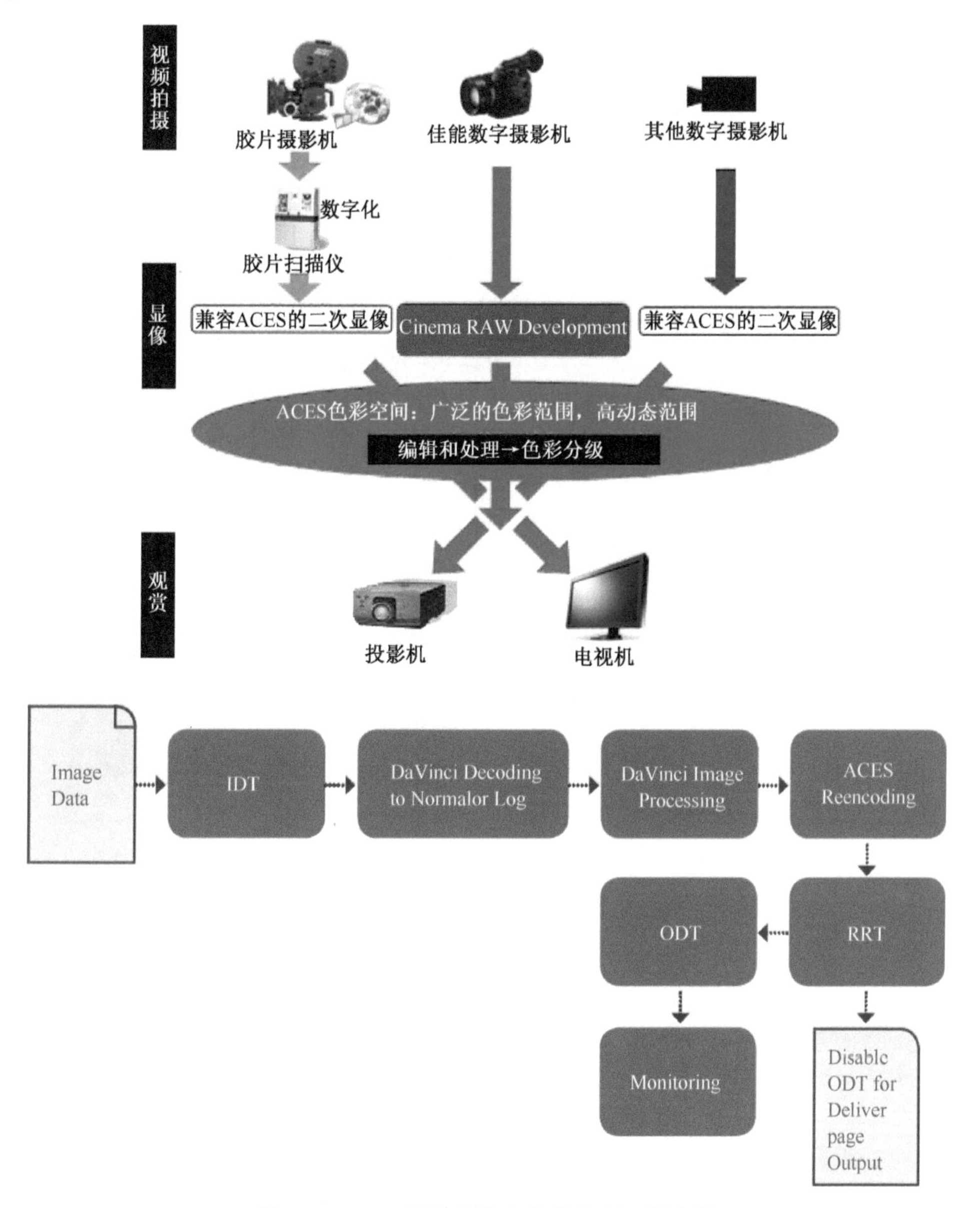

图8.7　ACES标准制作和色彩管理工作流程

使用ACES是为了在调色中维持色彩保真度，在不同的摄像机上实现颜色的标准化。它包括以下四个环节。

第一环节 IDT——由数字摄影机拍摄、胶片扫描或者是从录像机采集到的IAS（Image Acquisition Source）图像元数据，经过IDT（Input Device Transform①）输入设备转换，转换为ACES色彩空间。每一种数字摄影机都有各自的IDT，如Alexa只能用自己的IDT转换为ACES色彩空间。转换完成后进行调色，应用各种特效。目前DaVinci Resolve支持

① 将摄影机传感器采集到的数据转换成真实世界的亮度值。

RED/Alexa/Canon 1D/5D/7D/Sony F65 和 Rec. 709[①]、ADX[②]、CinemaDNG[③]——ACES 的色彩空间转换（图 8.8 和图 8.9）。

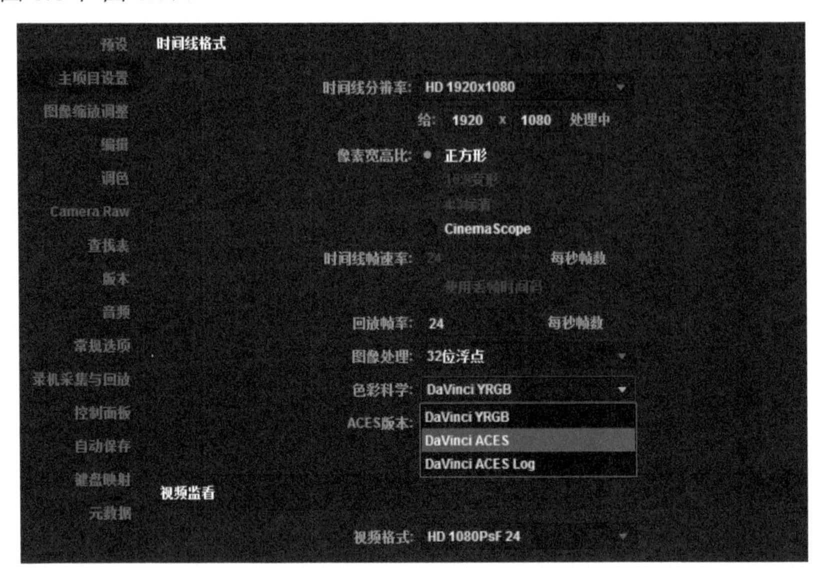

图 8.8　在 DaVinci Resolve 项目设置中选择 DaVinci ACES 色彩空间

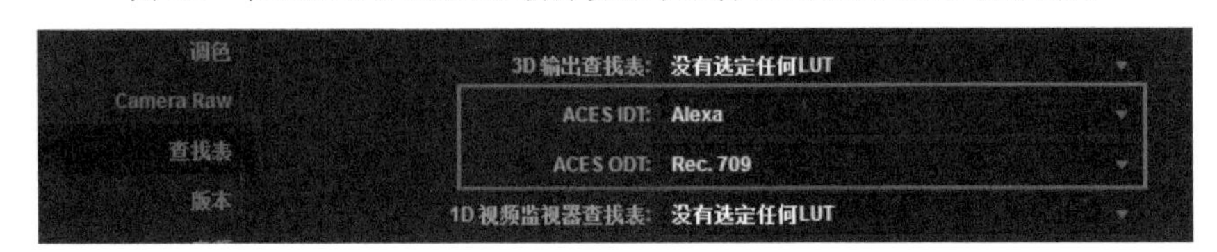

图 8.9　LUTs 中设置 ACES IDT 和 ODT

第二环节——RRT（Reference　Rendering Transform），参考渲染转换把每个数字摄影机或者图像输入设备提供的 IDT 转换成标准的、高精度的、宽动态范围的图像数据，再从 ACES 数据中“还原”图像，把机器语言变成人类感官能接受的最赏心悦目的图像，把转换过的 ACES 素材进行优化输出到最终的显示设备上。

第三环节——DaVinci Reslove 色彩校正调色。

第四环节——ODT（Output Device Transform），输出设备转换准确的将 ACES 素材转换成任何色彩空间，优化后输出到最终的设备上。不同的 ODT 设置对应不同标准的监看和输出，例如，在高清显示器上使用 Rec.709，计算机上使用 sRGB，数字投影机上使用 DCI P3 等。目前 DaVinci Resolve 支持 Rec.709[④]/DCDM[⑤]/P3 D60[⑥]/ADX[⑦]/sRGB[⑧]/P3 DCI[⑨]。

---

① 支持从 Final Cut Pro 导入的 ProRes 格式、Media Composer 导入的 DNxHD 格式或者是从录像带采集的素材。

② 如果使用数字中间片（胶片扫描 Film Scan），10 位或 16 位整数胶片密度编码转换，ACES 工作流编码能保留不同胶片之间的差异。

③ Blackmagic 数字摄影机记录的格式。

④ 用于标准监视器和电视节目制作。

⑤ 输出 Gamma 值为 2.6、X’ Y’ Z’ 编码的媒体，用来传递给下一个应用程序重新编码制作 DCP（Digital Cinema Package）数字电影包用于数字电影发行。这个数字电影包只能用能解析 XYZ 色彩空间的投影机播放。

⑥ 输出 RGB 模式编码的图像数据，白点定义在 D60，用于能兼容 P3 的显示器监看。

⑦ 标准的 ODT 设计，用于输出胶片，不适合用于监看。

⑧ 用于计算机显示器作为监看设备的调色环境，制作的节目投放目标是网络视频。

⑨ 标准的 ODT 设计，白点 D61，RGB 模式编码，输出媒体用于 DCI 工艺流程。

利用 ACES 色彩空间和特定的 IDT-ODT 流程，可以从任何采集设备获取图像，在校准过的显示器监看下调色，最后把它输出成任何格式。ACES 能最大限度地利用输出媒介的色彩空间和动态范围，使“观感”最大化，最大限度地保留调色的效果。

图 8.10 是 Rec.709 和 ACES 色彩空间下不同的结果，受限于印刷媒介的色彩模式，很难表现两者的差异。

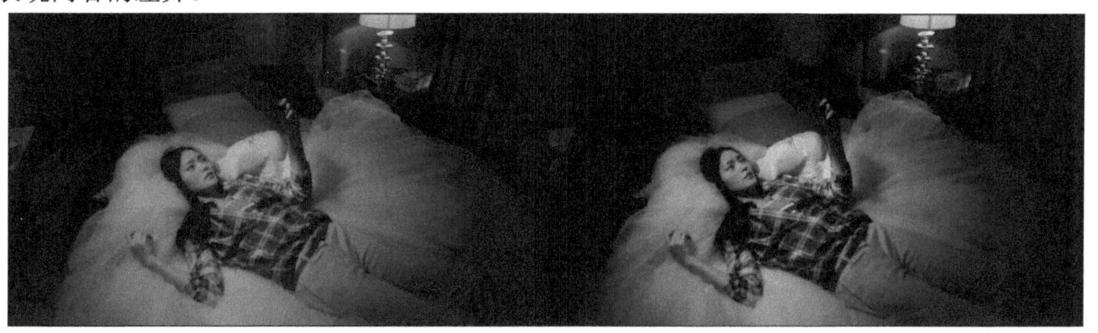

图 8.10　Rec.709 和 ACES 色彩空间的差异

1. 关于 DCP 的输出

数字电影母版制作是数字电影后期制作的最后环节。影片在完成数字后期制作之后，形成数字源母版（Digital Source Master，DSM），之后按照数字电影的技术规范，对 DSM 进行色彩空间、文件格式、图像分辨率、画幅宽高比、比特深度、帧速率等参数的处理和转换，形成数字电影发行母版（Digital Cinema Distribution Master，DCDM）；DCDM 经过图像压缩、加密、封装、打包等处理后，形成交付影院放映的数字电影数据包（Digital Cinema Package，DCP）。以上程序的流程图如图 8.11 所示。

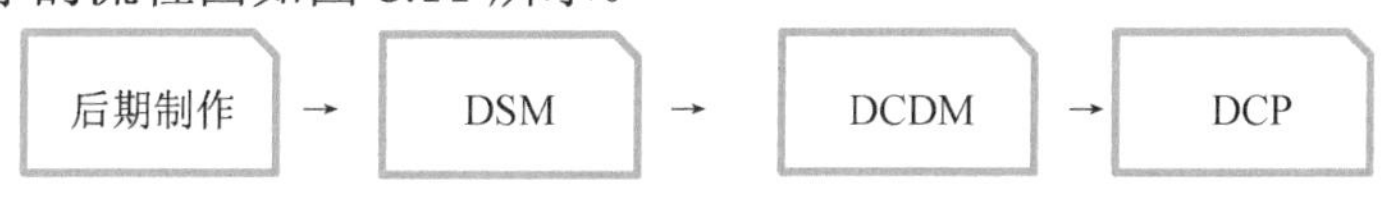

图 8.11　DCP 输出流程图

因为数字电影院已成为主流，完成及最后的输出选择性现在更复杂了。档案、胶卷及影带，正迅速的被数字电影数据包（Digital Cinema Package，DCP）所取代。现在，DCP 输出已是电影发行、电影节的必需品。Resolve 11 增加了一些新功能，让这个过程更流畅。它现在提供了 JPEG 2000 的编码，因此可以由 Resolve 直接产生 DCP 兼容的视讯流（Video Stream）。然而，制作 DCP 包装并非只是像输出视讯流这么简单，而 Resolve 11 则有办法可以与第三开发商的 Easy DCP 软件直接交互，制作真正的数据包文档，让 DCP 的生成一次到位。

DaVinci 与 Easy DCP 具有链接的功能，因此如果有 Easy DCP 的使用版权，那么 Easy DCP 就可以看得到 Resolve，这样就可以将档案直接传送，与 Easy DCP 输出工具连接。可以免除在 Resolve 进行导出的动作，这样不仅可以节省时间，还可以节省制作数字输出的费用。

2. ACES 项目输出

（1）在调色软件的**输出**（DELIVER）页面选择输出格式的说明。

①用于电视广播。

ACES ODT（ACES Output Device Transform）选择 Rec.709，在**输出**页面根据需要生成各种格式。

②用于数字影片工业流程。

如果把调色的素材以 DCDM 或者 ADX ODCs 输出给下一个兼容 ACES 的设备，ACES ODT 选择“No Output Device Transform”，输出页面选择 OpenEXR RGB Half（Uncompressed）格式。影片归档也选用这种模式。

（2）关于渲染格式的说明。

DPX：无压缩图像序列，用于电影制作流程和 DCDM。

Cineon：Kodak 设计的一种无压缩图像序列，用于胶片扫描和数字制作。

EXR：OpenEXR 格式，是一种大动态范围图像序列，是由 ILM（Industrial Light and Magic）工业光魔公司高质量多通道的技术发展而来的，用于输出 ACES 媒体。

JPEG 2000：一种高质量的压缩图像序列，用于 DCP 编码。

QuickTime:苹果公司设计的一种媒体格式，ProRes 编码。

MXF：一种素材交换格式，当输出 DNxHD 时选择此项。

easyDCP：如果有 Frauenhofer[①]的 EasyDCP 正版软件，可以用此选项直接生成 DCP。

AVI：Audio Video Interleaved，即音频视频交错格式。是将语音和影像同步组合在一起的文件格式。与 Windows 系统完美兼容。

① Frauenhofer 并不是一家技术企业，而是德国的一所大型研究机构，在 40 个不同地方设有 66 个研究所，拥有超过两万名员工。MP3 技术就是起源于 Frauenhofer 集成电路研究所（IIS）音频和多媒体部门的技术发明。

第 9 章　为影像加入风格

调色一直都是后期图像处理软件的核心技术，不论是平面还是视频。简单地说，将特定的色调加以改变，形成不同视觉感受，创造出另外一种色调就是调色。但在实际操作实践中，调色却一直困扰着从事视觉艺术的每个创作者。在基努里维斯导演的纪录片《Side By Side[①]》中，卢卡斯、斯科塞斯等大导演就“痛诉”了胶片时代对影像色调控制的无奈及对数字影像拥有巨大潜能的期待。从忠实记录还原本真的自然，到追求情感、情绪上的艺术真实，调色艺术已经发生了根本的嬗变。

在色彩处理技术突飞猛进的数字影像时代，调色艺术在两个方向上的发展并驾齐驱。一个是对“记忆色”的量化分析和精确还原；另一个是根据创作的需要，挑战客观再现，为影像制造风格，丰富我们对客观世界的感受，达到更高层面的真实。从胶片的传统冲洗配光工艺到数字影像调色，一线的丰富实践创造出了大量的风格化效果，本章尝试汇总常见的几种形式，并探讨其在 DaVinci Resolve 中的实现方法。

9.1　正片负冲效果（也称为“反转负冲”、CrossProcess）

在第 3 章的经典风格曲线一节中我们简单讨论过正片负冲曲线，这里再详细分析一下这种效果的特色。正片负冲的效果，是指胶片正片使用了负片的冲洗工艺而得到的效果。对比常规正常冲洗工艺，这种胶片产生了一种很怪异的色彩，暗部严重偏向蓝、绿色调，而中间部分色饱和度很高。这种效果其实是在失误中得到的，因为操作者误将正片当负片冲洗，以致出现了这样的效果。后来创作人员巧妙地利用胶片的这一特性，创造出特殊的视觉风格，如今正片负冲已经成为电影、MV 为追求特殊效果而采用的一种常见的方法。

正片在负片工艺中冲洗同样能成为负片，但色彩饱和度很高，反差也很高，其夸张、浓烈的色彩是一种不错的艺术风格。用后期调色软件模拟实现这种效果，关键是要把握正片负冲核心的风格化特征，即颜色鲜艳浓郁，对比度偏高。下面来看一下用 DaVinci Resolve 中的**调色**页面曲线工具是如何实现这种效果的。

在 DaVinci Resolve 中运用曲线调整工具，创造的正片负冲效果，重点在亮度和红色分量曲线 S 形、绿色和蓝色分量曲线反 S 形（图 9.1 和图 9.2）。

① 中文片名译作《肩并肩》或《阴阳相成》，这部纪录片关注的是当今电影工业中较前沿的话题：数字技术，如视觉特效、数字调色等。

图 9.1　原始图像和运用曲线调整工具后的效果对比

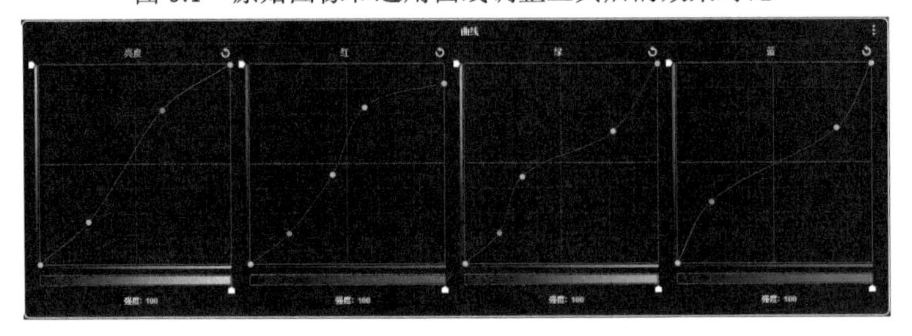

图 9.2　正片负冲曲线控制参数

在曲线调整前先取消各分量曲线之间的关联，然后根据正片负冲色彩夸张的特点，给图像亮部增加金色的高光，暗部增加蓝青色。也可以用两个节点来实现。建立两个通道，分离高光和暗部，分别施加金黄色和青蓝色。高光变暖，暗部则倾向于青蓝色。

9.2 彩色光晕效果

DaVinci Resolve 基于节点的调色处理，为影像的后期创造提供了丰富的可能性。精巧的节点结构能制造彩色的光晕效果，其中需要使用图层混合节点和二级调色工具，图 9.3 和图 9.4 所示分别为调整前和调整后的效果。

图 9.3　原始图像　　　　图 9.4　调整后的效果

图 9.5 所示是节点的结构，节点 4 是关键节点，在这个节点上要拉开影像的反差，保留需要光晕的高光局部，改变色调、增强饱和度并加入 Blur。

在图层混合器节点属性菜单选择【合成模式】|【添加】，添加光晕效果，如图 9.6 所示。

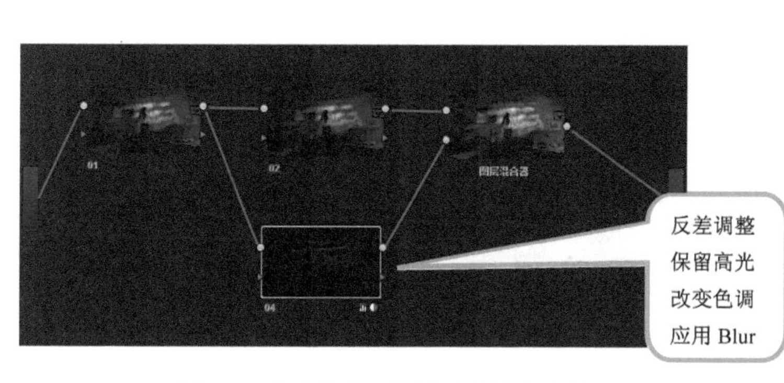

图 9.5　合成模式下图层混合节点结构

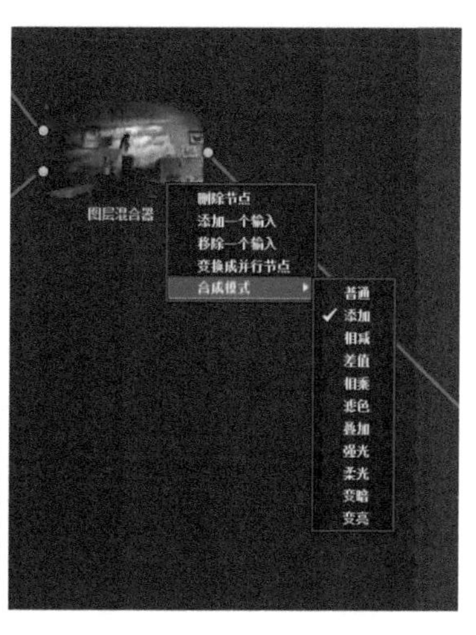

图 9.6　选择合成模式

9.3 模拟移轴效果

DaVinci Resolve 不仅能管理色彩和反差，模糊（Blur Palette）面板还可以提供模糊、锐化、雾化整个图像或局部的功能，与其他的调色工具配合使用将会得到意想不到的效果，图 9.7 所示是用这些工具制造的模拟移轴效果。

图 9.7　原始图像和模拟移轴效果对比

移轴摄影，即移轴镜摄影（Tilt-shift Photography），泛指利用移轴镜头创作的作品，所拍摄的影像效果就像缩微模型一样，非常特别。移轴镜头的作用，本来主要是用来修正仰拍建筑物时产生的透视问题，但后来却被广泛用来创作变化景深及聚焦点位置的摄影作品。

要用 DaVinci Resolve 模拟这种效果，首先要分解其影像特点。移轴摄影镜头是一种能达到调整所摄影像透视关系或聚焦目标的摄影镜头。最主要的特点是，可在摄影机机身和感光单元平面位置保持不变的前提下，使整个摄影镜头的主光轴平移、倾斜或旋转。它的基准清晰像场大得多，这是为了确保在摄影镜头主光轴平移、倾斜或旋转后仍能获得清晰的影像，也是移轴摄影镜头又称为“TS”① 镜头、“斜拍镜头”、“移位镜头”的原因。用 Resolve 模拟移轴效果就是要彻底改变常规镜头拍摄景深、纵向变化的特点，在横向或倾斜的角度上

① “TS”是英文“Tilt-Shift”的缩写，即“倾斜和移位”。

制造景深效果。在节点 1 上应用矩形 Power Window，建立外部节点 2 并应用 Blur 产生虚焦效果（图 9.8）。

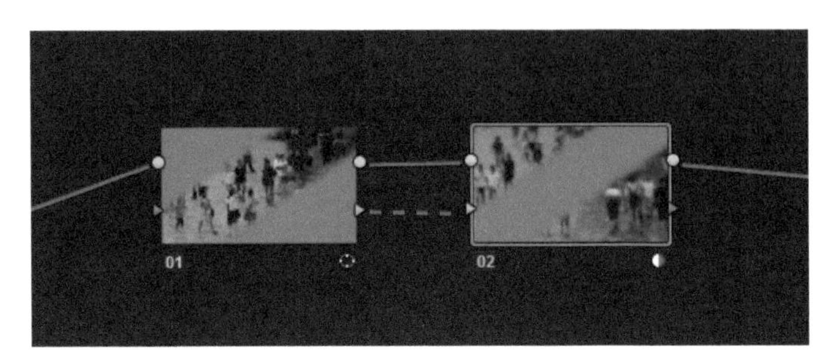

图 9.8　节点关系图

9.4 柔光滤镜效果

柔焦摄影是用柔焦镜头（Soft Focus）或者专业柔光滤色镜（Pro-Mist Optical Filters）创造柔光效果的一种拍摄手法，用这种镜头拍摄出来的图像与摄影机移动或调焦不实的效果大不相同，它利用镜头刻意设计的球面像差，使被摄景物既焦点清晰又柔和漂亮。在大量 MV 作品中经常使用这种效果来制造浪漫气氛。

柔焦镜头最主要的特点是，在镜头的透视光路中设置了一个与主光轴垂直的多孔金属片，当光线进入镜头时会通过金属片上的小孔产生扩散现象，最终在胶片上的成像会呈现出柔光效果。Resolve 中的模糊（Blur）可以单纯用高斯模糊制造柔化效果，但是作用有限，调整过度反而会影响画面清晰度。非常有趣的是合并使用模糊（Blue）和锐化（Sharpen），反而能获得惊艳的效果。

打开调色工作间中的“模糊”调色面板，如图 9.9 所示，在“雾化”模式下降低“半径”（Radius）滑块锐化图像，同时降低“缩放比例”（Scaling）滑块对画面进行柔化，交替调整这两个参数以创造满意的效果，同时要注意调整“混合”的数值已取得理想的结果。图 9.10 所示为调整前后的效果对比。

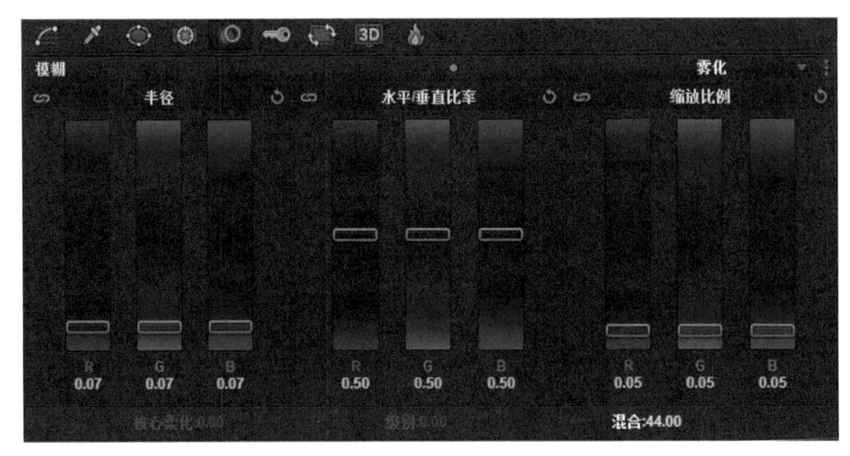

图 9.9　模糊和雾化面板

图 9.10　调整前后的效果对比

9.5　暗角效果（Vignette）

Vignette 是摄影中的“暗角效果”，画面中间部分较亮，周边尤其是画面的四个边角较暗，而且从中间到四个边角有逐渐虚化的效果。这种效果源自早期摄影机光学镜头的缺陷，因为镜头是圆的，而成像面积是矩形的。无论是固定焦距镜头还是变焦距镜头，中心成像都比边缘好，边缘的光线经过高的折射率，会有畸变失真、色散干扰及分辨率和亮度的损失。随着光学技术的进步，优秀的镜头通过结构设计、镜片材料、镜片设计及研磨、镀膜等，改善了这些缺陷。

长期的审美实践，暗角效果逐渐与“老影像”产生了有机的联系。加上暗角能突出画面中心的被拍摄主体，影调层次富于变化，这种镜头的“缺陷”却成功的保留下来，成为了一种独特的画面风格。如 RAW 格式的数码照片，在 Photoshop 的调整选项中就有暗角的调整。

用 DaVinci Resolve 实现暗角效果非常容易，而且可以通过 Power Window 丰富暗角的变化（图 9.11）。

图 9.11　原始图像和加入 Power Window 仿拟镜头暗角效果比较

具体做法是加大画面的对比度、色彩饱和度，创建 Power Window，对暗角处画面进行羽化，模拟景深效果并降低其亮度。为了强调颜色对比，可以选择画面主体色彩的补色作为暗角的色调加以调整。

9.6　漂白效果（Bleach Bypass Looks）

漂白效果要追溯到 20 世纪 80 年代，在胶片洗印过程中颇为流行，被广泛使用，如《熟食店》、《拯救大兵瑞恩》。在冲洗过程中，漂白是指跳过漂白过程从而保留更多的银盐颗粒。

所有银保留过程的本质是对图像灰度的重复叠加，负片密度的增加带来的效果是**反差增大、颗粒感增强和饱和度下降**。

了解了漂白效果的特性，在 DaVinci Resolve 中可以设计相应的处理方案：主要包括控制反差，强化阴影，改变饱和度，加强高光。

有多种实现漂白效果的方法，结果有微妙的差异。DaVinci Resolve 可以单独处理 Y/亮度信道，而不会影响到 R/G/B 色度信道。简单地拉开阴影和高光就可以实现简单漂白，但是总感觉只是反差增大、饱和度下降的简单相加。如果巧妙的结合 Qualifier 按照亮度信息把画面分解成多个层次，效果将大为改观。方法有如下两种。

1. 分量控制+Qualifier 制造漂白效果

银盐颗粒在漂白时并非均匀等量地被保留下来，而是随密度的变化而变化。所以高光、中间调和阴影应该分别调整以达到更为接近的效果，如图 9.12 所示的节点结构。

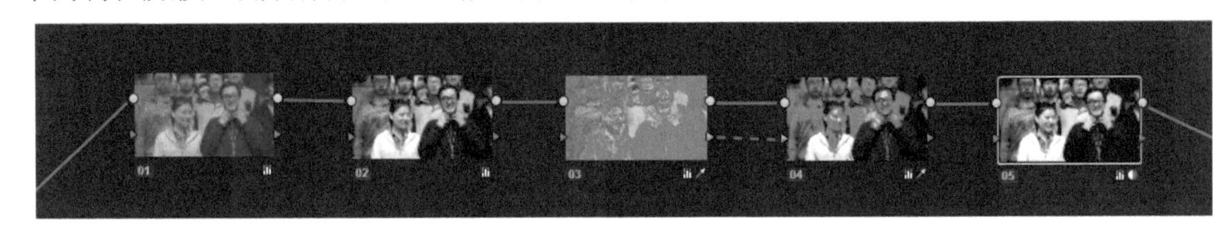

图 9.12 串行节点结构

（1）第一个节点对镜头进行初步的校正，切换到 Lift、Gamma、Gain 控制面板，抬高阴影并压缩高光。这个控制面板的特点是绑定 YRGB 一起调整，画面的反差得到压缩，如图 9.13 所示。这一步可以称为“以退为进”。

图 9.13 原始画面和节点 1“变灰”后效果对比

（2）增加第二个节点，切换到分量控制面板，只调整 Y 亮度信道，拉低阴影并提升高光，扩大反差。此时反差已经比镜头原有的反差还要大，饱和度受到亮度的影响而下降（图 9.14）。

（3）增加第三个节点，在它上面做二级调色，用 Qualifier 的亮度选区工具隔离中间调[①]，提高饱和度。

（4）在第三个节点后建立一个 Outside 外部节点，选区自动传递给这个节点。与上一步相反，第四个节点的通道变成了高光和阴影的组合，在这个节点降低饱和度。这一步是为了强化阴影的表现力，同时使高光更加“漂白”（图 9.15 和图 9.16）。

① 关于如何区分和隔离中间调，详见第 3、4 章。

图 9.14　增大反差的同时饱和度下降

图 9.15　节点 3 和 4 的效果

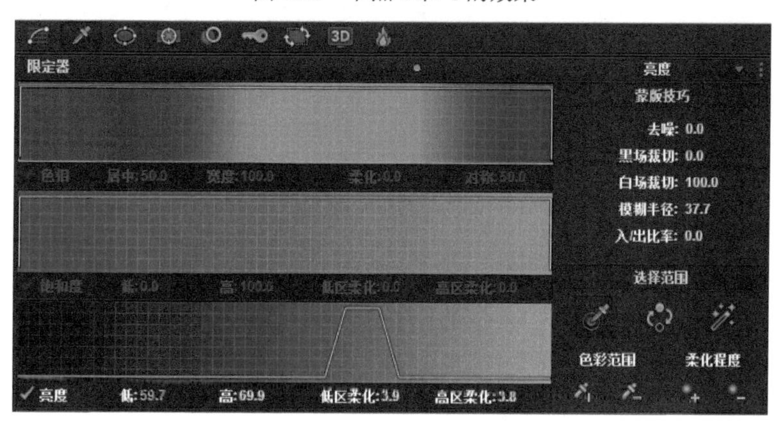

图 9.16　限定器的参数

（5）增加第五个节点，对画面进行锐化，制造颗粒感（图 9.17）。

图 9.17　锐化画面

总结：漂白效果不等于简单的高反差+低饱和度，“漂白”的确洗掉了某些色彩，但并不意味着所有色彩都受到了漂白，选择在漂白处理中跳过哪些色彩才是调色师个人创造力的着力点。调色师可以针对某个色调进行去饱和，从而为影像增添独特的风格。

2. 层混合节点制造漂白效果

思路是饱和度 50 以上的画面和饱和度 0 的黑白画面以 Add 的合成模式叠加在一起，所以层混合节点成为必然的选择，图 9.18 所示为节点结构。

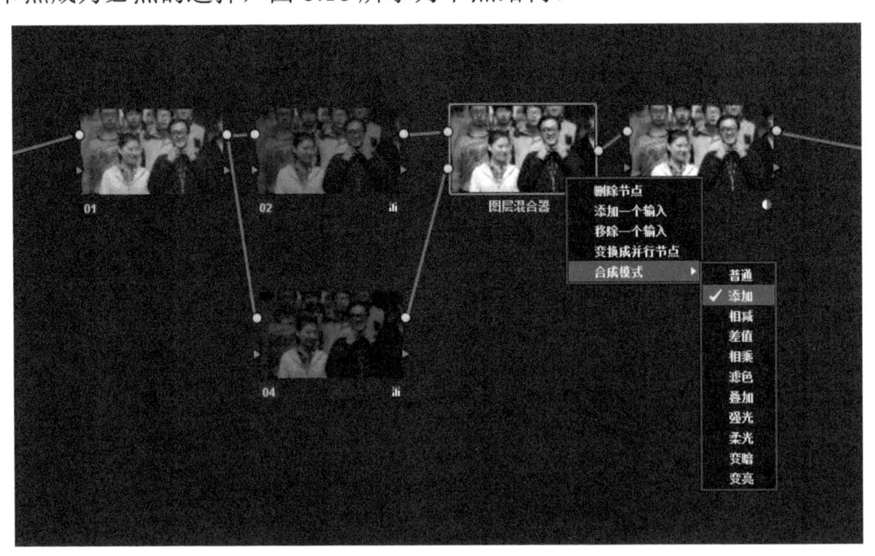

图 9.18　层混合节点的合成模式为添加

在这个节点结构中存在两组关键变量，第一组变量附属于节点 2，包括饱和度参数和输出的值；第二组变量附属于节点 4，包括反差和输出的值。节点 4 在去饱和的基础上把阴影拉低而提升反差，高光保持不变。两个层节点的输出值比例要能相互调和。

合成模式选择【添加】（Add）。【滤色】（Screen）混合模式也可以达到类似效果。方法 2 得到的最终结果如图 9.19 所示。

图 9.19　方法 2 得到的最终效果

为了便于比较不同效果的差异，可以建立多个 Version，然后用 Ctrl+Alt+W 快捷键切换到多画面模式。图 9.20 是四个 Version 的比较，从左上、左下、右上、右下依次是分量控制+Qualifier 制造漂白效果、层混合节点、直接调整 Y 亮度信道和原始画面。

图 9.20　四种不同处理方式产生的结果

9.7 双色调和三色调

9.7.1 用色彩平衡创造泛黄双色调

泛黄双色调是一种比较怀旧的风格化调色模式，如果非要追溯它的历史，应该从老照片说起。相纸放置长时间后，其中的银盐颗粒会和空气中的氧气发生化学反应，老照片对比度减弱，清晰度下降，影调泛黄。长期以来积淀的这种视觉心理对影视创作也产生着不可估量的影响，泛黄的调性已经成为了一种视觉符号，与怀旧、温暖、美好紧紧地联系在一起。运用色彩平衡可以轻松地创造出这种“怀旧”风格。

图 9.21 中的原始素材表现的是清晨体校学生训练的场景，导演想要表达的氛围在实际拍摄时表现得并不充分，需要借助调色软件改变反差和色调。

图 9.21　原始素材

调色的思路是首先处理反差，然后分别对高光（Highlight）和暗部（Shadow）进行着色。高光偏调黄色系，如图 9.22 所示我们选取金色。暗部用黄绿在增加反差的同时保持整体色调的和谐。具体参数如图 9.23 所示，最终效果如图 9.24 所示。

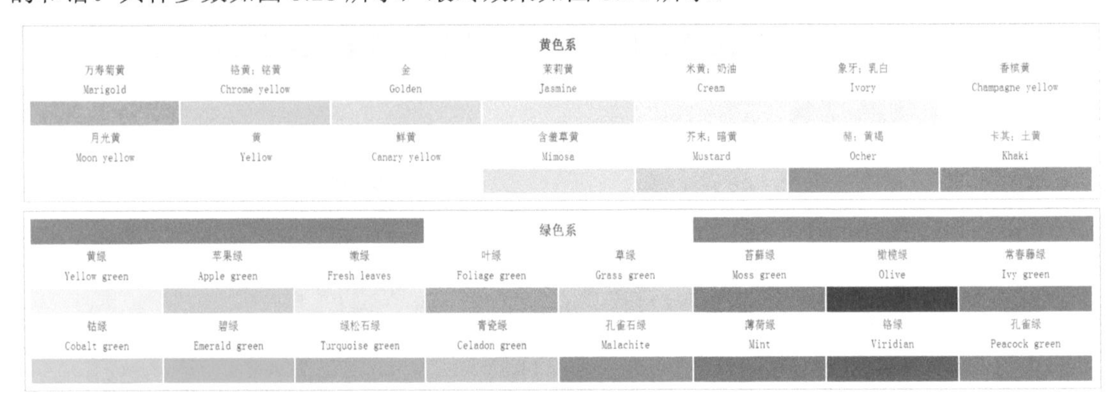

图 9.22　参照色系

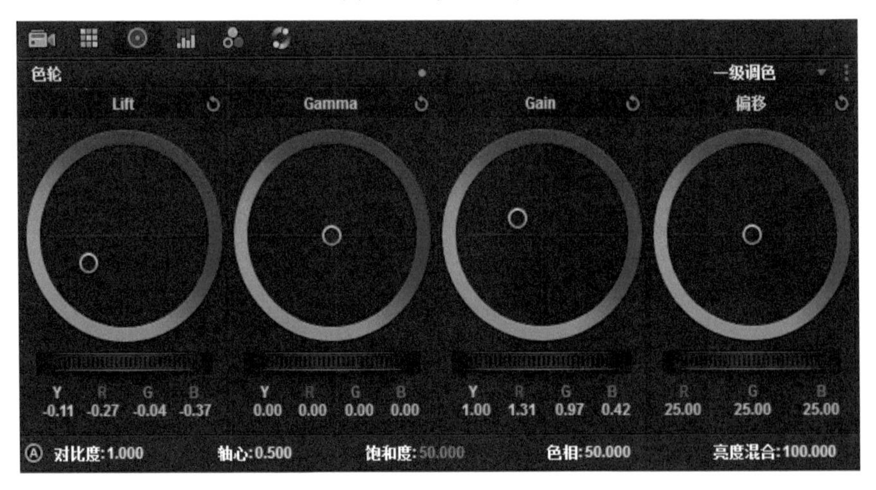

图 9.23　一级调色参数

图 9.24　双色调的效果

9.7.2　用亮度限定器（LUM Qualifier）创造三色调

图 9.25 所示为需要创造三色调的原始素材，双色调并不需要复杂的节点结构，在两个节点上就能完成。三色调在两个节点上操作不是没有可能，只是缺少控制，用平行节点结构才是最理想的选择，如图 9.26 所示。

图 9.25　原始素材

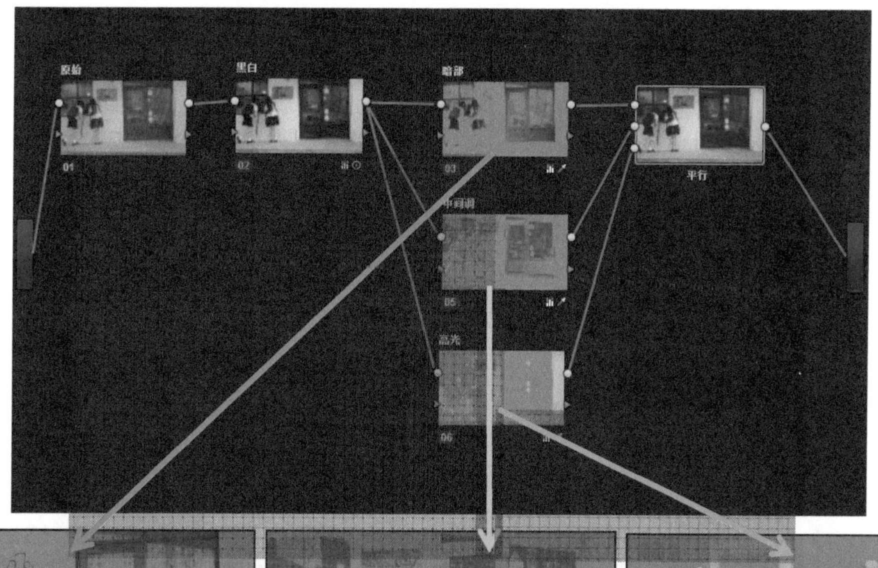

图 9.26　节点结构

暗部、中间调和高光用亮度限定器分离出来，分别赋予蓝、绿和橙黄色调，最后在平行节点上合成，得到如图 9.27 所示的效果。

图 9.27　三色调合成后的效果

三段亮度区段的限选要根据实际画面的反差灵活处理，平均三等分的做法并不适用。同时还要考虑到三区段的过渡，否则会出现色调分离，图 9.28、图 9.29 和图 9.30 是具体的调整参数。

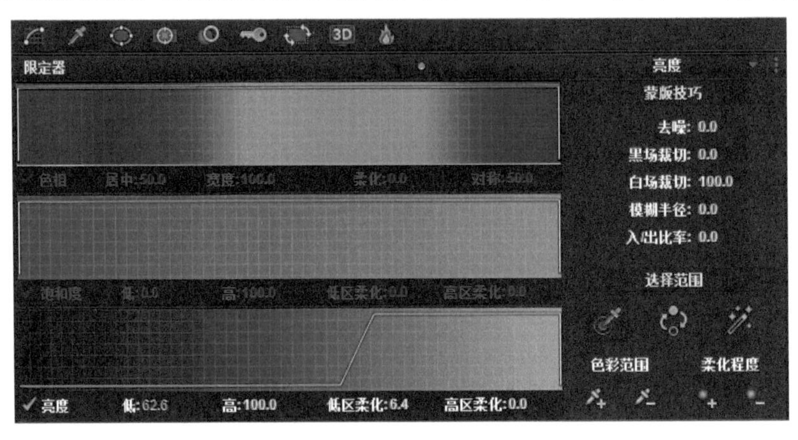

图 9.28　暗部节点的 LUM Qualifier 参数

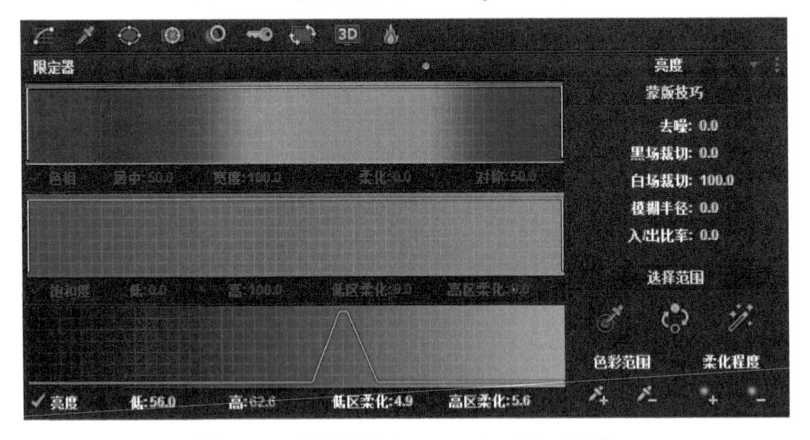

图 9.29　中间调节点 LUM Qualifier 参数

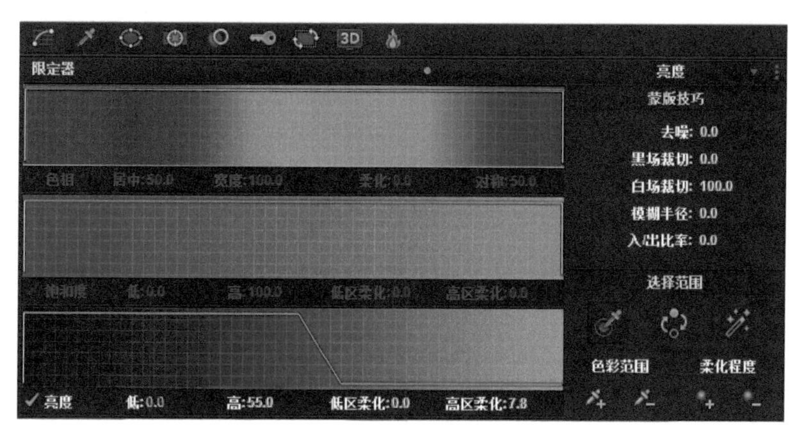

图 9.30　高光节点 LUM Qualifier 参数

如果关闭第二个黑白节点，最后合成的效果会产生非常微妙的变化。一种是偏色后混合的效果，另一种是着色后混合的效果。试比较图 9.31 和图 9.32，究竟哪种更为理想，还要看剧情的要求。

图 9.31　第二个节点（黑白）关闭

图 9.32　第二个节点（黑白）打开

光影和色彩一直被称为影视语言的灵魂，是影视创作者赖以表情达意、制造意境、渲染气氛的重要手段，对光影色彩的创造性运用成就了许多导演作品的独特风格。虽然在业内一直存在影调的控制应该重点放在前期还是后期的争论，但无论如何，后期的校色调色工艺已经极大地拓展了传统电影配光的应用，使数字调色成为影视制作流程中不可或缺的重要一环。“数字调色技术带给艺术家操控影像色彩前所未有的能力，诸如对影像元素的再次创作，对情绪或视觉的引导和强化，使调色不再只是一个修正色彩和保持连贯性的工作，而是一项激发原创力，拓展无限可能，并且令人着迷的工作。”①

① [美]迈克尔·沃尔，大卫·格罗斯著，《Color:Final Cut Studio 2 的校色与调色》，刘言韬译，电子工业出版社 2009 年版。

第10章　经典影片中的典型色调分析

影片中的色彩从来都不是真实世界中应有的样子，今后也绝不会和现实世界完全一致。不论是胶片中的银盐颗粒还是数字感光单元的半导体，记录材料本身并没有能力完成对物质世界的色彩还原。“绿色不是真正大自然的绿色，红色像有点带血液的样子，总是有些不对劲”①。其实更深层次的根源在于，观众“进入电影院的目的之一就是想看看有什么不一样的东西，或者感受一些我们在电视和日常生活中不同的东西。利用新的色彩会赋予典型的银幕世界以新的面目”②。

任何一种物体的颜色，都会随着季节、环境、光线的变化而变化。如一棵树，早晨在晨光的照射下，沐浴在淡黄和玫瑰色之中；晚霞时又被金黄、橘红色所笼罩；夜幕之中又呈现墨绿和青紫色。一棵树在春天时，叶子淡黄嫩绿，夏天又会变成深暗的墨绿，秋天则逐渐变黄发红，冬天树叶枯干变成灰褐色，这些变化都是自然界中光线、季节、时间环境对色彩的影响。再如，一个穿白衬衫的人，当红光照射上面时，白衣服就会呈现红色，蓝光照射时，又会呈现蓝色。不同颜色的光线，或不同颜色的环境，都会改变和影响它的颜色。

任何一种颜色，同时又受到观众接受心理的影响被赋予精神、时代色彩。金色是仙境和黄金国度的颜色，又象征着美好而珍贵的记忆；棕黄天然与中世纪欧洲相连，含有古老丰富的历史信息；蓝色既沉静、深邃又暗含人类对未来高度发达的科技文明的向往和恐惧……

每一种色调都不是对自然、社会简单的摹写，它离不开观众对历史、回忆、情感等的价值判断，通过不断积累从而赋予不同题材的影片以相对固定的色彩类型。

10.1 科技蓝

科幻片是电影史上最早出现的影片类型之一，早在1902年，电影“魔术师”梅里埃就拍摄了“一个充满科学奇迹”③的《月球旅行记》。科幻片可以说是电影史上最成功的影片类型，位居世界电影票房排行榜前列的大都是科幻电影。

数字制作技术出现后，科幻影片逐渐与蓝色结下了不解之缘。或许是从天空大海中得到灵感，蓝色已经约定俗成地被人类赋予了不朽的价值象征：深邃、冷静、和谐与平衡。心理

① 匈牙利导演贝拉•塔尔语。

② http://www.zhihu.com/question/20000816。

③ 电影史学家乔治•萨杜尔语。

学的研究表明 42%的人喜欢蓝色，与科技感相关的设计大都会采用蓝色色调，例如，大多数的企业标识几经演化最终多会选择安全的蓝色系（图 10.1）。

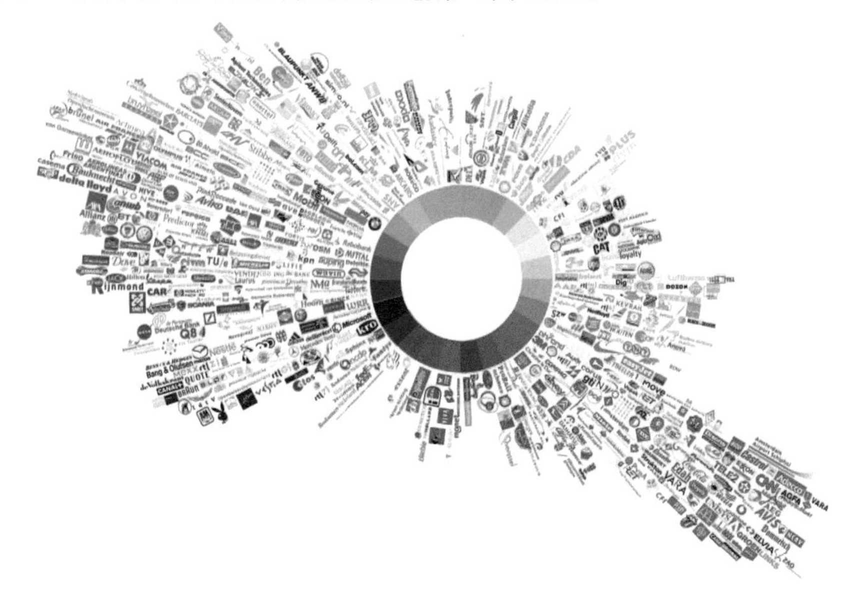

图 10.1　多数企业的标识会选用蓝色系

科幻影片以蓝色这种冷色调作为主基调，主要的诉求是拉开当下和未来世界的距离，传达对未来高度发达的科技文明的向往崇拜，甚至是恐惧（图 10.2 和图 10.3）。

图 10.2　影片《星际迷航》系列用夸张的蓝色调制造出了一个让观众惊叹的未来世界

图 10.3　偏暖的色调（左）和蓝色调（右）可以了解 DI 调色处理的“幅度”

不仅科幻片，大部分的动作片也钟情于蓝色调，像《碟中谍》等（图 10.4）。

蓝色等冷色调和人的肤色形成巨大反差，有利于人物造型的处理，能增强场景的透视感。在动作片中还有利于气氛的渲染。

在调色软件中科技蓝的处理方法，参考第 1 章 1.3 节和第 5 章 5.4.5 节。

图 10.4 《碟中谍》中人物肤色和环境的反差

10.2 数字绿

绿色是大自然的色彩，带给人安宁、平和、生机盎然的感受，象征着生命的美好与希望。但在《黑客帝国》中，绿色却是一种看不到希望的颜色。《黑客帝国》之后，绿色成为数字世界的代名词。

有影迷问导演，是什么使你们决定在影片“矩阵”（Matrix）里使用绿色调？导演回答说：旧 PC 的鳞状绿色块给我们的灵感。其实比《黑客帝国》稍早的一部电影《十三度凶间》（图 10.5）最早使用绿色表现虚拟的数字世界，主人公抱着一探究竟的目的来到了“世界尽头”，发现了这个世界真正的秘密：那是一片虚拟的还未完成的山脉数字模型。主人公本以为自己的研究课题是虚拟的，万万没想到自己生活的世界也是虚拟出来的。笼罩一切的绿色数字信息几何图案与泛着蓝色光的“现实空间”形成了鲜明的对比。

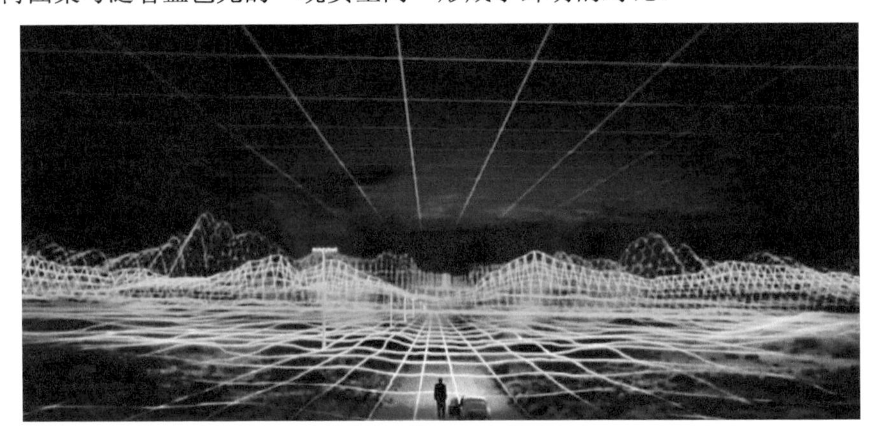

图 10.5 《十三度凶间》中的虚拟世界

《黑客帝国》的贡献在于它进一步发展了绿色的应用范围，“人类世界”[①]整体都呈现绿色调。片中用绿色系来表示数字网络，为以后相关题材的创作提供了“行业标准”。绿色也让矩阵中的人显得脸色苍白，整个世界都有虚假感。“矩阵”这个虚拟现实的概念也成为了影史上的经典，如图 10.6 所示。

① 影片故事的时间假定在机器统治地球的未来世界，人类作为生物电池为机器提供能源。为了防止这些“电池”大面积死亡，机器把人类的大脑全部接入 Matrix（矩阵），制造出了虚拟的社会。

图 10.6　《黑客帝国》海报

影片的绿色调拉开了与蓝色调现实之间的距离，帮助故事创造出了一个完整的科幻、哲学世界。创作人员并没有在前期拍摄阶段进行蓝绿色调的照明设计，而是在配光时才做主色调的调整，下面我们来还原四个镜头的调色处理。每一个镜头调色案例都是由四张截图组成，第一张是影片最终呈现出的效果，第二张是超 35mm 原始素材，第三张是用 DaVinci Resolve 处理后的效果，第四张是调整参数。

《黑客帝国》案例一如图 10.7～图 10.10 所示。

图 10.7　影片的最终效果（1）

图 10.8　超 35mm 胶片（1）

图 10.9　调色后（1）

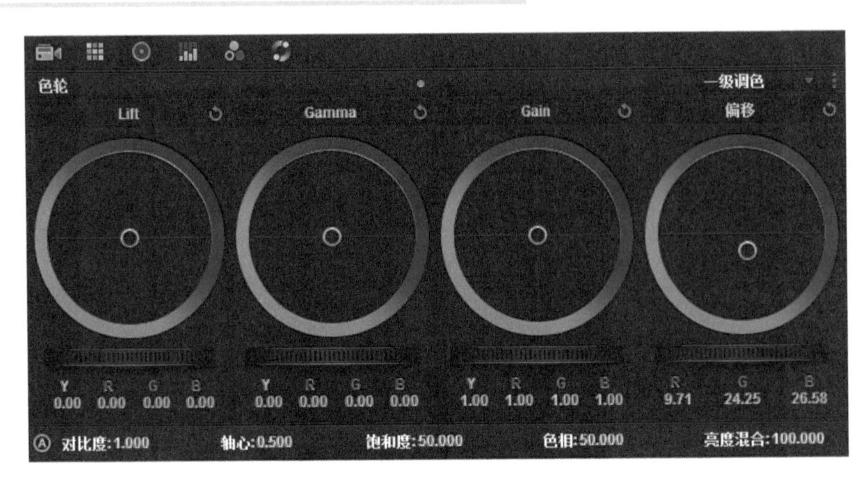

图 10.10　调色参数（1）

《黑客帝国》案例二如图 10.11～图 10.14 所示。

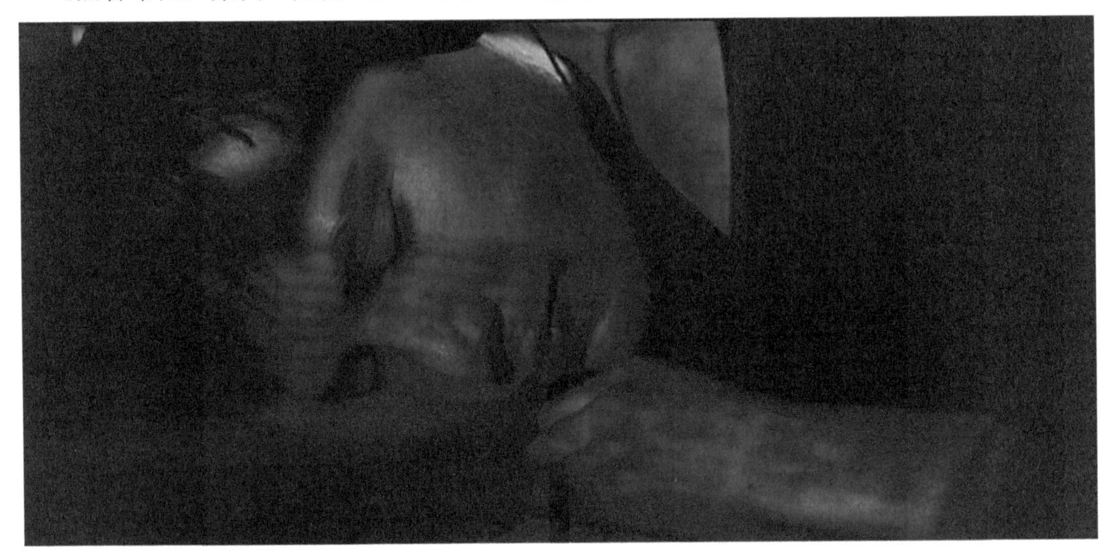

图 10.11　影片的最终效果（2）

图 10.12　超 35mm 胶片（2）

图 10.13　调色后（2）

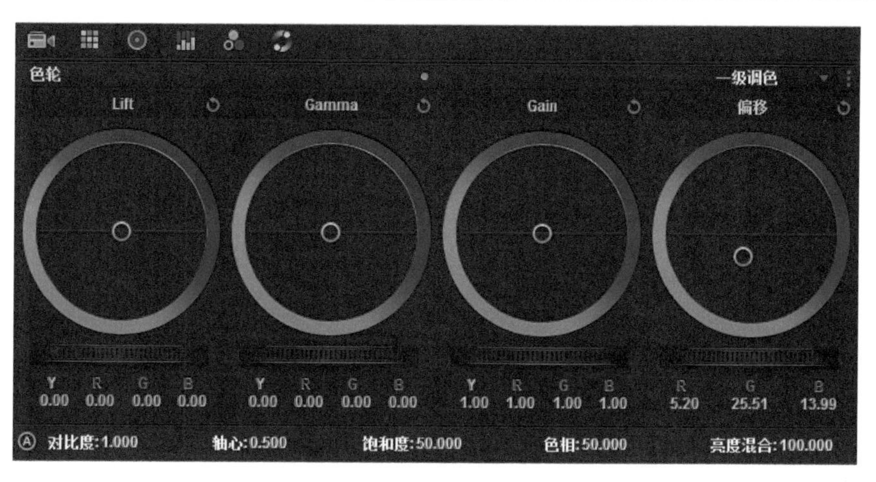

图 10.14　调色参数（2）

《黑客帝国》案例三如图 10.15～图 10.18 所示。

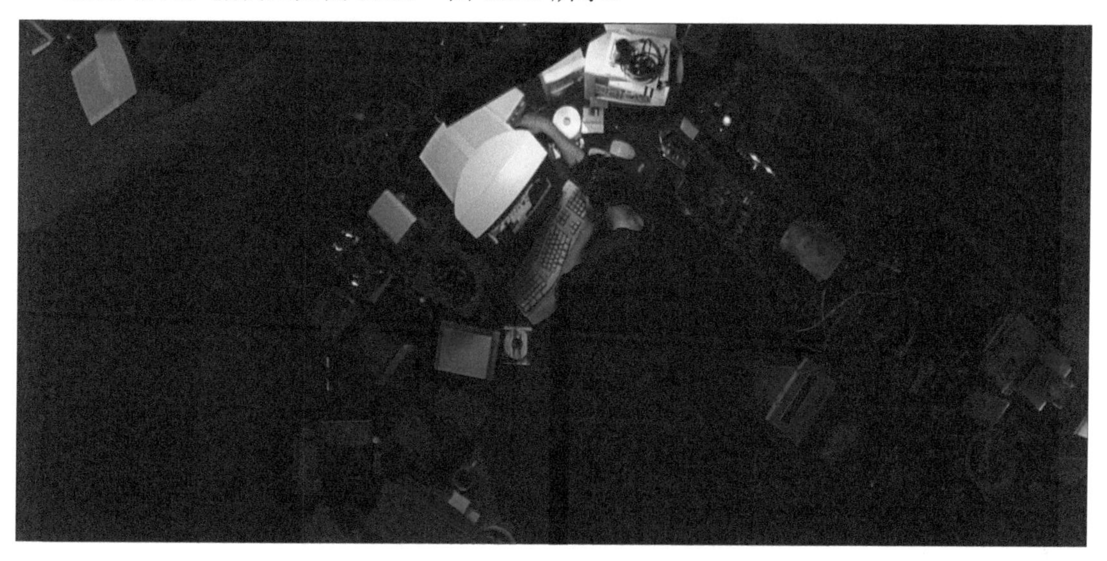

图 10.15　影片的最终效果（3）

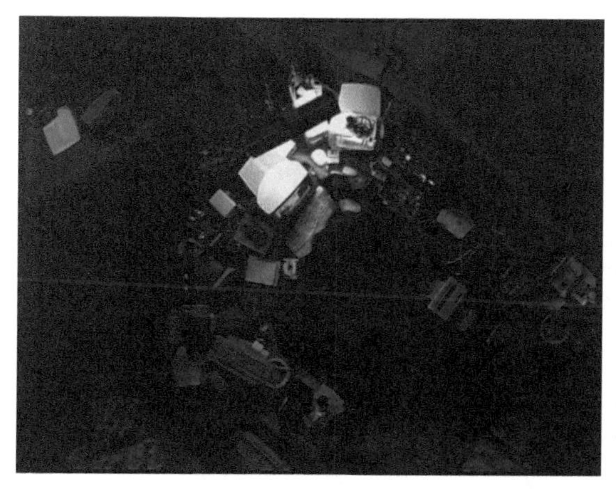

图 10.16　超 35mm 胶片（3）

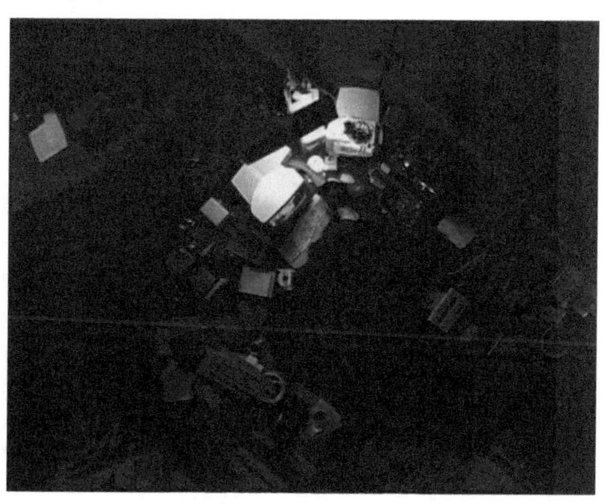

图 10.17　调色后（3）

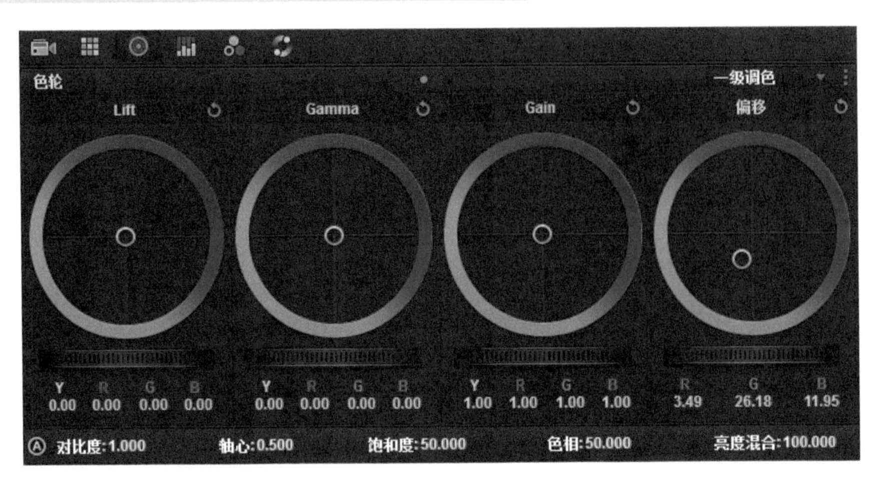

图 10.18 调色参数（3）

《黑客帝国》案例四如图 10.19～图 10.22 所示。

图 10.19 影片的最终效果（4）

图 10.20 超 35mm 胶片（4）

图 10.21 调色后（4）

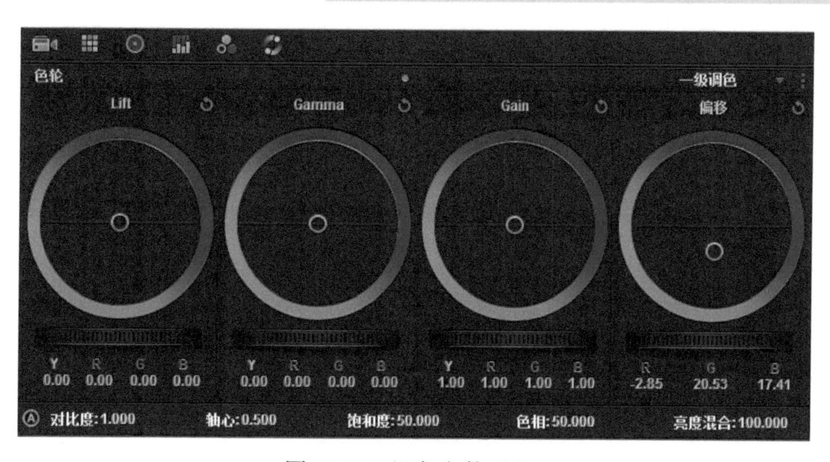

图 10.22　调色参数（4）

10.3 战争绿

绿色同时也是军人的颜色。

斯拉沃米尔·伊扎克[①]拍摄的《黑鹰坠落》大胆地运用了绿色调。“我想色彩是摄影指导接近观众潜意识的手段之一，”他说，“作为摄影师，我们都是用同样的胶片拍摄，观众看到了成千上万的、类似的落日、沙漠、城镇的色彩。我们进入电影院的目的之一就是想看看有什么不一样的东西，或者感受一些我们在电视和日常生活中不同的东西。利用新的或者原始的色彩会赋予典型的银幕世界以新的面目。”在他的电影中，有许多绿色、橘色和某种褪色的蓝，色彩的选择起了两种作用。首先，它帮助观众区分银幕中不同的色彩构成：军营里面是单一的泛绿，城镇在第一场战斗中是黄绿色（图 10.23），指挥中心则因为监视器的原因而发蓝色（图 10.24）。

图 10.23　战斗中的黄绿色

色彩同时为视觉元素提供真实性。“比如夜景，我使用绿色的原因在于我不想把士兵夜视仪中的绿色和环境中的气氛搞得反差过大。蓝调的夜景不仅会使场景看起来过于咄咄逼人，而且会让观众产生似曾相识的感受（一种夜景常见的约定俗成的蓝调）。其次，一种 CNN 新闻中的夜景常常是发绿的（因为使用了红外夜视摄像机），于是我们自动地把这样的色彩和真实事件联系起来。”于是出现了电影场景中的不同色调，如图 10.25～图 10.27 所示。

---

① 波兰摄影师，《黑鹰坠落》摄影指导，获得奥斯卡最佳摄影奖提名。

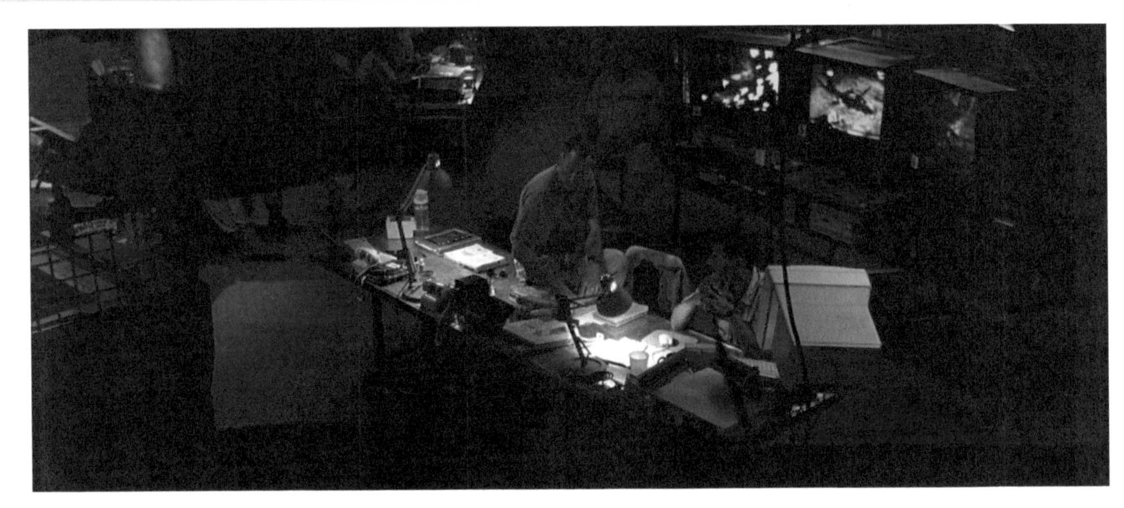

图 10.24　指挥中心

图 10.25　夜视仪中的绿色调和夜晚的绿色调处理相协调

图 10.26　在《黑鹰坠落》中较少出现的正常色调

图 10.27　结尾日景的冷色调

10.4 疯狂棕

2000 年由科恩兄弟执导的影片《逃狱三王》被认为最早采用 DI[①]完成的影片之一，如图 10.28 所示。这部影片描述了 20 世纪 30 年代初期，在美国一座荒野的监狱里，三名犯人成功越狱，踏上了通往自由和宝藏的道路。为了达到真实再现当时美国社会风貌的目的，导演在 Cinesite 公司[②]采用 DI 对影片的色饱和度及色调进行了特殊处理，而这些效果是用传统技术手段无法实现的，图 10.29 所示是原始影像和调色后效果对比图。

图 10.28 《逃狱三王》中风格化的色调

图 10.29 原始影像和调色后效果对比

10.5 怀旧金

在一部影片中，色调有利于表现作者的情绪、情感和诗意，使影片形成一种独到、隽永的韵味和风格。《岁月神偷》色调以暖色为主，冷色点缀。虽是悲情故事，但整体上暖黄的色彩基调，传递出小人物乐观积极的精神底蕴（图 10.30）。

---

① 数字中间片，Digital Intermediate 的缩写。是指一种将整部影片进行高分辨率数字化，在此基础上完成编辑、颜色处理、视觉特效、字幕等一系列工作，并最终将完成的影片输出到电影胶片或其他类型介质上的处理方法或处理过程。

② 柯达公司下属的数字后期制作公司。

图 10.30 《岁月神偷》中的暖黄

影片中两场戏的处理：一场是罗进一前往芳菲家，贫富的差距让罗进一感到自卑，此处导演采用了冷色调，给人一种压抑感；另一场是罗母带着两个儿子前往北京看病，冷色调的处理表现出绝症的无情（图 10.31）。

图 10.31 在全片暖黄色调的对比中，冷色调显得压抑和无情

歌德把色彩分为积极的和消极的两大类。积极的色彩又称为主动的色彩，有大红、橘红、橘黄、黄等；消极的色彩又称为被动的色彩，主要有蓝、紫、紫红等。歌德认为，主动的色彩能产生出一种“积极的、有生命力的和努力进取的态度”，被动的色彩适合表现那种“安静的、温柔的和向往的情绪”。在刘恩御教授的《影视色彩学》一书中，给出了色彩冷暖关系的简表（表 10.1），可供大家借鉴。

表 10.1 基础色彩冷暖的划分

类　别	色　名	色彩格调的差别
暖色	黄色	暖色
	橙色	暖色
	红色	暖色
	粉色	带冷调的暖色
	品色	带冷调的暖色
冷色	紫色	带暖调的冷色
	蓝色	冷色
	天蓝	冷色
	青色	冷色
中色	翠绿	带冷调的中色
	绿色	中色
	草绿	带暖调的中色

筷子兄弟的《老男孩》前半部分使用的主动色彩——黄色，勾起了人们的青春回忆。黄色是一种轻松愉快的颜色，在大多数情况下，适当地使用黄色可以渲染画面轻松与欢快的气氛（图 10.32）。

《两生花》影片大部分镜头被处理成金黄色的色调，传达出法国式的神秘感，基耶斯洛夫斯基对这种色调的处理进行了解释：“有了它，《两生花》的世界才趋于完满，足堪辩识。”当镜头被金黄色的滤镜赋予一层看似不真实的光芒时，基耶斯洛夫斯基带领我们走出现实，走入心灵，在一片寂静祥和中感受生命的真谛（图 10.33）。

图 10.32　微电影《老男孩》

图 10.33　基耶斯洛夫斯基的《两生花》

10.6 风格化的黑白电影

没有色彩属性的世界是一种特殊的状态，是审视真实世界的另一种方式。黑白影像与现实的距离实际上是观众观看影片时产生的心理距离，这段距离恰恰给观众提供重新整合自己的记忆和体验，任由想象自由驰骋的空间。有人甚至认为排除了色彩干扰后的画面更加纯正、统一，表达内容更加纯粹、深刻，也更为抽象，也就更为当代。

被人们评为 20 世纪最后一位电影大师的匈牙利导演贝拉·塔尔喜欢用黑白胶片的质感来表达自己的思想："我讨厌彩色电影，因为它总是很虚假。你知道，绿色不是真正大自然的绿色，红色像有点带血液的样子，总是有些不对劲，所以我对自己说，我只拍摄黑白电影，使用黑白两种纯净的颜色。刚开始你会觉得我的电影可能有点矫饰，但是过了不久以后，你会发现这是电影真正的颜色。" 1994 年拍摄的《撒旦的探戈》是他最具有代表性的作品，长达 7 小时 12 分钟的影片也是其"长镜头美学达到极致的体现"。美国著名学者苏珊·朗格也盛赞《撒旦的探戈》是过去 15 年来最经典、成就最高的一部电影，如图 10.34 所示。

图 10.34 《撒旦的探戈》剧照

黑白影像绝不是彩色影像的一种附属或替代品，黑白影像的实质就是要揭去颜色的包装，还其事物的本来面目，使人们能够直接面对事物的实质。黑白影像的语言特征与彩色相比具有“距离”优势，美得高雅而朴素、纯粹而简约、凝重而深刻。

10.6.1 最风格化的黑白影片

《罪恶之城》两极黑白、局部着色（图 10.35）。

苏联著名导演安德烈·塔可夫斯基说过，黑白更接近人类社会的本质。而罗德里格兹告诉我们，黑白更能表现罪恶的本质。黑白两色是整个影片的基础色调，多数场景被对比度极高的黑白影像所控制，静默的黑色、躁动的白色都表达着罪恶都市的狂躁和不安，也营造着生活在这里人们的绝望和恐惧。黑白影似乎是最符合罪恶都市感觉的色彩，而且导演在后期制作中将对比度尽可能地提高，失去明暗细节，这样也可以避免过度血腥给观众带来的不适感觉。

图 10.35 《罪恶之城》里的两极黑白

10.6.2 灰阶丰富的黑白影片

灰色，中庸的色彩！

在光学范畴中，灰色处于光谱色带的红外与紫外之间，对光色进行等比例吸收和反射。

灰色包含的色阶范围最为广阔，从黑色到白色的 600 多个阶调中，灰色占据着绝大部分。灰色是介于黑色与白色之间的中性色彩，它还能够中和、缓解、和谐黑色与白色之间的对比关系。灰色的范围越小，黑色与白色之间的差别也就越大，给人的视觉感受就越鲜明而强烈，画面影调会显得越简洁而悦目。如美国影片《罪恶之城》，灰色调的范围很小，正是为了突出正义与邪恶的反差，而没有妥协。相反，灰色的范围越大，黑色与白色之间的差别也就越小，给人的视觉感受就越柔和而抒情，画面影调就越显得细腻而丰富，如陆川导演的影片《南京！南京！》，灰色调的范围很大，影片注重人性和情感的发挥也就越丰富，如图 10.36 所示。

在黑白影像艺术中，灰色以自身的含蓄使画面的整体色彩更柔和耐看，并不是极端的对比。灰色也以自身的低调使黑白两色更为张扬，是一种平静而重要的色彩要素，人们的视觉心理的需要通过灰色来保持安定与协调感，灰色在画面的饱和度及对比度的作用中，使整体黑白影调关系柔和、饱满、舒服。灰色与黑白色调相融合可以产生多种含蓄、雅致、变化微妙的高级灰调，形成独特的温和、丰富、稳重的中性调和效应。

“南京在我脑海中是黑白的印象，是个黑白的瓦砾的废墟的海洋，我没想过彩色是怎么样的，我不知道彩色该怎么拍，对我来说只有黑白的那个世界才是那部电影。”——陆川

图 10.36 《南京！南京！》中丰富的灰色

10.6.3　黑白与彩色版本同时发行的影片

《缺席的人》是科恩兄弟（乔尔和伊桑·科恩，Joel and Ethan Coen）2002 年推出的一部关于欲念、罪与罚的影片。导演原计划采用黑白胶片拍摄，但是制片厂出于经济利益的考虑坚持用彩色片。最后科恩兄弟答应用彩色胶片拍摄，然后转印成黑白胶片美国本土院线发行，而在海外市场则发行彩色版本（图 10.37）。

对于导演来说，全黑白的版本才能体现他们真正的创作思路。乔尔·科恩说：“这是一部讲述 20 世纪中叶的电影，黑白影像能够帮助找到那个时代的感觉，这种感觉是彩色影像捕捉不到的。”美国的全黑白电影集中表现的大多是 20 世纪五六十年代的题材，这主要是因为 20 世纪五六十年代，正是美国家庭普及黑白电视的时期，当时的电视新闻主要是由黑白胶片拍摄完成的，观众们对于黑白影像的记忆自然有了“纪实、真实”的印象，而这些全黑白影片，就是利用观众对于那个时代的深层记忆心理，表达那个时期的影片题材。

从创作角度来说，黑白的朴素能达到彩色片难以实现的简练效果。《缺席的人》由科恩兄

弟多年的合作者罗杰·迪金斯担任摄影师，他拍过科恩兄弟五部作品。他说：“在彩色片中达到简练的效果，可能就要被迫把画面中有用的元素给去掉，那样的朴素效果实际很肤浅，并不是画面真正需要的东西。我很享受拍摄黑白片的感觉，只需要考虑光影和影调。”光效出色的黑白画面的那种纯粹的美是无法取代的，因为在彩色片拍摄中很难再现那样的简练和深入人心，因此，黑白影像更要求光与影在画面中的动态平衡，更能表达这种独特的题材，同时避免观众的注意力分散。

科恩兄弟在本片中减少使用了利用剪辑的外部关系推进的方法，而是利用段落镜头的内部关系，如用位置、声音、光影来塑造人物，用彩色胶片拍摄后再加工为黑白效果的目的就在于此。光在本片叙述中的地位尤其重要，本片的用光其实是很风格化的，如松顿与麦克多蒙德及斯嘉丽·约翰逊在一起时的高饱和度色彩和其他时候的低饱和度色彩形成了鲜明的对比，如利用大量的逆光剪影来塑造人物，这些都要求了本片需要一个更为纯粹的光影效果，而黑白的作用在这个时候也就显现出来。

图 10.37 《缺席的人》彩色版本和黑白版本的对比

因为黑白电影调色充满挑战，调色师要努力成为“反差大师”，用反差的大小控制黑白影调。同时对画面精心雕琢以凸显特定区域，通过强调重要元素推动故事发展。由于黑白的缘故，有些在彩色影片中抢眼的色彩反而变得不突出，所以要利用限定器（Qualifier）甚至是手绘限定选区，利用 DaVinci Resolve 的自动跟踪功能和关键帧，创建丰富的灰度，让细节表现出来。这正是人们常说的黑白影片中 DaVinci Resolve 的“色彩增强”功能。下面通过一个小案例解析这种功能。

在红绿蓝混合器（RGB Mixer）面板激活黑白模式（Monochrome），每个通道中的三个滑块控制中的两个被屏蔽。保留下来的是红色输出 > Red 滑块，绿色输出 > Green 滑块和蓝色输出> Blue 滑块（图 10.38）。

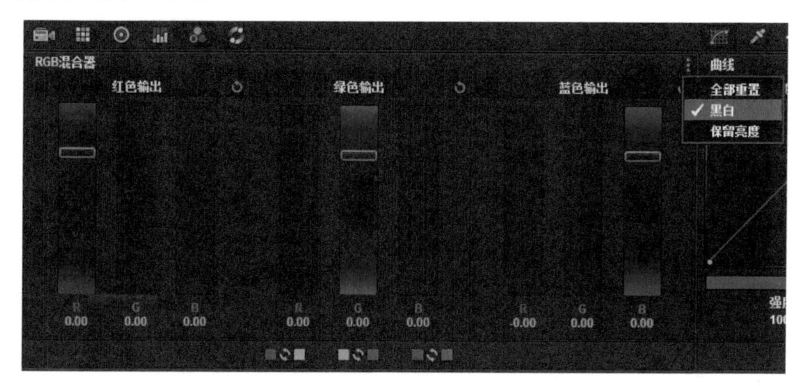

图 10.38　激活“Monochrome”模式三个通道的滑块控制状态

这时，图像只保留了灰阶，调色师通过改变红、绿、蓝三个通道的输出创造独特的黑白影像风格。

按照 Rec.709 视频标准，从影像中分离出来的亮度分量（Y）由大约 21%的红、71%的绿和 7%的蓝组成。一般认为只要把彩色图像的饱和度设置为 0，就可以得到唯一的黑白图像。事实上也不尽然，就像黑白摄影可以用黄色或红色滤镜改变蓝天白云的对比关系，黄/绿色滤镜可以强调人物的肤色和脸色。激活“黑白”模式，RGB 混合器可以根据调色师的要求调整三通道的混合比例，强调主要人物，排除干扰观众注意力的部分。

图 10.39 是直接对图像进行去饱和度后的效果。

图 10.39　直接对图像进行去饱和度处理

图 10.40 所示为用 RGB 混合器提升蓝色通道的输出，同时降低红色和绿色通道能够压暗皮肤色调，赋予人物皮肤金属的光泽。

图 10.41 所示为用 RGB 混合器提升红绿色通道的输出，降低蓝色通道，能提升人物的肤色。

图 10.40　提升蓝色通道，降低红绿通道

图 10.41　降低蓝色通道，提升红绿通道

10.7 低纯度色彩

岩井俊二是日本当代电影的著名代表人物，其视听表达独树一帜，具有极其鲜明的个性特征。日本电影界泰斗市川昆评价岩井电影是“逆光调”，一语道破岩井电影美学的实质。逆光摄影，是一种有别于正常摄影的技法。为了保证逆光主体的亮度，在拍摄时需要统一提高曝光量，在看清人物的面孔的同时，让人物的轮廓融化在稍微曝光过度的背景中，图 10.42 和图 10.43 所示的《情书》和《花与爱丽丝》影片均为采用递光调拍摄的影片。这种风格体现在色彩上的突出特点就是低纯度的色彩，所以大家总是说岩井不爱用高饱和度的色彩，其实这正是“逆光调”的衍生。

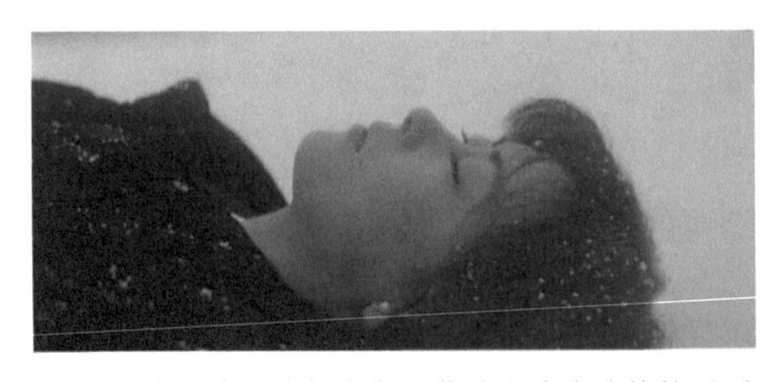

图 10.42　《情书》中纯净的白色调营造出清冷唯美的画面风格

图 10.43　《花与爱丽丝》中的逆光调

岩井影片中的生活碎片，着眼点全部落在人们忽略的生活中的点点滴滴上。那些生活化的场景，不依赖于角色的物质需求，全部是散文化、童话化的精神流动，他着眼于转瞬即逝的心中的小小的悸动，记忆沟壑中的闪光的片段被岩井一一挖掘。

总结：在掌握了基础的理论知识和经过了大量的实践操作后，欣赏品鉴各种风格的作品就变得非常必要，只有这样才能在面对复杂多变的前期素材和异常严苛的导演的要求时，迅速找到高效、高质的方法去应对和实现。美籍心理学家、艺术理论家阿恩海姆说："对于艺术家所要达到的目的来说，那种纯粹由学问和知识所把握到的意义，充其量也不过是二流的东西。作为一个艺术家，他必须依靠那些直接的和不言而喻的视知觉来影响和打动人们的心灵[①]。"

① [美]鲁道夫·阿恩海姆著，《艺术与视知觉》，滕守尧、朱疆源译，四川人民出版社，1998 年，第 35 页。

附录 A　配置调色环境和校准监视器

光影和色彩一直被称为影视语言的灵魂，是影视创作者赖以表情达意、制造意境和渲染气氛的重要手段。随着数字摄影机的普及，后期的校色调色工艺已经极大地拓展了传统电影配光的应用，使数字调色成为了影视制作流程中不可或缺的重要一环。“优秀的调色师也成为和摄影师同等分量的人物，炙手可热，广受追捧。”①

调色师最基础的工作是让每一个片段达到最好的观感——最佳的可视效果。摄影师的工作是按照拍摄意图照明和曝光，调色师的工作是了解这种意图，调整图像的色彩和反差，尽最大努力让最终的影片尽可能地接近导演和摄影师的创作初衷。在观众心中深深的根植着“记忆色”，这决定了观众在面对不同的影像时对色彩的期待，如人物的肤色、绿色的叶子，还有蔚蓝的天空……如果偏离了这些日常生活经验并融合了丰富个人情感的色调，要么损害影像真实的情感表达，要么因为制造了有别于日常经验的观感，而升华了观众的体验。

图 A.1 中的案例是纪录片《国林参访龙泉寺》中的两个镜头，左面是基于 MAC 平台的苹果 Cinema Display 显示器的显示效果，右面是基于 Windows 平台的显示器的显示效果，由于操作系统色彩管理和显示设备的差异，最终的画面呈现出截然不同的效果。所以要满足观众的期待，在开始调色之前，调色师首先要做的是配置调色环境和校准监视设备，以便能科学地评估影视作品的色调和精确的分辨色差。

在开始调色工作之前，需要进行以下的准备工作，给调色创造最佳的起点。

图 A.1　纪录片《国林参访龙泉寺》，导演：陆远

① 纪录片《Side By Side》，导演：基努里维斯。

A.1 配置调色环境

成功的调色不但需要一台精准的显示设备，调色师所处的工作环境及对目标观众的观看环境的判断也极为重要。在视频信号符合广播安全的前提下，位于示波器 0%底线的图像暗部和位于示波器 100%顶线的图像高光部分应该在显示器上看起来非常理想，也就是说，底线对应纯黑，而顶线对应纯白。因此整个工作环境的照明要尽可能的合理配置。监视器的反光会降低人眼对反差的观感，理想的环境中监视器不应该反射环境光线。严格控制室内的光线并不是说全黑的环境更适合调色工作，对于以电视媒体作为发布平台的节目来说，调色的环境也要匹配目标观众的观看环境，毕竟影院观众（全黑）和电视观众（弱光）的观看环境差异巨大（图 A.2 和图 A.3）。

图 A.2 为影片调色的环境

图 A.3 为电视剧和微电影调色的环境

影片调色工作室环境会模拟影院观影效果——全封闭和全黑。而电视剧等电视作品的调色则需要有适当的照明，灯光要求是 5600K 标准日光色温（图 A.4），墙壁在其照射下应呈现出标准的白色。调色工作不宜“连续作战”，要适当休息并注视白色墙壁或物体，以平衡视网膜中的红绿蓝三种感光锥[1]，以保证人眼能够准确分辨细微的颜色差别。

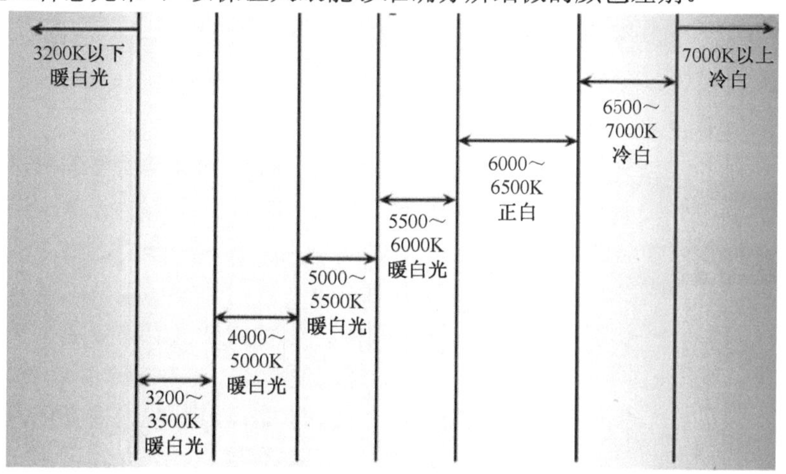

图 A.4 标准色温的光源

[1] 据医学研究，人眼对色彩的分辨和管理依靠视网膜中的三种感光锥，分别是感红锥、感绿锥和感蓝锥，在观看时，这三种感光锥不断被染色和漂白，最后由大脑混合处理这三种信号，还原色彩。

A.2 选择监视器等显示设备

1．监视器方案

选择什么样的监视设备，首要的决定因素并不在于资金，而在于用途。所以在选型之前，要评估影片的用途。院线、广播电视、蓝光出版、网络（图 A.5），前三种需要高端的显示设备作为监视器，院线影片的调色要借助标准放映设备，广播电视和蓝光出版要用到参考级监视器，这些设备还需要用专业的校准设备对其进行定期的校准，确保在复杂的流程中质量不损失，并且保持色彩的一致性。以网络作为发布平台的影片则可以根据资金预算合理的选择显示设备，而不是一定要用高端的监视器，但恰当的校准必不可少。

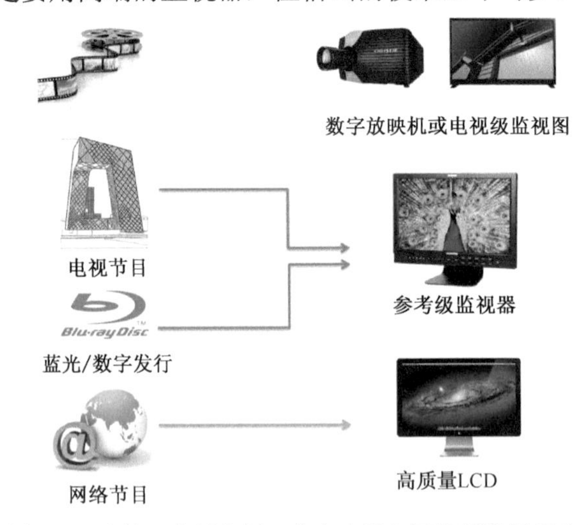

图 A.5　院线、广播电视、蓝光出版和网络用监视器方案

2．影视节目制作领域显示设备的类型

除了数字放映设备，目前，在影视节目制作领域有四种类型的显示设备可供选择：CRT、LCD、PDP 和 OLED。

（1）CRT 显示器是一种使用阴极射线管（Cathode Ray Tube）的显示器，其原理是利用显像管内的电子枪，将光束射出，穿过荫罩上的小孔，打在一个内层玻璃涂满了无数三原色的荧光粉层上，电子束使这些荧光粉发光，最终就形成所看到的画面，如图 A.6 所示。

这种设备已经基本淘汰，在这里不做过多的讨论。

（2）LCD（LED）液晶显示器是一种采用液晶为材料的显示器，如图 A.7 所示。液晶是介于固态和液态间的有机化合物。将其加热会变成透明液态，冷却后会变成结晶的混浊固态。在电场作用下，液晶分子会发生排列上的变化，从而影响通过其的光线变化，从而达到显示图像的目的。

它与 CRT 相比不会出现显像管常见的图像的集合变形；屏幕亮度非常均匀，没有亮区和暗区（而传统显像管的屏幕中心总是比四周亮度要高一些）；有更高的分辨率和色彩宽容度。它的缺点是观看的角度受限制，画面的暗部会得到提升，容易影响调色师的判断。

图 A.6　CRT 阴极射线管显示器

图 A.7　LCD 液晶显示器

（3）PDP（Plasma Display Panel，等离子显示器）是采用等离子平面屏幕技术的显示设备，是继 CRT（阴极射线管）、LCD（液晶显示器）后的新一代显示器，其特点是厚度极薄，分辨率好。等离子显示技术的成像原理是在显示屏上排列上千个密封的小低压气体室，通过电流激发使其发出肉眼看不见的紫外光，然后紫外光碰击后面玻璃上的红、绿、蓝三色荧光体发出肉眼能看到的可见光，以此成像，如图 A.8 所示。

与 LCD 相比优点主要表现在以下几个方面：等离子显示亮度高，因此可在明亮的环境之下进行工作；色彩还原性好，灰度丰富，能够提供格外亮丽、均匀平滑的画面；对迅速变化的画面响应速度快，画面的暗部能够得到更好的还原。当然它也有缺点，需要经常校准而且容易产生白色的噪点。

（4）OLED 有机发光显示器（Organic Light Emitting Display，OLED），是一种利用有机半导体材料制成的、用直流电压驱动的薄膜发光器件，OLED 显示技术与传统的 LCD 显示方式不同，无需背光灯，采用非常薄的有机材料涂层和玻璃基板，当有电流通过时，这些有机材料就会发光。而且 OLED 显示屏幕可以做得更轻更薄，可视角度更大。OLED 具有高响应速度、高亮度、宽视角及高对比度的特性，融合了 LCD 和 PDP 的优点，所以非常适合用作参考级监视设备。只是价格偏高，而且目前尺寸较小。

图 A.9 所示的索尼 OLED 采用了带有 10 bit RGB 面板和非线性三维转换色彩管理系统，12 bit 输出精度信号处理，最高支持 2K 电影模式。

图 A.8　PDP 等离子显示器

图 A.9　索尼的 OLED 监视器

图 A.10 所示为液晶屏、显像管屏幕和 OLED 的亮度曲线。

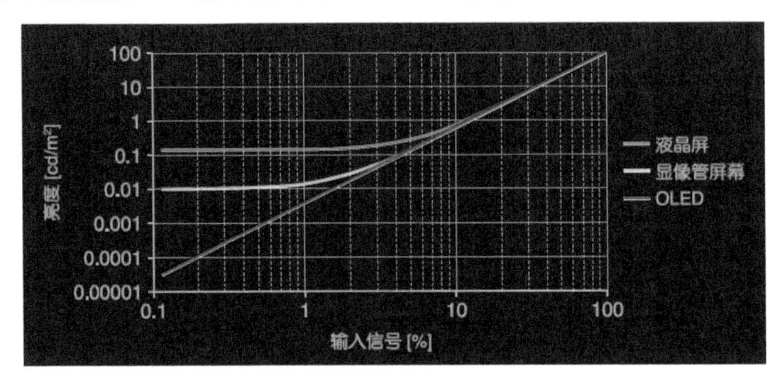

图 A.10　液晶屏、显像管屏幕和 OLED 亮度曲线

① 精确的黑色还原

OLED 的重要优势之一，是每个像素都可以完全关闭，这是目前其他显示技术无法实现的。液晶屏或者尽量减少固有的光线泄漏导致的黑色亮度提高，或者使用调整背光的技术尽量降低黑色亮度，但都无法完全避免。而显像管总是维持一定的偏置电压使电子枪处于适当的工作状态，从而无法显示纯黑。所有这些显示设备在黑色还原精度上会受到一些限制。与它们相比，OLED 的每个单独像素都可以精确地还原出精确的黑色，使用户能够精确评估对每个画面的信号还原，图 A.11 所示为 LCD 和 OLED 对图像暗部显示效果差异的模拟图。

(a) 液晶屏（LCD）

(b) OLED

图 A.11　普通液晶监视器和 OLED 液晶显示器针对图像暗部显示效果差异的模拟图

② 高对比度性能

在所有的环境光线条件下，与其他显示设备相比， OLED 均能够提供最优异的对比度性能。从黑暗的环境到光亮的条件，黑色依旧保持不变。

因为液晶屏存在固有背光泄漏的情况，所以在黑暗条件下无法精确地显示黑色。显像管屏幕在明亮的环境中会显得发白，这是由于环境光线进入了表面的厚玻璃层。这样，玻璃层内部的反射会影响到画面中的黑色。图 A.12 所示为在不同环境下，OLED 与显像管、液晶屏的显示效果对比。

采用 OLED 显示技术的参考级监视器一般都有三维色彩管理系统，自身可以进行 3-D LUT（Look-up table，像素灰度值映射表）映射，可根据各种标准精确地再现色域。此外，电影级的 OLED 的宽色域还提供“Cine”色域，可再现数字中间片工作流程所需的更宽的色彩空间。

总结：高端的显示设备提供丰富的调节控制，通过简单的辅助设备就可以实现校准。低端的显示设备需要色彩管理系统（CMS）才能实现校准。

图 A.12　在不同环境下 OLED 和显像管、液晶屏显示效果对比（模拟图）

③ 监视器校准和色彩管理概览

“工欲善其事，必先利其器”，无论选用以上哪种设备作为监视器，在进行调色工作之前都要对其进行校准。目的很简单，就是要使正在处理的图像看起来更“真实”。换个说法：色彩管理的目的是为了在复制、传播及在不同显示设备上能够保持视觉效果的一致性。

图 A.13 中整个色彩区域代表自然界中可见光谱[①]的所有颜色。使图像看起来“真实”，一直是图像显示科学技术的终极追求。在显示技术不断发展的过程中，国际照明委员会[②]创建了一套用于界定和测量色彩的技术标准，它们分别是 Rec.601、Rec.709、DCI-P3、SMPTE-C 和 EBU 等，称为色域空间。之后各大数字摄影机生产厂商不断丰富这些标准，像 Sony F65、F35 等。为了简化复杂的色彩管理工作流程，提高效率，电影艺术与科学学院制定了 ACES，作为视频制作工作流程中一个标准化色彩空间，它的范围超过了现在任何一种标准，甚至超过了人眼的可视区域。我们可以从图 A.13 中对比几种色域空间的在反映色彩能力上的差别。

Rec.601 主要针对管理标清分辨率的视频和色域空间颜色；

Rec.709 主要针对管理高清分辨率视频和色域空间颜色。在过去的几十年里，影视工业中的色域被标准化为 Rec.709，而在计算机工业中被标准化为 sRGB。这两个标准拥有共同的基色（RGB），Rec.709/sRGB 的色域是一个三角形包围成的区域（图 A.14），由基色的色彩坐标组成。

在图 A.14 中，马蹄状的曲线是单色（窄波段）光源的光谱轨迹，颜色从深蓝色（大约 400nm）到深红色（大约 700nm）。在这条曲线上没有表示紫色：紫色需要蓝色与红色混合；图中的三角形底边线连接了蓝色和红色，称为紫线。所有的颜色都被包围在这个分界线之内。图中的三角形包含了 Rec.709/sRGB 颜色，它们通常用于电视和个人计算机中。

许多“真实世界”的颜色位于 Rec.709/sRGB 色域外，因此人们强烈地希望显示这些颜色，无论是专业应用还是普通消费。

① 可见光谱：波长在 380～780 nm，人眼的视网膜可以感受到的光谱范围。

② 简称 CIE，总部位于奥地利维也纳。

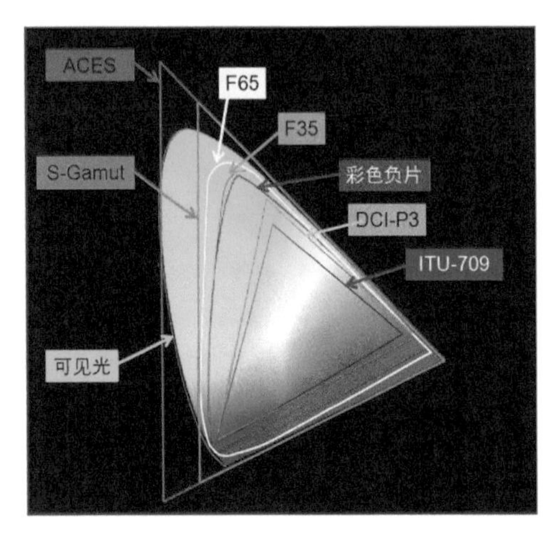

图 A.13　色域空间

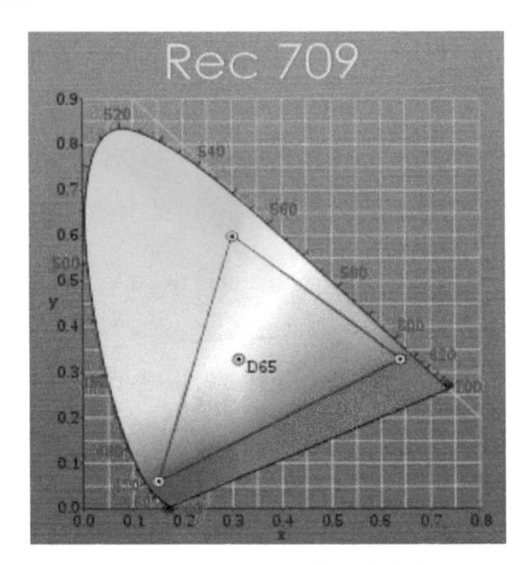

图 A.14　Rec.709 的色域空间

一些专用的独立系统已经调整了基色，使其比 Rec.709/sRGB 系统具有更高的饱和度。例如，在商业图片和绘图艺术中使用了 AdobeRGB 1998 系统，以使设计者看到的色彩是最终出现在印刷材料上的色彩（或者彩色重印出来的色彩）。一些具有原生 Adobe 1998 RGB 色彩的阴极射线管显示器和液晶显示器已经在商业化图片和绘图中得到了应用。另一个广色域色彩特殊商业应用的例子是 DCI P3 RGB基色已经运用到数码相机和数字影片中。DCI P3[①]系统近似于胶片的色域。

要根据项目的需要确定显示器的调教方案，有不同级别的调校系统，从普通级别到专业级别，价格差异巨大。如果作品仅仅是在电视台或者网络平台上播放，则可以选用简单的调色工具，如 Datacolor 的 Spyder Elite，除了传统的针对计算机 LCD 进行校准，还可以应用于 iPad、iPhone 等移动设备和部分投影机的色彩校准，非常适合于小型的项目（图 A.15）。因为低端的显示设备没有额外的调节旋钮，需要用颜色管理系统生成色彩配置文件，这个文件详细描述了显示设备的色彩与 Rec.709 之间的差异，然后再将此配置文件通过 LUT 或者直接导入显示器进行校准。

图 A.15　适合于基础项目的调色系统

① DCI P3 也称（SMPTE 431-2）标准，它是数字投影仪以及大量的 LCD 显示器的标准。它在编码与颜色映射上与 REC 709 类似，但他的色域空间接近与印片用胶片。
使用 DCI P3 能够在不用颜色查找表（LUT）的情况下直接看到最终在放映端（应用此标准的投影仪）出现的效果。

高端的显示设备因为有丰富的调节控制可以方便的进行校准，用图形发生器输出彩条给显示器，用探测器（Probe）和校准软件分析显示器色彩是否被准确还原，最后校准。当然对于一部将来在院线发行的大片来说，校准工作就不仅仅是显示器的校准，它包括更为丰富的内容，是一个系统工程（图 A.16）。

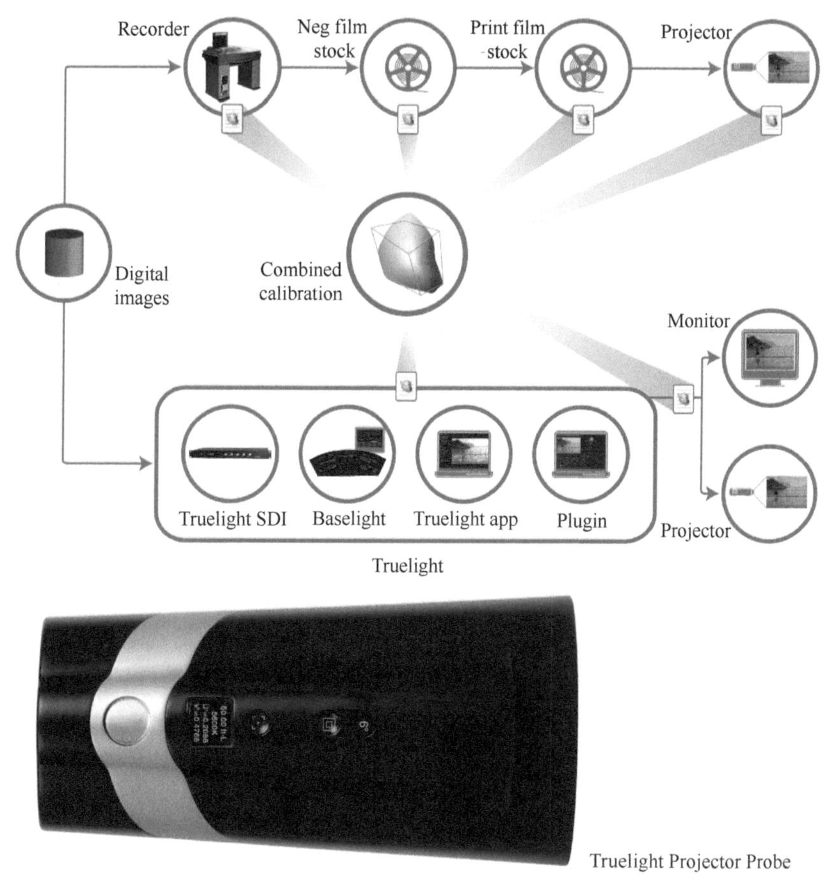

图 A.16 业界著名的 Truelight 色彩管理系统

不同于基础调教系统单纯的色度计校色，Truelight 采用精度非常高的分光光度仪，可以采集颜色的整个光谱数据，从而达到更高的精度。分光光度仪都配有自身校正的标准白板、灰板，使仪器在长时间的使用中能保持稳定的性能。

附录 B DaVinci Resolve 与 RAW 格式

随着越来越多的数字摄影机的出现，DaVinci Resolve 提供了更多的原生摄影机文件支持，调色师可以直接在摄影机原生文件上调色，从而得到最好的结果。DaVinci Resolve 10 兼容更多的摄影机格式，可以直接调 ARRI Alexa 的 RAW .ari 文件，支持 RED™ Color3、REDGamma3 及高质量 De-bayer 的 RED ONETM R3D 文件，以及 5K 和 HDRx 图像合成的 RED EPIC R3D 文件。还支持 Phantom™、GoPro™、Canon C300 和 5D、Sony™ 等摄影机。

1. CinemaDNG

CinemaDNG 是 Adobe 公司推出的影片格式，DNG 是 Digital Negative 数字负片的简称，Adobe 将其标准化并将该技术运用到了影片上。目的是要简化高端的数字影片的处理流程，提高图像质量。

类似于单反相机 RAW 格式，DNG 可以记录感光单元（CMOS 或 CCD）上的原始数据，不经过摄影机内的图像处理程序压缩、锐化等，保留全部的色彩信息。Adobe 解释说，“在许多数字影像工作流程中，所捕捉的影像通常在储存至储存装置前，都已经先经过软硬件的处理了，这些处理会破坏原始影片，无法恢复。CinemaDNG 则可避免这种状况，直接捕捉感光单元上的原始数字资料，经过储存后由专业人员进行后期处理。”

用 BMD 数字摄影机拍摄的 CinemaDNG 格式的影片看起来就是若干 RAW 格式图像序列，可以用 Photoshop 等软件打开和处理，但导入 DaVinci Resolve 后调色软件会把这些序列自动合并为一个片段，方便调色师进行处理。CinemaDNG 拥有极高的分辨率和 13 挡光圈的动态范围。

与 ARRI Alexa 相似，需要对图像素材的色域空间进行映射才能正常观看，否则图像发灰，色彩饱和度过低。不同的是在 Resolve 中 CinemaDNG 格式的素材默认已经映射到 Rec.709 色域，并可以根据调色师需要在 Color 工作间的调色面板中进行配置（图 B.1）。

Ikonoscope、法国的阿通（Aaton)摄影机也支持 CinemaDNG 格式影片的录制。

在 COLOR 页面的摄影机 Master Settings 中提供了包括白平衡、色彩空间和 Gamma 的设置。CinemaDNG 片段反拜耳操作时会用到这些参数。

Decode Using：此选项决定项目中所有的素材是否全部使用原始的摄影机元数据的设定，或者使用用户自定义的项目设定，或者使用 CinemaDNG 的默认设置。

White Balance：前 7 个选项提供白平衡预置，包括日光、阴天、阴影、白炽灯、荧光灯和闪光灯。第 8 个选项是用户自定义，可单独调整色温和色调参数。

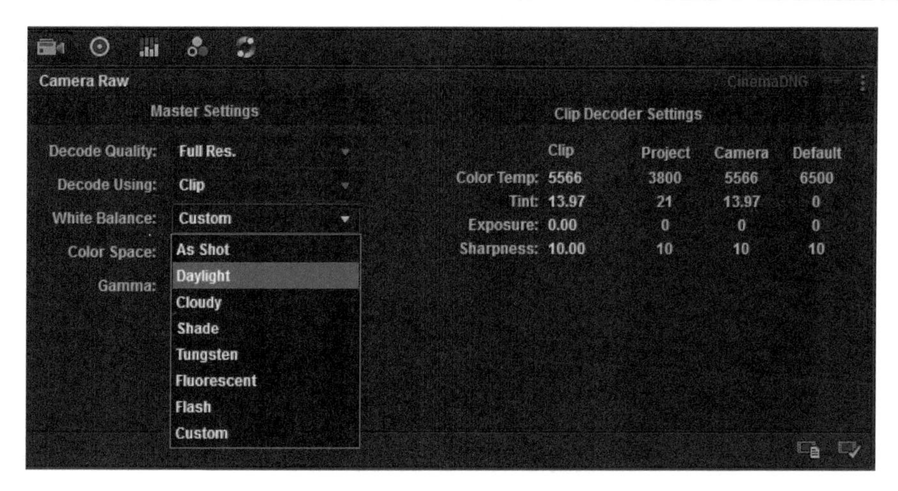

图 B.1 Camera Raw 设置面板

2. R3D

CCD 和 CMOS（以下用 CCD 代称）的像点都是色盲，因此，单片 CCD 的关键就是如何识别色彩。要让单片 CCD 能实现彩色画面，就必须能分别输出画面所需的红绿蓝信息，就像 3CCD 做到的那样。于是，在 20 世纪 70 年代末，诞生了滤色片阵技术（Color Filter Array，CFA）。滤色片阵就是在 CCD 上方覆盖一层滤色片矩阵，告诉每个像点："您现在看到的是这个颜色"。这样，一块 CCD 就变成了红绿蓝像点的矩阵。在 CFA 技术中，应用最广的是拜耳片阵（Bayer Pattern），命名自发明人柯达公司研究员布莱斯・拜耳（Bryce Bayer）。图 B.2 所示为拜耳片阵的红绿蓝滤色片的排列方式。

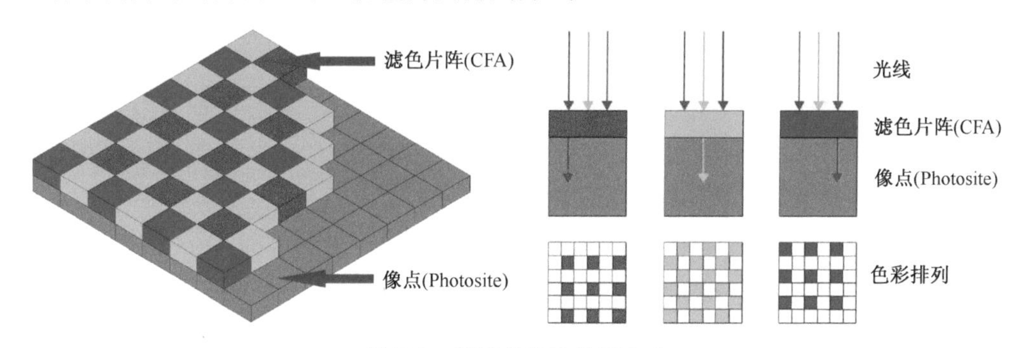

图 B.2 拜耳片阵的排列方式

拜耳片阵的特点是每 4 个色片中有 2 个绿色、1 个红色、1 个蓝色。这样，整块 CCD 获得的色彩信息分别是：50%绿色、25%红色、25%蓝色。绿色要比其他两种颜色多一倍，主要依据是人类视觉对绿色比对其他颜色更敏感，绿色信息多则更接近人类的视觉感受。

RED 摄影机采用的是单片 CMOS 图像感应器（Image Sensor）。与 CCD 一样，CMOS 无法记录 RGB 信息，只能记录光的强度。为了使每个像素记录下色彩信息，RED 摄像机的 CMOS 上覆盖了一个 Bayer 滤色片阵，这样 CMOS 上记录的一个灰度图像中将包含每个像素里的所有色彩信息。

CMOS 图像感应器上的原始数据被压缩后以.R3D 文件的形式被存储在硬盘或 CF 卡上。这种压缩使用的是小波压缩算法，所以用户可以从这个压缩图像中提取全分辨率、半分辨率、

1/4 分辨率所需要的数据。不论提取的是哪种分辨率的数据，文件的读取码流都是一样的，只是必须要处理的数据量有所不同而已。

CMOS的每个像素点中仅记录了一种色彩信息，而只有每个像素点中都有R(红)、G(绿)、B（蓝）信息时，才能得到彩色的图像。一旦数据按照一定的分辨率被提取出来之后，就会开始一种称为 Debayering 的处理。Debayer 就是生成 RGB 的一个过程。Debayer 处理时，还会对得到的图像应用色彩变换。这种色彩变换是由记录在.R3D 文件中的色彩元数据决定的。然后得到的数据就可以在调色软件中显示了。

COLOR 页面左下方 Master RED Setting 是 Resolve 在处理 R3D 文件时最重要的设置，直接影响解码的质量和使用哪些原始的摄影机元数据，或者调色师可以用自定义覆盖摄影机的元数据。

这些设置包括在反拜耳 R3D 片段时选择色彩空间和 Gamma 曲线。如何对这些元数据进行处理并没有一个默认的标准来匹配特定的工作流程，调色师要做的是给自己的调色工作提供一个最好的初始状态。

（1）可以用 REDColor3 的色彩空间和 REDLog 胶片 Gamma 曲线作为调色工作的起点，以最大限度的保证图像的细节和宽容度。

（2）REDColor 色彩空间提供一种 REDGamma 设置，能提供一种舒服的画质，仅需要简单的调整即可以得到可以接受的效果。这种设置适合高效快捷的制作流程，如生成脱机编辑样片。

总而言之，最佳的设置取决于原始素材的质量，所以调色师要在自己的项目中尝试调用素材以找到最合适的方法。

Resolve 中关于 R3D 文件的设置如下。

Decode Quality：此设置决定了 R3D 数据在解码时的质量和实时播放的性能。这完全依赖于硬件系统的性能。如果安装了 RED ROCKET 卡，可以高质量实时解码 4K 的原生素材。如果安装了两块 RED ROCKET 卡，可以处理 5K 的 R3D 素材。

考虑到系统的性能，可以用低质量的设置保证更好的实时回放，然后在渲染阶段再转换到高质量。DELIVER 页面的渲染设置中也会有【Force debayer res to highest quality】的复选框，确保用户遵循规范的制作流程。

Decode Clips Using：片段解码应用。这个选项决定整个项目全部使用原生的摄影机元数据的设定还是使用用户自己的设定，还可以选择把用户设定应用于所有片段还是使用 RED 的默认设置。

Bit Depth：位深。Resolve 能够以 8 bit、10 bit 或者 16 bit 来处理图像数据，选择 16 bit 在提供最高质量的同时会消耗系统资源，影响回放性能。

Timecode：时间码。有两个选项，Time Code 和 Edge Code，第一个类似于摄像机上的 Free Run，第二个是 Rec Run。

Audio：激活在 R3D 素材中嵌入音频。

Color Science：色彩技术。有 Version 1 和 Version 2 两个选项，Version 1 是早期的 RED ONE 摄影机使用的色彩技术，除非是为了匹配从前的项目，否则应该使用 Version 2，这是目前 RED 正在使用的色彩技术，它能提供比 Version 1 更好的色彩表现。

Color Space：色彩空间。R3D 是 RAW 格式的色彩空间，反拜耳原生的 R3D 素材时需要选择一种色彩空间进行转换。注意：没有最好的，只有最适合的。调色的起点从这里开始，非常关键，以下是各选项的解释。

（1）CameraRGB：输出原始的、未优化的感应器数据。不推荐。

（2）Rec. 709：解码成由 Rec. 709 标准规定的高清视频色彩空间，适合于电视媒体。

（3）REDColor：与 Rec. 709 非常接近，但是优化了色彩平衡，突出肤色的表现。

（4）sRGB：sRGB 规范规定的色彩空间，用于计算机的显示。

（5）REDColor2：与 REDcolor 类似，但饱和度偏低。

（6）REDColor3：饱和度与 REDColor 类似，但是额外优化了肤色的再现。

Gamma Curve：伽马曲线，有以下几个选项。

（1）Linear：没有 Gamma 校正，直接反映 RED 摄影机感应器对光线的线性表现。

（2）Rec. 709：Rec. 709 显示规范的 Gamma 曲线，不能为调色提供宽动态范围。

（3）REDSpace：与 Rec. 709 类似，但是稍微做了些调整，主要是通过较高的对比和轻快的（清淡的）中间调表现，让图像更吸引人。REDSpace 是 REDgamma 曲线的前身。

（4）REDLog：一种对数伽马，映射原始的 12 bit 的 R3D 图像数据到 10 bit 的曲线。暗部和中间调使用底部的 8 个比特保持不变，反映高亮部的 4 个比特被压缩。虽然削弱了高光部分的细节表现，但是图像的整体细节非常丰富和精确，是保留最大宽容度不错的选择。

（5）PDLog 685：一种对数伽马，映射原始的 12 bit 的 R3D 图像数据到线性曲线，这个线性曲线是指胶片密度曲线的线性部分。

（6）PDLog 985：一种不同映射设置的对数伽马。

（7）Custom PDLog：允许用户调整 Black Point、White Point 和 PDLog 参数的一种对数伽马。用户可以定制自己的对数伽马曲线。

（8）REDGamma：改进的伽马曲线，专门为 Rec.709 显示设计，能够在调色时提升高光细节的表现。

（9）sRGB：类似于 Rec. 709 的伽马设定。

（10）REDLog Film：一种改良的对数伽马设定，重新映射原始的 12 bit R3D 数据到标准的 Cineon gamma 曲线。这个设定创造出一种扁平的对比度的图像数据，以宽广的动态范围保护图像的细节，方便调整。

（11）REDGamma2：与 REDGamma 类似，但对比度较高。

（12）REDGamma3：最新一代 REDGamma 曲线。以 Log 起点为基础，但是更讨人喜欢，应用了适合马上预览的对比曲线，保留了优秀的动态范围，专为舒适的视觉效果作为起点的调色工作。REDgamma3 也是设计用来和 REDColor3 协同工作的。

调色师个人体验：Red Log 和 Rec.709 已经很少有人使用了。根据 RED 开发的各种色彩空间来讲，最早是 CameraRGB/ Rec.709, 后来有了 PDLog685 和 PDLog985，是针对胶片输出的，之后是 REDSpace，再后来是 REDColor/REDGamma，颜色比较鲜艳，对比度比较高，不校色的话这个色彩空间和曲线看上去比较像成片，后来又有了 RedColor2/RedGamma2，饱和度和对比度都比较低，便于调色，最后出现的是 REDLogFilm，是最接近胶片伽马的。

有的调色师偏向于 RedColor2＋RedLogFilm 和 CameraRGB＋RedLogFilm 。

3. ARRI ALEXA

ALEXA 中文称为“爱丽莎”，是德国阿莱公司 2010 年推出的一款 35 mm 数字摄影机。虽然定位在中低端市场，但却有不俗的表现。

（1）ARRI RAW

使用 Alexa 摄影机拍摄时，ARRI RAW 是最高质量的录制格式。ARRI RAW 所提供的是未经任何处理，由影像传感器直接输出的数据。并且，这些数据为无压缩、无加密、12 bit 记录的原始拜耳数据。任何需要依照给定分辨率生成全色图像的步骤，都将在后期处制作中进行。

Alexa 记录色彩时主要有两种色彩空间选项：Rec. 709 和 Log -C。

（2）Rec. 709。

Rec. 709 色彩模式是"国际电信联盟推荐的 BT.709"的简称，是传统电视工作流程的输出方式。由于 Rec. 709 色彩模式是视频监视器显示图像的标准模式，所以 Rec. 709 图像能够应用在监视器监看、样片创作或小样剪辑等方面。此外，Rec. 709 图像可用于大多数高清视频后期的实时制作。虽然可调色的余地较少，Rec. 709 仍然保持了 Alexa 摄影机宽广的曝光范围、胶片质感和自然的色彩还原，为高清设备提供了最快的工作流程。

（3）Log-C。

"Log-C"里面的字母"C"代表的是"Cineon"。"Cineon"是 20 世纪 90 年代柯达（Kodak）公司开发的胶片数码扫描、处理和记录系统，同时也是一种文件格式的名称（包含了扫描负片的密度数据）。密度是胶片感光特性的对数测量标准，密度与胶片曝光度（以对数单位测量）的关系称为胶片的特性曲线。每一种胶片都有它自己的特性曲线，但整体看来曲线是一致的。对于 Alexa 和 D-21 而言，ARRI 推出的 Log 编码方式与扫描负片的密度数据相似，因此，称为"Log-C"。Log-C 为后期调色提供了极大的灵活性，它在未经任何处理时是消色的，画面非常平，所以需要使用查色表进行处理，使其在人眼中呈现出自然的状态。

当扫描的胶片素材进入调色阶段，调色师会使用一个预览查色表对文件进行色彩渲染，使监视器上显示的图像与以胶片方式显示的图像一致。

针对 Alexa 的 ARRI RAW 格式，DaVinci Resolve 在处理时同样要经过反拜耳处理。与其他摄影机的格式不同，Resolve 只有两个 RAW 参数可供调整。

主设置包括以下几个方面。

Decode Using：可以选择是使用原始的摄影机元数据的设置（Camera Metadata Setting）解码，还是使用项目设置（Project Setting）解码。

Clip Decoder Settings：可以调整色温和曝光。

Color Temp：改变画面整体的冷暖色调，基准是 2000K，调整范围是 2000～11000K。

Exposure：可以整体提高或者降低画面的亮度，调整的单位和感光度进行相当。160 是其基准，调整的范围是 160～3200。即使调整过曝也不用担心，所有的图像数据都可以在后续的调整中找回来。

4．F65RAW

索尼在 2011 年发布的新一代 CineAlta 数字摄影机 F65，F65 可采集真正的 4K 分辨率图像（图 B.3）。16 bit RAW data，超过胶片的宽色域。

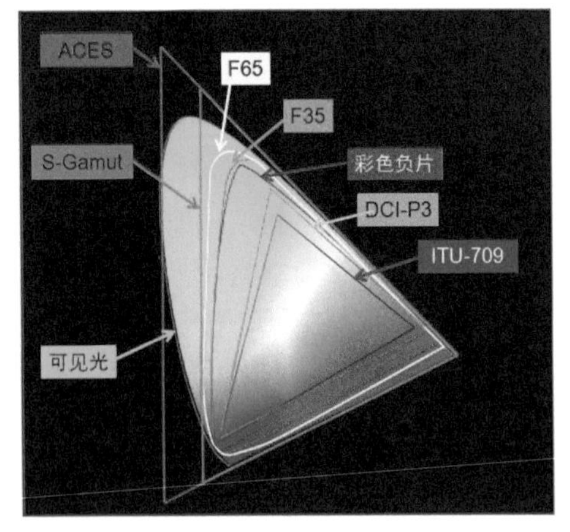

图 B.3　F65 的色域

F65 还支持 AMPAS IIF-ACES，图像交换框架学院彩色编码规范，是美国电影艺术与科学

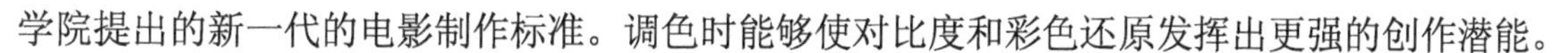

学院提出的新一代的电影制作标准。调色时能够使对比度和彩色还原发挥出更强的创作潜能。

F65RAW 数据模式可让用户进行灵活性最大的创作。摄像机的 16 bit 线性 RAW 输出，在此模式下，使用 2000 万像素成像器拍摄的整个画面信息会保留原有的 16 bit 线性 RAW 数据，日志和伽马功能不会压缩高亮信息。由于 F65 摄像机的整个色调范围和彩色信息都可以传输到后期制作部门，调色师就有了极大的创作空间，让数字中间片呈现出所需的效果。F65RAW 文件可方便地使用所选的软件工具，转换为高清、2K 或 4K RGB 文件。

S-LOG 伽马是 Sony 的专利，用 S-LOG 拍摄的图像反差非常小，有更宽的色域空间，能够充分地利用 CCD 的动态范围。S-LOG 伽马的特性与电影负片很相似，在后期制作的过程中，使用者可以灵活地对图像进行调整。当选择 S-LOG 模式后，CCD 拍摄的图像动态范围被 Sony 独特的运算法则高效地转换为伽马数据。这种独特的伽马处理技术可以使所有的图像信息，甚至是高亮度区域都得以真实表现，从而得到真实的图像色调还原。

因为 F65 摄影机感应器没有应用传统的拜耳模式，所以在处理 F65RAW 素材时必须经过特殊的反拜耳处理和反镶嵌（Demosaicked）。

以下是 Resolve 中的具体设置。

Decode Quality：在实时回放和较高分辨率之间做出平衡，可以选择低分辨率以获得较好的实时回放，然后在渲染时再转换到高分辨率。同时【Force debayer res to highest quality】复选框会出现在 DELIVER 页面渲染设置的表单中，保证最终高质量交付。

Decode Using：可以选择是使用原始的摄影机元数据的设置解码，还是使用项目设置解码。

Color Space：基于不同的应用，设置不同的色彩空间。

Rec.709：专门用于高清广播电视显示器的伽马曲线。

P3：数字电影投影机应用。

SGamut：解码成 Sony 的 S-gamut 色彩空间，为后期的调色保留最大的调整空间。

Gamma：5 种 Gamma 设置，基于进一步的调整目标初始化素材片段。

Gamma2.4：一般用于电视广播的一种简单的幂函数伽马曲线。

Gamma2.6：一般用于数字电影投影机的一种简单的幂函数伽马曲线。

Slog：有较大的宽容度适合调色。

Slog2：能提供半挡的补偿适应更高的动态范围。

Linear：一种简单的线性伽马设定。

White Balance：白平衡调整，基准为 5500K，调整范围是 3200～5500K，能微妙地改变图像的冷暖色调。

Exposure：可以整体提高或者降低画面的亮度，调整的单位和感光度相当。ISO800 是其基准，调整的范围是 1～65535。

参考文献

[1] 刘恩御．色彩科学与影视艺术．北京：中国传媒大学出版，2002.4

[2] *DaVinci Resolve Manual*．2014.6

[3] Hurkman，Alexis Van．*Color Correction Handbook*．Peachpit Press Publications，2010.11

[4] http://www.skin-whitening-product.com/skin-tone-chart.html

[5] http://www.buzzle.com/articles/skin-tone-chart.html

[6] http://www.photokaboom.com/photography/learn/Photoshop_Elements/color_correction/skin_tone/1_skin_tone_samples_chart.html

[7] 谢汉俊．A·亚当斯论摄影．北京：中国摄影出版社，2009.3

后　　记

国内影视行业在配光调色实践方面，并不比国外落后，但是，大家在“埋头苦干”的同时，缺乏对调色理念、技巧的梳理和总结，以至于许多工作都在跟着感觉走。

一个调色师入行、摸索、挫折、一点点突破、…，整个过程就像是一段漫长的艰苦旅程，对此，我们有切身的感受。结合自己的实践，在众多老师和朋友的帮助下，我们编写本书，希望能给正在这段旅程中艰苦跋涉的同仁，提供一些思路和启发。

感谢中国传媒大学毕根辉教授，以及影视行业的朋友们，他们为本书的技术规范问题提供了大量的指导和帮助；感谢《遗失的美好》电影剧组的同事们，他们对本书提出了许多宝贵的建议，促使本书的内容与质量日臻完善；感谢王莉莉、王渤钧、王晓春、董军、陆媛媛在本书撰写中的协助与支持。

感谢电子工业出版社的工作人员，感谢他们对我们的热情帮助、建议及鼓励。

本书所涉及案例等图片，除在脚注中单独注明外，其余均由作者拍摄。另外，中国传媒大学研究生骆鸣、钟祖瑶、戴希帆对本书亦有贡献，在此一并致谢。

作　者

于中国传媒大学